概率论与数理统计

主　编　邱望仁
副主编　方成鸿

天津大学出版社
TIANJIN UNIVERSITY PRESS

内 容 提 要

本书是依据教育部对本课程的基本要求,以"应用为目的,理论是根基"为指导思想编写的.主要内容包括概率论和数理统计,每章节后附有习题,书末附有参考答案.本书由具有丰富教学经验的骨干教师编写,深入浅出,通俗易懂,便于自学.

全书共八章,第一章至第四章为概率论部分,包括概论率的基本概念、随机变量及其分布、多维随机变量及其分布、大数定律与中心极限定理;第五章至第八章为数理统计部分,包括样本及抽样分布、参数估计、假设检验、方差分析及回归分析.

本书可作为高等院校工学类、经济类、管理类本科"概率论与数理统计"教材,也可作为报考工学类、经济类、管理类研究生的复习参考书.

图书在版编目(CIP)数据

概率论与数理统计/ 邱望仁主编. — 天津:天津大学出版社,2015.12(2019.1 重印)
ISBN 978-7-5618-5493-8

Ⅰ.①概… Ⅱ.①邱… Ⅲ.①概率论 – 高等学校 – 教材 ②数理统计 – 高等学校 – 教材 Ⅳ.①O21

中国版本图书馆 CIP 数据核字(2015)第 321212 号

出版发行	天津大学出版社
地 址	天津市卫津路 92 号天津大学内(邮编:300072)
电 话	发行部:022-27403647
网 址	publish. tju. edu. cn
印 刷	廊坊市海涛印刷有限公司
经 销	全国各地新华书店
开 本	185mm × 260mm
印 张	14.5
字 数	362 千
版 次	2015 年 12 月第 1 版
印 次	2019 年 1 月第 3 次
印 数	6 001 - 9 000
定 价	36.00 元

前　言

当代巨变的人类文明给我们的生活带来了翻天覆地的变化,信息大爆炸也为教育工作者带来了新的挑战和机遇.作为高等院校的基础课教师,编写本书的课题组成员多年来一直在思考同一个问题:如何在新形势下,面对知识背景参差不齐的生源,找到一套有效的教育方式和方法,使培养的学生符合学校建设特色名校的理念,成为适应社会发展的新型人才.就"概率论与数理统计"这门课程而言,我们认为在教学过程中要面对并处理好以下几个问题.

首先,要搞清"概率论与数理统计"是一门什么样的课程?它是研究随机现象并找出其统计规律的一门学科.这门课程由概率论和数理统计两部分组成,是高等院校理工类、经管类的重要基础理论课程之一,属于数学最具特色的分支之一,是近代数学的重要组成部分.它具有自己独特的概念和方法,内容丰富,结论深刻.

其次,要明确"概率论与数理统计"在当代高等教育中应当处于什么样的地位?鉴于近年来该学科得到迅猛发展和广泛应用,它已成为一门独立的一级学科.随着计算机技术的发展,概率论与数理统计在自然科学、社会科学、工程技术、工农业生产等领域中得到了越来越深入的应用.与交叉学科得到飞速发展的同时,它也在向基础学科、工科学科渗透,与其他学科相结合发展衍生了一些边缘学科,这是概率论与数理统计发展的一个新趋势.因此,在我国高等学校的绝大多数专业的教学计划中,"概率论与数理统计"均被列为必修课程或限定选修课程.

最后,要在准确理解学校办学理念的前提下,设计出符合本校实际情况的教学内容和方法的载体.在人才资源越来越成为推动经济社会发展的战略性资源的时代背景下,特色名校的建设对于落实科学发展观、深化教育改革、合理配置教育资源有着重要意义,也有利于促进学生全面发展、个性成长,提高学校核心竞争力.我们课题组认为,一套好的教材是特色名校战略取得成功的重要条件,因为它是教学的媒介,是教师与学生沟通的桥梁,也是教学改革的重要组成部分.

正是基于上述三个方面的考虑,课题组成员共同努力,匠心编写了本教材,使它有着与众不同的特色.首先,本教材以"应用为目的,理论是根基"为指导思想编写,符合教育部对本课程的基本要求,立足于理论的理解,提高学生的解题和知识的应用能力.其次,教材的内容做了有针对性的修改.限于教学课时,本教材着重于基本理论与概念的介绍,而没有把随机过程和时间序列等理论性较深的内容包括在内.立足于陶瓷特色名校的建设,本教材最突出的特点是例子和插图的选择,在介绍基本理论和概念的过程中,所选择的例子大多与陶瓷生产和商业活动有着较密切的联系,希望学生在掌握概率论与数理统计基本理论的同时,对陶瓷行业有基本的认识,提高学生对此行业的理解.另外,本教材的每章都介绍了一些历史人物及趣事,以加深学生对数学背景知识的理解,提高学习积极性.

本书共八章,课题组群策群力,共同确定了本书的编写指导思想与原则、例题选材与模式.详细的编写工作中,邱望仁负责第一章的编写;第二章和附表中的表格由方成鸿主笔;第三、四、五章分别由汤文菊、肖楠、崔永琴负责完成;操群承担第六章和第七章的编写;第八章由徐明周博士主笔.统稿工作由邱望仁和方成鸿完成,周永正教授与詹棠森教授等同行在本书编写过程中提供了很多有益的建议.

本书是课题组探索上述问题答案道路上的一块"原石",希冀在广大同行和读者的"雕琢"下成为一块"璞玉".

编　者

2015 年 12 月

目　　录

第一章　概率论的基本概念

在自然界和人类的社会实践中存在两类现象:确定性现象和随机性现象.确定性现象是指在特定条件下,这种现象一定会发生或一定不会发生,如太阳从东方升起,动物一定会死亡,植物一定需要进行光合作用等.而随机性现象则是指在相同的条件下,这种现象可能发生也可能不发生.

概率论是研究随机现象数量规律的数学分支,是一门研究事情发生的可能性的学问,其起源与赌博问题有关.概率与统计的一些基本概念和简单方法早期主要用于赌博和人口统计模型.随着人类社会实践的拓展,人们需要了解各种不确定现象中隐含的必然规律性,并用数学方法研究各种结果出现的可能性大小,从而产生了概率论,并使之逐步发展成一门严谨的学科.概率与统计的方法日益渗透到各个领域,并广泛应用于自然科学、经济学、医学、金融保险甚至人文科学中.

本章主要是介绍一些概率论的基本概念,为后面的学习做准备.

第一节　样本空间与随机事件

一、随机试验

随机现象是在一定的条件下可能出现这样的结果,也可能出现那样的结果,而且事先不能预知确切的结果,但是相同条件下大量重复的随机试验却往往呈现出明显的数量规律.这正是人们需要研究的,那么如何研究呢?不能预知的原因会出现多种结果,因此需要分析各种结果的出现以及相互关联的规律性.经过长期实践,人们发现在大量重复试验或观察下,随机现象的结果呈现出一定的规律性,这说明随机现象有偶然性的一面,也有必然性的一面,这种必然性表现为在大量重复试验或观察下所呈现出的固有规律性,这种规律性称为随机现象的统计规律性.

概率论与数理统计正是研究和揭示随机现象统计规律性的一门数学学科.我们把对随机现象的观察认为是一种试验,具有以下特点的试验称为**随机试验**:

(1)(可重复性)可以在相同条件下重复进行;

(2)(可观测性)试验的结果可能不止一个且是可观测的,即所有的结果是明确的;

(3)(随机性)每次试验将要出现的结果是未知的,但总是上述可能结果中的一个.

我们是通过研究随机试验来研究随机现象的,今后所称的试验都是指随机试验.下面举些随机试验的例子.

E_1:抛掷一枚硬币,观察其出现正面或反面的情况.

E_2:掷一枚骰子,观察出现的点数.

E_3：观察移动公司人工咨询台某座席一天内收到的客户咨询次数.

E_4：在一批灯泡中任意抽取一只，测试它的寿命.

E_5：检查裂纹釉烧制后的纹理是否符合要求(图 1-1-1).

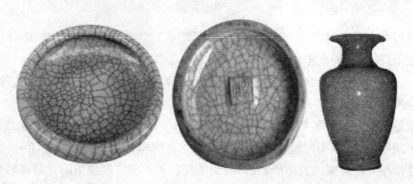

图 1-1-1

E_6：检查陶瓷的弯曲切口强度和弯曲断裂强度是否符合要求.

E_7：检查陶瓷活塞顶在受到一定的力后是否断裂(图 1-1-2).

图 1-1-2

二、样本空间、随机事件

1. 样本空间

定义 1.1   随机试验的每一个可能结果称为**样本点**；一个随机试验的全体样本点构成的集合称为**样本空间**，记为 S.

根据上述举例，我们有：试验 E_1 的样本空间 $S_1 = \{$正面，反面$\}$，试验 E_2 的样本空间 $S_2 = \{1$ 点，2 点，3 点，4 点，5 点，6 点$\}$，试验 E_3 的样本空间 $S_3 = \{n$ 次 $| n \in \mathbf{N}\}$，试验 E_4 的样本空间 $S_4 = \{t$ 小时 $| t \geq 0\}$，试验 E_5, E_6, E_7 的样本空间是 $\{$符合要求，不符合要求$\}$.

如果用 1 表示出现正面，用 0 表示出现反面，试验 E_1 的样本空间 S_1 也可以表示为 $\{1, 0\}$.

又设试验 E_8：观察贴花的两个瓷杯图案是否完全一样(图 1-1-3).如果用 1 表示相同，用 0 表示不同，则 $S_8 = \{0, 1\}$.试验 E_9：抛掷两枚硬币，观察出现正面或反面的情况.则 $S_9 = \{($正，正$),($正，反$),($反，正$),($反，反$)\}$.

以上表明，样本空间的元素是由试验的目的所确定的.

2

图 1-1-3

2. 随机事件

在随机试验中,除了关心各个样本点外,通常还关心满足指定特征的样本点在试验中是否发生. 例如对于试验 E_2,考察出现偶数点的情况,或者考察出现的点数大于 3 的情况.

设试验 E 的样本空间是 S,S 的子集称为 E 的**随机事件**,简称**事件**. 随机事件常用大写英文字母表示. 一次试验中,如果这个子集中的一个样本点出现,则称该**事件发生**.

由一个样本点组成的集合称为**基本事件**. 例如试验 E_2 有 6 个基本事件 $\{1\}$,$\{2\}$,$\{3\}$,$\{4\}$,$\{5\}$,$\{6\}$;试验 E_8 有两个基本事件 $\{$相同$\}$ 和 $\{$不同$\}$.

样本空间 S 是所有样本点构成的集合,因而在任何一次试验中,不管发生什么样的结果,都是 S 之中的某一种情况,即 S 必然发生,因此称 S 为**必然事件**. 经典集合中的空集 $\varnothing$ 不包括任何元素(样本点),因此在任何一次试验中都不可能有样本点属于它,也就是说空集 $\varnothing$ 永远不可能发生,因此我们把 $\varnothing$ 称为**不可能事件**.

例如:从含 3 件次品中的一套 32 头餐具中任取 10 件出来进行检查(图 1-1-4),在所选取的 10 件产品中,"次品多于 3 件"这一事件一定不会发生,为不可能事件;"次品不多于 3 件"这一事件一定会发生,为必然事件;而"次品有 3 件""次品有 2 件""次品有 1 件"等都是可能发生也可能不发生的事件,为随机事件.

图 1-1-4

3. 事件的运算与关系

根据前面的介绍,我们知道随机事件是样本空间的子集,其本质还是集合,而集合与集合之间存在着一定的关系,因此事件之间也存在着一定的关系,类似于集合的运算,也可以规定事件的运算,只不过其实际意义随研究的问题而变化. 下面给出这些关系和运算在概率论中的表述及其意义.

设试验 E 的样本空间是 S，而 $A,B,C,A_k(k=1,2,\cdots)$ 是 S 的子集. 下面先介绍事件的运算，然后再介绍事件的关系，接着介绍这些运算所满足的规律，最后用一些例子来解释说明它们在现实问题中的含义.

1) 交（积事件）

事件 $A\cap B$ 称为事件 A 与事件 B 的积事件，当且仅当 A、B 同时发生时，事件 $A\cap B$ 发生. 有时为了方便，$A\cap B$ 也写作 AB.

推广到 n 个事件 $A_1,A_2,\cdots,A_n$ 时，它们的积事件记为 $\bigcap\limits_{k=1}^{n}A_k$，也可记为 $A_1A_2\cdots A_n$.

两个事件的积可用图 1-1-5 表示.

两个事件的积可用集合的描述法表示为 $A\cap B=\{x|x\in A\text{ 且 }x\in B\}$.

2) 并（和事件）

事件 $A\cup B$ 称为事件 A 与事件 B 的和事件，当且仅当 A、B 中至少有一个发生时，事件 $A\cup B$ 发生. 有时为了方便，$A\cup B$ 也写作 $A+B$. 两个事件的和可用图 1-1-6 表示.

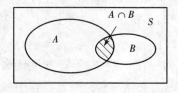

图 1-1-5

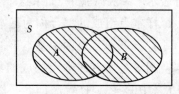

图 1-1-6

n 个事件 $A_1,A_2,\cdots,A_n$ 的和事件记为 $\bigcup\limits_{k=1}^{n}A_k$ 或 $A_1+A_2+\cdots+A_n$.

两个事件的和可用集合的描述法表示为 $A\cup B=\{x|x\in A\text{ 或 }x\in B\}$.

3) 差

事件 $A-B$ 称为事件 A 与事件 B 的差事件，当且仅当 A 发生且 B 不发生时，事件 $A-B$ 发生.

两个事件的差可用集合的描述法表示为 $A-B=\{x|x\in A\text{ 且 }x\notin B\}$，如图 1-1-7 所示.

4) 包含

如果 $B\subset A$，则称事件 A 包含事件 B，这时事件 B 发生必然导致事件 A 发生，如图 1-1-8 所示.

如果 $A\subset B$ 且 $B\subset A$，则称事件 A 与事件 B 相等，记为 $A=B$.

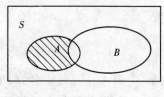

图 1-1-7

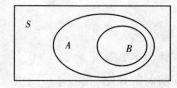

图 1-1-8

5) 互不相容或互斥

如果 $A\cap B=\varnothing$，则称事件 A 与事件 B 是互不相容的，或互斥的. 互不相容的事件是不可能同时发生的,基本事件是两两互不相容的. 两个事件的互不相容可用图 1-1-9 表示.

6)对立

如果 $A\cap B=\varnothing$ 且 $A\cup B=S$,则称事件 A 与事件 B 互为对立事件,或互为逆事件. 对每次试验来说,事件 A 与 B 必有一个发生,且仅有一个发生. A 的对立事件记为 $\bar{A}$,即 $\bar{A}=S-A$. 两个事件的对立可用图 1-1-10 表示(图中 $B=\bar{A}$,也有 $A=\bar{B}$).

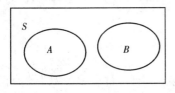
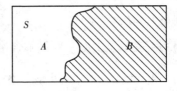

图 1-1-9　　　　　　　　　　　　　　　　图 1-1-10

事件的运算律如下.

交换律:$A\cup B=B\cup A,A\cap B=B\cap A$.

结合律:$(A\cup B)\cup C=A\cup(B\cup C),(A\cap B)\cap C=A\cap(B\cap C)$.

分配律:$(A\cup B)\cap C=AC\cup BC,(A\cap B)\cup C=(A\cup C)\cap(B\cup C)$.

对偶律:$\overline{A\cup B}=\bar{A}\bar{B},\overline{AB}=\bar{A}\cup\bar{B};\overline{\bigcup_{k=1}^{n}A_k}=\bigcap_{k=1}^{n}\overline{A_k},\overline{\bigcap_{k=1}^{n}A_k}=\bigcup_{k=1}^{n}\overline{A_k}$.

例 1-1-1　甲、乙、丙三个窑厂(图 1-1-11)参加某一工艺陶瓷的烧制比赛,因瓷窑设计工艺上的差异会导致瓷器在炼制过程中的技术参数相差比较大,最终会导致烧制的陶瓷制品有差别. 如果每个厂只烧制一次,记事件 A、B、C 分别表示"甲烧制成功"、"乙烧制成功"、"丙烧制成功". 试用 A、B、C 三个事件表示下列各事件:

(1)丙厂没有烧制成功;

(2)三个厂中恰好有一个厂烧制成功;

(3)三个厂均未烧制成功;

(4)三个厂中至少两个厂烧制成功;

(5)三个厂中至多一个厂烧制成功.

解　(1)$\bar{C}$;(2)$A\bar{B}\bar{C}\cup\bar{A}B\bar{C}\cup\bar{A}\bar{B}C$;(3)$\bar{A}\bar{B}\bar{C}$;

(4)$AB\bar{C}\cup A\bar{B}C\cup\bar{A}BC\cup ABC$ 或 $AB\cup AC\cup BC$;

(5)$\bar{A}\bar{B}\bar{C}\cup A\bar{B}\bar{C}\cup\bar{A}B\bar{C}\cup\bar{A}\bar{B}C=\overline{AB}\cup\overline{AC}\cup\overline{BC}$.

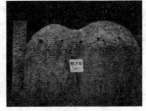

图 1-1-11

例 1-1-2　博物馆向某陶瓷工艺美术大师定做一件陶瓷,为确保能完成任务,此大师做了三件,记 A_i 表示"第 i 件是合格产品", $i=1,2,3$,记 B_j 表示"3 件中有 j 件是合格产品", j $=0,1,2,3$. 用文字表述各组事件,并指出各组事件的关系:(1) $\overline{A_1}$ 与 B_3 ;(2) $A_1\overline{A_2}A_3$ 与 B_2 ; (3) $\bigcup\limits_{i=1}^{3}\overline{A_i}$ 与 $\overline{B_3}$;(4) $\bigcup\limits_{i=1}^{3}A_i$ 与 $\bigcup\limits_{i=1}^{3}B_i$.

解 (1) $\overline{A_1}$ 表示第一件不是合格产品, B_3 表示三件都是合格产品,它们是互斥事件;

(2) $A_1\overline{A_2}A_3$ 表示第二件不是合格产品且其余两件都是合格产品, B_2 表示有两件是合格产品, $A_1\overline{A_2}A_3\subset B_2$;

(3) $\bigcup\limits_{i=1}^{3}\overline{A_i}$ 表示至少有一件是不合格产品, $\overline{B_3}$ 表示三件不全是合格产品, $\bigcup\limits_{i=1}^{3}\overline{A_i}=\overline{B_3}$;

(4) $\bigcup\limits_{i=1}^{3}A_i$ 表示至少有一件是合格产品, $\bigcup\limits_{i=1}^{3}B_i$ 表示事件"有一件合格产品"、"有两件合格产品"与"有三件合格产品"至少有一个发生, $\bigcup\limits_{i=1}^{3}A_i=\bigcup\limits_{i=1}^{3}B_i$.

例1-1-3 若 $S=\{1,2,3,4,5,6\}$, $A=\{1,3,5\}$, $B=\{1,2,3\}$,求:(1) $A\cup B$;(2) $A\cap B$; (3) $\overline{A}$;(4) $\overline{B}$;(5) $\overline{A\cup B}$;(6) $\overline{A\cap B}$;(7) $\overline{A}\cup\overline{B}$;(8) $\overline{A}\cap\overline{B}$.

解 (1) $A\cup B=\{1,2,3,5\}$;

(2) $A\cap B=\{1,3\}$;

(3) $\overline{A}=\{2,4,6\}$;

(4) $\overline{B}=\{4,5,6\}$;

(5) $\overline{A\cup B}=\{4,6\}$;

(6) $\overline{A\cap B}=\{2,4,5,6\}$;

(7) $\overline{A}\cup\overline{B}=\{2,4,5,6\}$;

(8) $\overline{A}\cap\overline{B}=\{4,6\}$.

第二节 频率与概率

虽然随机事件的发生有其偶然性,即在一次试验中它可能发生,也可能不发生;但在大量的重复试验中,往往还是会呈现一定的规律. 例如,投掷硬币的试验中,当试验次数很大时出现正反面的比率接近二分之一;投掷骰子的试验中,当投掷次数足够多时,每个点数出现的比率都接近六分之一. 对于这些随机事件,我们常常需要知道某个结果或某些结果在一次试验中发生的可能性有多大,即其内在规律,这些规律也是可以"度量"的. 为了方便说明这些概率统计的基本概念,下面先引入频率,它常用来描述事件发生的频繁程度,进而介绍刻画事件在一次试验中发生的可能性大小的数——**概率**.

一、频率

定义 1.2 在相同条件下,进行了 n 次试验,事件 A 发生的次数 n_A 称为事件 A 发生的**频数**. 比值 $\dfrac{n_A}{n}$ 称为事件 A 发生的**频率**,记为 $f_n(A)$.

试验表明随着试验次数 n 的增大,频率 $f_n(A)$ 呈现出稳定性,逐渐稳定于某个常数. 这就是随机现象的统计规律.

由定义可以看出,在相同条件下,进行了 n 次试验,事件 A 发生的频率满足以下基本性质:

(1)(非负性)对任何事件 A,有 $0 \leqslant f_n(A) \leqslant 1$;

(2)(规范性)对于必然事件 A,有 $f_n(A) = 1$;

(3)(可加性)设 $A_1, A_2, \cdots$ 是两两互不相容的事件,那么

$$f_n(A_1 \cup A_2 \cup \cdots) = f_n(A_1) + f_n(A_2) + \cdots. \tag{1.2.1}$$

由于事件 A 发生的频率是它发生的次数与试验次数之比,其大小表示事件 A 发生的频繁程序. 频率越大表示事件 A 发生的越频繁,即意味着事件 A 在一次试验中发生的可能性就越大. 反过来,频率越小表示事件 A 发生的越不频繁,即意味着事件 A 在一次试验中发生的可能性就越小. 所以,人们常常用频率来表示事件 A 在一次试验中发生的可能性的大小.

这种想法已经得到了大量的试验证明,特别是早期概率论研究学者进行了深入的试验. 例如,表 1-2-1 和表 1-2-2 给出了抛硬币试验出现正面的频率结果. 表 1-2-1 中,将一枚硬币抛掷 5 次,50 次,500 次,各做 10 遍,得到的数据记录下来. 其中,n_A 表示事件 A"硬币出现正面"发生的频数,$f_n(A)$ 表示 A 发生的频率. 图 1-2-1 是表 1-2-1 中频率数据的变化趋势. 表 1-2-2 中的试验是由多个人做的,试验中仅记录每次抛掷试验中硬币出现正面的频数.

表 1-2-1　抛硬币试验结果(1)

试验 序号	$n = 5$		$n = 50$		$n = 500$	
	n_A	$f_n(A)$	n_A	$f_n(A)$	n_A	$f_n(A)$
1	2	0.4	22	0.44	251	0.502
2	3	0.6	25	0.50	249	0.498
3	1	0.2	21	0.42	256	0.512
4	5	1.0	25	0.50	253	0.506
5	1	0.2	24	0.48	251	0.502
6	2	0.4	21	0.42	246	0.492
7	4	0.8	18	0.36	244	0.488
8	2	0.4	24	0.48	258	0.516
9	3	0.6	27	0.54	262	0.524
10	3	0.6	31	0.62	247	0.494

从上面的数据中可以看出,试验次数较少时,硬币出现正面的频率波动很大,然而随着试验次数的增加,硬币出现正面的频率波动在不断减弱. 这说明随着试验次数的增加,该事件发生的频率越来越稳定. 特别是当试验次数为 500 时,硬币出现正面的频率大致稳定在 0.5 附近. 而如表 1-2-2 所示,试验虽然是由不同人做的,但由于试验次数非常大,硬币出现正面的频率都是在 0.5 左右,其波动比表 1-2-1 中的还要小.

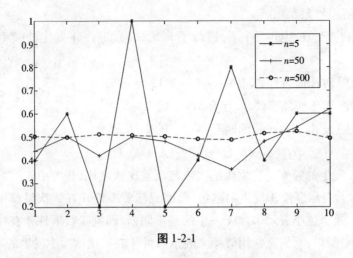

图 1-2-1

表 1-2-2　抛硬币试验结果（2）

实验者	n	n_A	$f_n(A)$
德·摩根	2 048	1 061	0.518 1
蒲丰	4 040	2 048	0.506 9
K.皮尔逊	12 000	6 019	0.501 6
K.皮尔逊	24 000	12 012	0.500 5

这说明当重复试验的次数 n 不断增大时,事件 A 发生的频率 $f_n(A)$ 呈现出稳定性,并会逐渐趋近于一个稳定的常数. 这种频率稳定性就是人们通常所说的统计规律. 也表明用频率来表示事件 A 在一次试验中发生的可能性的大小是可行的.

二、概率

尽管在大量试验中随机事件发生的频率会呈现稳定性,但人们不可能对每一个随机事件都做大量的试验,然后求得事件的频率,并用它来表示该随机事件发生的可能性的大小. 每次试验的结果虽然相差不大,但也存在细微的差别,不便于进行理论研究. 因此,概率论早期研究人员受到频率的稳定性及其能刻画事件发生可能性的特征的启发,给出了一个描述事件发生可能性大小的概念——概率.

定义 1.3（概率的定义）　设 E 是随机试验,S 是它的样本空间. 对于 E 的每一个事件 A 赋予一个实数,记为 $P(A)$,称为事件 A 发生的**概率**,若它满足以下三个条件:

(1)（非负性）对于任意事件 A ,有 $0 \leqslant P(A) \leqslant 1$;

(2)（规范性）对于必然事件 S ,有 $P(S) = 1$;

(3)（可列可加性）设 $A_1, A_2, \cdots$ 是两两互不相容的事件,那么

$$P(A_1 \cup A_2 \cup \cdots) = P(A_1) + P(A_2) + \cdots. \tag{1.2.2}$$

事实上,这三点对应于前面所提到的事件 A 发生的频率所满足的基本性质,但频率只是试验统计意义,而概率是事件发生可能性的大小,具有理论意义.

根据概率的定义还可以推出以下一些重要的性质.

(1) $P(\varnothing) = 0$.

证明　由 $P(S) = P(S \cup \varnothing \cup \varnothing \cup \cdots) = P(S) + P(\varnothing) + P(\varnothing) + \cdots$,即得 $P(\varnothing) = 0$.

(2) 有限可加性:设 $A_1, A_2, \cdots, A_n$ 是两两互不相容的事件,那么 $P\left(\bigcup\limits_{i=1}^{n} A_i\right) = \sum\limits_{i=1}^{n} P(A_i)$;

特别地,如果 $A \cap B = \varnothing$,那么 $P(A \cup B) = P(A) + P(B)$.

证明　令 $A_i = \varnothing, i = n+1, n+2, \cdots$,由概率的可列可加性及 $P(\varnothing) = 0$ 即证.

(3) $P(\bar{A}) = 1 - P(A)$.

证明　因为 $A \cup \bar{A} = S, A \cap \bar{A} = \varnothing$,由有限可加性及规范性,即得 $P(\bar{A}) = 1 - P(A)$.

(4) 设 $B \subset A$,则 $P(B) \leqslant P(A)$.

证明　因 $A = B \cup (A - B)$(图 1-1-8),且事件 B 与 $A - B$ 互不相容,故
$$P(A) = P(B) + P(A - B),$$
又 $P(A - B) \geqslant 0$,于是 $P(B) \leqslant P(A)$.

(5) $P(A - B) = P(A) - P(A \cap B)$;当 $B \subset A$ 时,$P(A - B) = P(A) - P(B)$.

证明　因 $A = (A - B) \cup (A \cap B)$(图 1-1-7),且 $(A - B) \cap (A \cap B) = \varnothing$,所以 $P(A) = P(A - B) + P(A \cap B)$,即 $P(A - B) = P(A) - P(A \cap B)$.

(6) $P(A \cup B) = P(A) + P(B) - P(A \cap B)$.

证明　因 $A \cup B = (A - A \cap B) \cup (B - A \cap B) \cup (A \cap B)$(图 1-1-6),且 $A - A \cap B$、$B - A \cap B$、$A \cap B$ 是两两互不相容的事件,所以
$$P(A \cup B) = P(A - A \cap B) + P(B - A \cap B) + P(A \cap B),$$
根据性质(5)知 $P(A - A \cap B) = P(A) - P(A \cap B)$,$P(B - A \cap B) = P(B) - P(A \cap B)$,于是
$$P(A \cup B) = P(A) + P(B) - P(A \cap B).$$

性质(6)可以推广到三个事件的情形:
$$P(A \cup B \cup C) = P(A) + P(B) + P(C) - P(AB) - P(BC) - P(AC) + P(ABC).$$

例 1-2-1　已知 $P(\bar{A}) = 0.7, P(\bar{A} \cap B) = 0.3, P(B) = 0.4$,求 $P(A \cap B), P(A - B)$.

解　因 $P(B) = P(A \cap B) + P(\bar{A} \cap B)$,所以 $P(A \cap B) = P(B) - P(\bar{A} \cap B) = 0.1$,于是
$P(A - B) = P(A) - P(A \cap B) = 1 - P(\bar{A}) - P(A \cap B) = 0.2$.

第三节　古典概型与几何概率

一、排列与组合的相关内容

因为本节所介绍的古典概率模型需要应用到大量的排列组合知识,所以下面先将这些内容及相关公式罗列出来,以便于后面概率的计算.

1. 排列的定义

从 n 个不同元素中,任取 $m(m \leqslant n)$ 个元素(这里的被取元素各不相同)按照一定的顺序排成一列,叫作从 n 个不同元素中取出 m 个元素的一个**排列**. n 个不同元素全部取出的

排列,叫**全排列**.

根据排列的定义,两个排列相同,当且仅当两个排列的元素完全相同,且元素的排列顺序也相同. 例如,123 与 124 的元素不完全相同,它们是不同的排列;又如 123 与 132 虽然元素完全相同,但元素的排列顺序不同,它们也是不同的排列.

2. 排列数的定义

从 n 个不同元素中,任取 $m(m \leqslant n)$ 个元素的所有排列的个数叫作从 n 个元素中取出 m 个元素的排列数,用符号 P_n^m 表示.

例如,在 $1,2,3$ 三个数中,任取两个元素能得到 $12,13,21,23,31,32$ 共六种排列,即 $P_3^2 = 6$.

3. 组合的定义

从 n 个不同元素中,任取 $m(m \leqslant n)$ 个元素(这里的被取元素各不相同)并成一组,叫作从 n 个不同元素中取出 m 个元素的一个**组合**.

例如,123 与 124 的元素不完全相同,它们是不同的组合;但对于 123 与 132,由于元素完全相同,尽管其元素的排列顺序不同,它们还是相同的组合,故只能算一个组合.

4. 组合数的定义

从 n 个不同元素中,任取 $m(m \leqslant n)$ 个元素的所有组合的个数叫作从 n 个元素中取出 m 个元素的**组合数**,用符号 C_n^m 表示.

例如,在 $1,2,3$ 三个数中,任取两个元素只能得到 $12,13,23$ 共三种组合,即 $C_3^2 = 3$.

组合与排列的主要区别是组合是无序的,不考虑其中元素的先后次序;而排列是有序的,必须考虑元素的先后顺序.

5. 排列数公式

$$P_n^m = n(n-1)(n-2)\cdots(n-m+1) = \frac{P_n^n}{P_{n-m}^{n-m}} = \frac{n!}{(n-m)!}.$$

其中,阶乘 $n!$ 为从自然数 1 到 n 的连乘积,在排列组合中也记为 P_n^n,且规定 $0! = 1$.

6. 组合数公式

$$C_n^m = \frac{P_n^m}{P_m^m} = \frac{n(n-1)(n-2)\cdots(n-m+1)}{m!} = \frac{n!}{m!\,(n-m)!} \quad (n,m \in \mathbf{N}^*, m \leqslant n),$$

且有 $C_n^m = C_n^{n-m}$,$C_{n+1}^m = C_n^m + C_n^{m-1}$,并规定 $C_n^0 = 1$.

7. 几个常用公式

(1) $n \cdot n! = (n+1)! - n!$.

(2) $\dfrac{n}{(n+1)!} = \dfrac{1}{n!} - \dfrac{1}{(n+1)!}$.

(3) $C_m^m + C_{m+1}^m + \cdots + C_n^m = C_{n+1}^{m+1}$.

(4) $P_m^m + P_{m+1}^m + \cdots + P_n^m = P_m^m(C_m^m + C_{m+1}^m + \cdots + C_n^m) = P_m^m \cdot C_{n+1}^{m+1}$.

8. 排列组合中常用的两个原理

(1) 分类计数原理:做一件事情,完成它可以有 n 类办法,在第一类办法中有 m_1 种不同的方法,在第二类办法中有 m_2 种不同的方法,……,在第 n 类办法中有 m_n 种不同的方法,那么完成这件事共有 $N(=m_1+m_2+\cdots+m_n)$ 种不同的方法.

(2)分步计数原理:做一件事情,完成它需要分成 n 个步骤,做第一步有 m_1 种不同的方法,做第二步有 m_2 种不同的方法,……,做第 n 步有 m_n 种不同的方法,那么完成这件事有 $N(=m_1\times m_2\times\cdots\times m_n)$ 种不同的方法.

9. 常用的解题策略

(1)合理分类:①类与类之间必须互斥(互不相容);②分类涵盖所有情况.

(2)准确分步:①步与步之间互相独立;②步与步之间保持连续性.

(3)先组后排策略:当排列问题和组合问题相混合时,应该先通过组合问题将需要排列的元素选择出来,然后再进行排列.

结合这些定义、原理和方法,下面举几个例子来说明它.

例1-3-1 从班上 5 名男生和 4 名女生中选出 3 男 2 女去参加五个竞赛,每个竞赛参加一人. 问有多少种选法?

解 此题既涉及排列问题(参加五个不同的竞赛),又涉及组合问题(从 9 名学生中选出 5 名),应该先组后排.

第一步,从 5 名男生和 4 名女生(两类)中选出 3 男 2 女参加竞赛,这是组合问题,有 $C_5^3\times C_4^2$ 种选法.

第二步,再让这 5 名学生分别参加 5 个竞赛,即进行全排列,有 P_5^5 种选法.

因此,共有 $C_5^3\times C_4^2\times P_5^5=7\,200$ 种选法.

例1-3-2 某陶瓷爱好者有 8 件不同的陶瓷装饰品,其中花瓶类 3 件,花盘类 2 件,其他装饰瓷 3 件. 若将这些陶瓷装饰品排成一列放在陶瓷装饰架上,试求花瓶排在一起,花盘也恰好排在一起的排法共有多少种?

解 第一步,把 3 件花瓶"捆绑"在一起看成一种大装饰瓷,2 件花盘也"捆绑"在一起看成一种大装饰瓷,与其他 3 件装饰瓷一起看作 5 个元素(合理分类),共有 P_5^5 种排法.

第二步,3 件花瓶有 P_3^3 种排法,2 件花盘有 P_2^2 种排法(后排列),根据分步计数原理共有排法 $P_5^5\times P_3^3\times P_2^2=1\,440$ 种.

结合上面的例子,仔细思考一下这些例子是不是按照上述策略解题的.

二、古典概率模型

定义1.4 满足下面两个条件的随机试验称为**等可能概型**或**古典概型:**

(1)试验的样本空间含有样本点的个数为有限个;

(2)每个样本点发生的可能性相同.

具有以上条件的试验在人们的生活中是大量存在的,下面我们来分析这种情况下事件发生概率的计算公式.

设试验 E 是古典概型,它的样本空间 $S=\{e_1,e_2,\cdots,e_n\}$,根据第二个条件,可知 $P(\{e_1\})=P(\{e_2\})=\cdots=P(\{e_n\})$,又 $P(S)=1$,且基本事件是互不相容的,故 $P(\{e_i\})=1/n,i=1,2,\cdots,n$. 如果事件 A 包含 k 个基本事件,那么

$$P(A) = \frac{k}{n} = \frac{A \text{ 包含的元素个数}}{S \text{ 中的元素个数}}. \tag{1.3.1}$$

因此,古典概型也可进行如下定义:设试验 E 的样本空间为 $S = \{e_1, e_2, \cdots, e_n\}$,且 $P(\{e_1\}) = P(\{e_2\}) = \cdots = P(\{e_n\})$,若 $A = \{e_{i_1}\} \cup \{e_{i_2}\} \cup \cdots \cup \{e_{i_k}\}$,则有 $P(A) = \frac{k}{n}$,i_1, $i_2, \cdots, i_k$ 为 $1, 2, \cdots, n$ 中的 k 个数.

其中,$P(A) = \frac{k}{n}$ 就是等可能概型中事件 A 的概率计算公式.

例 1-3-3 掷两枚均匀硬币,出现正面用 H 表示,出现反面用 T 表示,观察正反面出现的情况.

解 由题得样本空间为 $\{HH, HT, TH, TT\}$. 这里四个基本事件是等可能发生的,故属古典概型. $n = 4$,即为 4 个基本事件,记 A_i 为第 i 个事件,则 $P(A_i) = \frac{1}{4}$,$i = 1, 2, 3, 4$.

例 1-3-4 某套茶具中共有 6 只茶杯,其中 4 只画有荷花和莲子,2 只画有莲子(图 1-3-1). 从盒中取茶杯两次,每次随机地取一只,考虑两种取茶杯方式:(a)放回取样,第一次取出一只茶杯,观察后放回盒中;(b)不放回取样,第一次取出一只茶杯后,不放回盒中,继续从剩余的茶杯中再取. 分别就两种情形求:(1)取到的两只茶杯都画有荷花和莲子的概率;(2)取到的两只茶杯图案相同的概率;(3)取到的两只茶杯中至少有一只画有荷花和莲子的概率.

图 1-3-1

解 以 A、B、C、D 分别表示事件"取到的两只茶杯都画有荷花和莲子"、"取到的两只茶杯都只画有莲子"、"取到的两只茶杯图案相同"、"取到的两只茶杯中至少有一只画有荷花和莲子",则 $C = A \cup B$,$\overline{D} = B$.

(a)两次取茶杯共有 6×6 种取法,即样本空间中的元素个数是 36,事件 A 包含的取法有 $4 \times 4 = 16$ 种,事件 B 包含的取法有 $2 \times 2 = 4$ 种,故 $P(A) = \frac{16}{36} = \frac{4}{9}$,$P(B) = \frac{4}{36} = \frac{1}{9}$. 因 $A \cap B = \varnothing$,于是 $P(C) = P(A) + P(B) = \frac{5}{9}$,$P(D) = 1 - P(B) = \frac{8}{9}$.

(b)两次取茶杯共有 6×5 种取法,即样本空间中的元素个数是 30,事件 A 包含的取法有 $4 \times 3 = 12$ 种,事件 B 包含的取法有 $2 \times 1 = 2$ 种,故 $P(A) = \frac{12}{30} = \frac{2}{5}$,$P(B) = \frac{2}{30} = \frac{1}{15}$. 因

$A \cap B = \varnothing$,于是 $P(C) = P(A) + P(B) = \dfrac{7}{15}$,$P(D) = 1 - P(B) = \dfrac{14}{15}$.

例 1-3-5　一口袋装有 a 只白球,b 只红球,$n(\leqslant a+b)$ 个人依次从袋中取一只球,(a)做放回取样,(b)做不放回取样,求第 i 个人取到红球的概率,$i = 1,2,\cdots,n$.

解　设 A_i 表示"第 i 个人取到红球".

(a)显然 $P(A_i) = \dfrac{b}{a+b}$.

(b)考察 n 个人取球的方法共有 P_{a+b}^n 种,即样本空间中的元素个数为 P_{a+b}^n. 事件 A_i 发生必然是第 i 个人取到 b 只红球中的一只且其余 $n-1$ 个人在余下的 $a+b-1$ 个球中任取一只,即 A_i 包含的取法有 $b \cdot \mathrm{P}_{a+b-1}^{n-1}$,故 $P(A_i) = \dfrac{b \cdot \mathrm{P}_{a+b-1}^{n-1}}{\mathrm{P}_{a+b}^n} = \dfrac{b}{a+b}$.

上面结果表明,每个人取到红球的概率都一样,与取球的次序无关,大家机会均等,这个结论称为"抽签原理". 值得注意的是,本例中在放回取样与不放回取样的情形下,每个人取到红球的概率是一样的.

例 1-3-6　设有 n 个人到某地开会入住一带有 N 个房间的旅店,如果每个人都等可能地被分配到任意一间去住($n \leqslant N$),房间容量不限. 求下列事件的概率:(1)指定的 n 个房间各有一人住;(2)恰好有 n 个房间各住一个人;(3)某个指定的房间至少有一人住;(4)某个指定的房间恰好有 $k(k \leqslant n)$ 个人住.

解　每个人都有 N 个房间可供选择,所以 n 个人住的方式共有 N^n 种,它们是等可能的. 以 A、B、C、D 分别表示"指定的 n 个房间各有一人住"、"恰好有 n 个房间各住一个人"、"某个指定的房间至少有一人住"、"某个指定的房间恰好有 $k(k \leqslant n)$ 个人住".

(1)事件 A 包含的住房方式有 $n!$ 种,故 $P(A) = \dfrac{n!}{N^n}$.

(2)n 个房间可以在 N 个房间中任意选取,对选定的 n 个房间,再分配 1 人去住,事件 B 包含的住房方式有 $n! \mathrm{C}_N^n$ 种,故 $P(B) = \dfrac{n! \mathrm{C}_N^n}{N^n}$.

(3)$\bar{C}$ 表示"某个指定的房间没有人住",即 n 个人都住在其余 $N-1$ 个房间中,可知 $\bar{C}$ 包含的住房方式有 $(N-1)^n$ 种,故 $P(C) = 1 - P(\bar{C}) = 1 - \dfrac{(N-1)^n}{N^n}$.

(4)先从 n 个人中选出 k 个人住指定的房间,其余的 $n-k$ 个人去住其余 $N-1$ 个房间,可知事件 D 包含的住房方式有 $\mathrm{C}_n^k (N-1)^{n-k}$ 种,故 $P(D) = \dfrac{\mathrm{C}_n^k (N-1)^{n-k}}{N^n}$.

例 1-3-7　假设每个人的生日在一年 365 天中的任意一天是等可能的,某班级有 $n(n \leqslant 365)$ 个人,问至少有两个人生日在同一天的概率是多少?

解　这是历史上有名的"生日问题",把 365 天当作 365 个"房间",令 A 表示"n 个人中至少有两个人生日在同一天",那么 $\bar{A}$ 表示"n 个人的生日全不相同",即恰好有 n 个房间各住一个人,所以 $P(A) = 1 - \dfrac{n! \mathrm{C}_{365}^n}{365^n}$,表 1-3-1 列出了 n 为 $10,20,\cdots,80$ 时的概率,具体的趋势如图 1-3-2 所示.

表 1-3-1　同一天生日的概率

n	10	20	30	40	50	60	70	80
$P(A)$	0.117	0.411	0.706	0.891	0.970	0.990	0.999	0.999 9

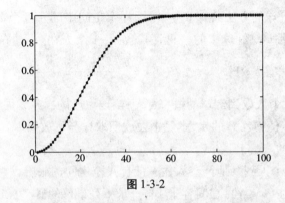

图 1-3-2

上述结果告诉我们,"直觉"并不可靠,这就说明了研究随机现象统计规律性的重要性.

必须注意的是:古典概率的定义只适用于古典概型,对于试验的可能结果有无限多个情形,概率的古典定义就不适用.

一般来说,古典概型可归并为三类:抽球类型、占位类型、随机取数. 判断是否属于古典概型的关键在于等可能性的判定,而等可能性的判定往往是根据我们实际的经验来判定. 关于这点,读者在分析概率问题时必须特别注意.

三、几何概率

概率的古典定义是在一种特殊情况下对事件发生可能性的定义,即假定试验的所有可能结果只有有限多个,且每种结果的可能性是相等的,而对于试验结果有无穷多种可能时,这种定义显然不适用. 借助于古典概率的定义,设想仍用"事件的概率"等于"部分"比"全体"的方法来规定事件的概率,从而对古典概型进行理论上的拓展,使得拓展后的定义适用于无穷多种可能结果的情形,这就是几何概型. 下面先看两个例子,然后再归纳这个定义.

例 1-3-8　某人在等一公交车,已知公交车是每隔 15 分钟发一班,但他不知道具体的发车时刻表,求他等待时间短于 5 分钟的概率.

解　每两班车次到达的间隔为 15 分钟,而此人到达公交车站的时刻应该处于两班公交车发出之间的任何时间,等待不超过 5 分钟占据了两班公交车发出间隔 15 分钟的三分之一,因此等待时间短于 5 分钟的概率应该等于 5 分钟的长度与两班公交车发出时间间隔的长度的比值,即 $p = \dfrac{5}{15} = \dfrac{1}{3}$.

例 1-3-9　高岭土是一种以高岭石族黏土矿物为主的黏土和黏土岩,它因江西省景德镇高岭村而得名,是陶瓷的重要原料(图 1-3-3). 由于景德镇的瓷器制造已经历经千年,高岭土已经消耗殆尽,急需寻找新的矿源. 有信息表明面积为 140 平方公里的鲇鱼山镇有表面积达 2 平方公里的高岭土富矿,假设在这片区域中随机选定一点钻探,问找到高岭土富矿的概率是多少?

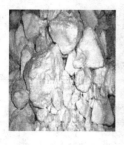

图 1-3-3

解 由于随机选取一点钻探,因而每一点选到的可能性是相等的,而储藏着高岭土的区域占整个区域面积的 $\frac{2}{140}$.

因此,钻到高岭土的概率应该为储藏着高岭土的面积与整个区域的面积的比值,即

$$p = \frac{2}{140} = \frac{1}{70}.$$

例 1-3-10 1777 年,法国科学家蒲丰(Buffon)提出了投针试验问题. 平面上画有等距离为 $a(>0)$ 的一些平行直线,现向此平面任意投掷一根长为 $b(<a)$ 的针,如图 1-3-4 所示. 试求针与任一平行直线相交的概率.

解 如果以 x 表示针投到平面上时针的中点 M 到最近的一条平行直线的距离,φ 表示针与该平行直线的夹角(图 1-3-4 左),则针落在平面上的位置可由 x 与 φ 唯一确定.

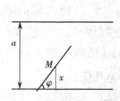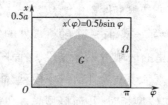

图 1-3-4

投针试验的所有可能结果与矩形区域 $\Omega = \{(x, \varphi) \mid 0 \leq x \leq \frac{a}{2}, 0 \leq \varphi \leq \pi\}$ 中的所有点一一对应. 由投掷的任意性可知,这是一个几何概型问题. 而且,我们所关心的事件是 $A = \{$针与任一平行直线相交$\}$,它发生的充分必要条件为 G 中的点满足 $0 \leq x \leq \frac{b}{2}\sin\varphi, 0 \leq \varphi \leq \pi$,此时

$$P(A) = \frac{m(G)}{m(\Omega)} = \frac{G \text{ 的面积}}{\Omega \text{ 的面积}} = \frac{\int_0^\pi \frac{b}{2}\sin\varphi \mathrm{d}\varphi}{\frac{a}{2} \times \pi} = \frac{b}{\frac{a}{2} \times \pi} = \frac{2b}{a\pi}.$$

根据频率的稳定性,当投针试验次数 n 很大时,算出针与平行直线相交的次数 m,则频率值 $\dfrac{m}{n}$ 即可作为 $P(A)$ 的近似值代入上式. 那么,

$$\frac{m}{n} \approx \frac{2b}{a\pi} \Rightarrow \pi \approx \frac{2bn}{am}.$$

利用上式可计算圆周率 π 的近似值,历史上一些学者的计算结果如表 1-3-2 所示.

表 1-3-2　历史上计算 π 的投针试验

试验人	试验时间/年	针长	投掷次数	相交次数	π 的近似值
Wolf	1850	0.8	5 000	2 532	3.159 6
Smith	1855	0.6	3 204	1 218	3.155 4
De Morgan	1860	1.0	600	382	3.137
Fox	1884	0.75	1 030	489	3.159 5
Lazzerini	1901	0.83	3 408	1 808	3.141 592 9
Reina	1925	0.54	2 520	859	3.179 5

通过上述几个例子可以看出,它们所要求的概率等于部分度量与整体度量的比值,由此我们给出其一般定义.

若对于一个随机试验,每个样本点出现是等可能的,如果以 A 表示"在区域 Ω 中随机取一点,而该点落在区域 G 中"这一事件,则其概率定义为

$$P(A) = \frac{m(A)}{m(\Omega)}. \tag{1.3.2}$$

其中,$m(\Omega)$ 是样本空间 Ω 的度量,$m(A)$ 是构成事件 A 的子区域的度量.

这种情况下,每个基本事件理解为从某个特定的几何区域内随机地取一点,该区域中每一个点被取到的机会都一样;而一个随机事件的发生则理解为恰好取到上述区域内的某个指定区域中的点. 这里的区域可以是线段、平面图形、立体图形等,其度量依次为长度、面积和体积,则称这样的概率模型为几何概率模型,简称为**几何概型**.

几何概型与古典概型相对,几何概型与古典概型的主要区别在于:几何概型是另一类等可能概型,它与古典概型的区别在于试验的结果是无限个.

几何概型的特点有下面两个:

(1)试验中所有可能出现的基本事件有无限多个;

(2)每个基本事件出现的可能性相等.

第四节　条件概率

前面我们所讨论事件的概率都是在样本空间中考虑的,而在一些实际问题中,我们常常需要考虑在一些附加的条件下计算某一随机事件发生的可能性,这样的概率我们称为条件

概率.本节我们先用例子引出条件概率的定义,然后介绍计算条件概率的几个重要公式.

一、条件概率的定义

例 1-4-1 一套餐具中装有大小相同的 10 只盘子,其中 4 只浅盘,6 只深盘.甲、乙两人依次各取一只盘子.问在甲取出一只盘子是浅盘的情况下,乙再取一只浅盘的概率是多少?

解 设 A 表示"甲取到浅盘",B 表示"乙取到浅盘",根据抽签原理知 $P(A) = P(B) = \frac{4}{10}$. 如果甲取出一只盘子,发现是浅盘,并告诉了乙,这时乙再取一只盘子,取到浅盘的概率就变成了 $\frac{3}{9}$,而前面已知事件 B 发生的概率是 $\frac{4}{10}$,那么如何理解 $\frac{3}{9}$?

我们用符号 $P(B|A)$ 表示在事件 A 发生的条件下,事件 B 发生的概率,则在此例中,甲取出一只盘子是浅盘的情况下,乙再取一只浅盘的概率 $P(B|A) = \frac{3}{9}$.

注意 $P(A) = \frac{4}{10}$,$P(AB) = \frac{12}{10 \times 9}$,且 $P(B|A) = \frac{P(AB)}{P(A)} = \frac{3}{9}$.

定义 1.5 设 A、B 是两个事件,且 $P(A) > 0$,称 $P(B|A) = \frac{P(AB)}{P(A)}$ 为已知事件 A 发生的条件下,事件 B 发生的**条件概率**.

以上这种关系就是条件概率的定义.

可以验证,条件概率 $P(\cdot|A)$ 也满足概率定义的三个条件:

(1)(非负性)对任何事件 B,有 $P(B|A) \geqslant 0$;

(2)(规范性)对于必然事件 S,有 $P(S|A) = 1$;

(3)(可列可加性)设 $A_1, A_2, \cdots$ 是两两互不相容的事件,则

$$P(A_1 \cup A_2 \cup \cdots | A) = P(A_1|A) + P(A_2|A) + \cdots. \tag{1.4.1}$$

因为条件概率满足概率定义的三个条件,则前面所有概率的性质都适用于条件概率.下面举四个常用的性质,注意它们的表示与 1.2 节中相应公式的异同.

(1)$P(\varnothing|A) = 0$;

(2)设事件 B_1 与 B_2 互不相容,则 $P(B_1 \cup B_2|A) = P(B_1|A) + P(B_2|A)$;

(3)$P(\bar{B}|A) = 1 - P(B|A)$;

(4)$P(B_1 \cup B_2|A) = P(B_1|A) + P(B_2|A) - P(B_1 B_2|A)$.

应用上面的定义与性质,可以很快得到例 1-4-2 的答案.

例 1-4-2 设同时投掷三颗骰子,且已知所得三个数都不一样,问在此情况下,三颗骰子中有一颗骰子是 1 点的概率是多少?

解 设事件 A 表示"掷出含有 1 的点数",事件 B 表示"掷出的三个点数都不一样".则显然所要求的概率为 $P(A|B)$.

根据公式

$$P(A|B) = \frac{P(AB)}{P(B)},$$

$$P(B) = \frac{P_6^3}{6^3} = \frac{5}{9}, P(AB) = \frac{C_3^1 P_5^2}{6^3} = \frac{5}{18},$$

$$P(A|B) = \frac{1}{2}.$$

二、乘法定理

由条件概率的定义,很容易得到下列结论.

定理 1.1(乘法定理) 设 $P(A) > 0$,则 $P(AB) = P(B|A)P(A)$. 如果 $P(B) > 0$,则 $P(AB) = P(A|B)P(B)$.

乘法公式还可以推广到多个事件的情形,如

$$P(ABC) = P(C|AB)P(B|A)P(A), 其中 P(AB) > 0;$$

$$P(A_1 A_2 \cdots A_n) = P(A_1)P(A_2|A_1)P(A_3|A_1 A_2) \cdots P(A_n|A_1 A_2 \cdots A_{n-1}), 其中 P(A_1 A_2 \cdots A_{n-1}) > 0.$$

例 1-4-3 设某陶瓷厂在测试其陶瓷产品的硬度时,将该类产品从 1 米高的桌上落下,看其下落到地面时是否破碎. 已知第一次落下时打破的概率为 $\frac{1}{2}$,若第一次落下时未打破,第二次落下时打破的概率为 $\frac{7}{10}$,若前两次落下均未打破,第三次落下时打破的概率为 $\frac{9}{10}$. 试求该陶瓷产品落下三次未打破的概率.

解 设 A_i 表示"陶瓷产品第 i 次落下时打破",$i = 1, 2, 3$,由题意可知

$$P(A_1) = \frac{1}{2}, P(A_2|\overline{A_1}) = \frac{7}{10}, P(A_3|\overline{A_1}\,\overline{A_2}) = \frac{9}{10}.$$

再设 B 表示"陶瓷产品落下三次未打破",则 $B = \overline{A_1}\,\overline{A_2}\,\overline{A_3}$,故

$$P(B) = P(\overline{A_3}|\overline{A_1}\,\overline{A_2})P(\overline{A_2}|\overline{A_1})P(\overline{A_1}) = \left(1 - \frac{9}{10}\right)\left(1 - \frac{7}{10}\right)\left(1 - \frac{1}{2}\right) = \frac{3}{200}.$$

注意,条件概率 $P(B|A)$ 与积事件概率 $P(AB)$ 是有区别的,要对照其定义仔细辨别.

从样本空间的角度看,这两种事件所对应的样本空间发生了改变. 求 $P(AB)$ 时,仍在原来的样本空间中进行讨论. 而求 $P(B|A)$ 时,所考虑的样本空间就不是了. 这是因为前提条件中已经知道事件 A 发生了,新的样本空间缩小为 A.

因此,积事件"AB"与条件事件"$B|A$"是两种截然不同的事件,但它们之间也有一定的联系,概率的乘法公式揭示了这个联系:$P(AB) = P(A)P(B|A)$,其中 $P(A) > 0$.

三、全概率公式与贝叶斯(Bayes)公式

给定事件 A,事件 B 可以分解为 $B = AB \cup \overline{A}B$. 如果 $0 < P(A) < 1$,则有

$$P(B) = P(AB) + P(\overline{A}B) = P(B|A)P(A) + P(B|\overline{A})P(\overline{A}). \tag{1.4.2}$$

进一步,如果 $P(A_i) > 0$,$i = 1, 2, 3$,且 $S = A_1 \cup A_2 \cup A_3$,那么

$$B = BA_1 \cup BA_2 \cup BA_3,$$

$$\begin{aligned} P(B) &= P(BA_1) + P(BA_2) + P(BA_3) \\ &= P(B|A_1)P(A_1) + P(B|A_2)P(A_2) + P(B|A_3)P(A_3). \end{aligned}$$

定义 1.6 设 S 是试验 E 的样本空间，$A_1,A_2,\cdots,A_n$ 是一组事件，如果

(1)$A_1,A_2,\cdots,A_n$ 两两互不相容，

(2)$A_1\cup A_2\cup\cdots\cup A_n=S$，

则称 $A_1,A_2,\cdots,A_n$ 为样本空间 S 的一个**划分**.

定理 1.2 设 S 是试验 E 的样本空间，$A_1,A_2,\cdots,A_n$ 是 S 的一个划分，且 $P(A_i)>0,i=1,2,\cdots,n$，则对任意事件 B 有

$$P(B)=P(B\mid A_1)P(A_1)+P(B\mid A_2)P(A_2)+\cdots+P(B\mid A_n)P(A_n).\qquad(1.4.3)$$

上式称为全概率公式.

定理 1.3 设 S 是试验 E 的样本空间，B 是 E 的一个事件，$A_1,A_2,\cdots,A_n$ 是 S 的一个划分，且 $P(B)>0,P(A_i)>0,i=1,2,\cdots,n$，则

$$P(A_i\mid B)=\frac{P(B\mid A_i)P(A_i)}{P(B\mid A_1)P(A_1)+P(B\mid A_2)P(A_2)+\cdots+P(B\mid A_n)P(A_n)},i=1,2,\cdots,n.$$

$$(1.4.4)$$

上式称为贝叶斯(Bayes)公式.

Bayes 公式在概率论和数理统计中有着多方面的应用，它是由英国数学家贝叶斯(Thomas Bayes，1703—1763)得到的，用来描述两个条件概率之间的关系. 利用全概率公式求事件 B 的概率，关键是寻求适当的一个划分 $A_1,A_2,\cdots,A_n$，使得 $P(A_i)$ 和 $P(B\mid A_i)$ 容易求得，寻求样本空间的划分通常是寻找导致事件 B 发生的所有互不相容的事件.

事件 A_i 的概率 $P(A_i)$ 通常是人们在此之前对 A_i 的认知，习惯上称为先验概率；概率 $P(A_i\mid B)$ 反映了在事件 B 发生的情况下事件 A_i 发生的概率，称为**后验概率**.

在应用 Bayes 公式进行推理过程中，必须首先注意事件的基础概率，基础概率小的事件，即使某种击中率较高，其出现的总概率仍然是较小的；其次应该对信息的外部表征做理性的分析，不应被一些表面特征所迷惑；最后不能过分相信经验策略，虽然经验策略有时能减轻人们的认知负荷并导致正确的概率估计，但也会在许多情况下误导我们的判断.

在数据挖掘中，应用贝叶斯决策的理论进行分类时必须注意以下几点.

(1)如果已知被分类类别概率分布的形式和已经标记类别的训练样本集合，那就需要从训练样本集合中来估计概率分布的参数.

(2)如果事先不知道任何有关被分类类别概率分布的知识，已知已经标记类别的训练样本集合和判别式函数的形式，那就需要从训练样本集合中来估计判别式函数的参数.

(3)如果既不知道任何有关被分类类别概率分布的知识，也不知道判别式函数的形式，只有已知标记类别的训练样本集合，那就需要从训练样本集合中来估计概率分布函数的参数.

(4)只有没有标记类别的训练样本集合(这是经常发生的情形)，则需要对训练样本集合进行聚类，从而估计它们概率分布的参数.

(5)如果不需要训练样本集合，利用贝叶斯决策理论就可以设计最优分类器.

下面先举几个简单的例子说明 Bayes 公式的应用，然后举例说明条件概率的计算也是可用多种方法的，以便于对本节内容的理解.

例1-4-4 某公司需要大量的陶瓷配件,现有三家陶瓷公司为其供货,它们的供货份额分别是15%,80%和5%,根据历史经验,它们的次品率分别为2%,1%及3%. 且三家公司的产品在仓库中是均匀混合的,且无区分标志. (1)在仓库中随机取一配件,求它是次品的概率;(2)在仓库中随机取一配件,若已知取到的是次品,判别它最有可能是哪一家陶瓷公司生产的.

解 设 A_i 表示"取到的配件是第 i 家陶瓷公司生产的 $(i=1,2,3)$" B 表示"取到的配件是次品",根据题意知, A_1,A_2,A_3 是样本空间 S 的一个划分,且

$$P(A_1)=0.15, P(A_2)=0.8, P(A_3)=0.05,$$
$$P(B|A_1)=0.02, P(B|A_2)=0.01, P(B|A_3)=0.03;$$

(1)由全概率公式,得

$$P(B)=P(B|A_1)P(A_1)+P(B|A_2)P(A_2)+P(B|A_3)P(A_3)$$
$$=0.003+0.008+0.0015=0.0125.$$

(2)由 Bayes 公式,得

$$P(A_1|B)=0.24, P(A_2|B)=0.64, P(A_3|B)=0.12,$$

所以该次品最有可能是第二家陶瓷公司生产的.

本例中, $P(A_1)=0.15$ 是事件 A_1 的先验概率,即在仓库中随机取一配件是第一家陶瓷公司生产的概率; $P(A_1|B)=0.24$ 是后验概率,表示在仓库中随机取一配件发现是次品,这时该配件是第一家陶瓷公司生产的概率.

例1-4-5 据某项调查,中国东部某城市总的来说患肺癌的概率约为3%,已知该城市大约有10%人口是吸烟者,根据卫生部门提示吸烟人群患肺癌的概率约为20%,求此城市不吸烟者患肺癌的概率是多少?

解 此问题中要做的试验是随机选取一人,考察他是否患肺癌以及他是否吸烟.

设事件 A 表示"某人患肺癌",事件 B 表示"某人吸烟",由题意知 $P(A)=3\%$, $P(B)=10\%$, $P(A|B)=20\%$,所求概率是 $P(A|\bar B)$.

因 $P(AB)=P(A|B)P(B)=2\%$,所以 $P(A\bar B)=P(A)-P(AB)=1\%$,于是

$$P(A|\bar B)=\frac{P(A\bar B)}{P(\bar B)}=\frac{0.01}{0.90}=1.11\%.$$

例1-4-6 设有两套未包装完成的餐具,第一套中有3只浅盘,2只深盘;第二套中有4只浅盘,4只深盘. 现从第一套的盒子中任取2个盘子放入第二套的盒子,然后再从第二套的盒子中任取一个瓷盘,求此盘为浅盘的概率.

解 设事件 A_i 表示"从第一套中取的2个瓷盘中有 i 个浅盘",其中 $i=0,1,2$;事件 B 表示"从第二套中取到的是浅盘".

显然 A_0,A_1,A_2 构成一完备事件组,且根据题意,对于事件 A_0 ,第一次取得深盘的概率是 $\frac{2}{5}$,第二次取得深盘的概率是 $\frac{1}{4}$,所以 $P(A_0)=\frac{2}{5}\times\frac{1}{4}=\frac{1}{10}$.

此时,事件 $B|A_0$ 是在4只浅盘,6只深盘中取浅盘,所以其概率为 $P(B|A_0)=\frac{4}{10}=\frac{2}{5}$.

同理有：

$$P(A_1) = \frac{3}{5} \times \frac{2}{4} + \frac{2}{5} \times \frac{3}{4} = \frac{6}{10}, P(B|A_1) = \frac{5}{10} = \frac{1}{2};$$

$$P(A_2) = \frac{3}{5} \times \frac{2}{4} = \frac{3}{10}, P(B|A_2) = \frac{6}{10} = \frac{3}{5}.$$

由全概率公式，得

$$P(B) = P(B|A_0)P(A_0) + P(B|A_1)P(A_1) + P(B|A_2)P(A_2)$$

$$= \frac{1}{10} \times \frac{2}{5} + \frac{6}{10} \times \frac{1}{2} + \frac{3}{10} \times \frac{3}{5} = \frac{13}{25}.$$

条件概率是概率的一个难点. 首先，"在某事件 A 发生的前提下事件 B 发生的概率"经常容易和"事件 A、B 同时发生的概率"混淆；其次，在解决条件概率问题时采取方法的不同会直接导致解决问题的难易程度不同. 这就要求同学们熟练掌握解决条件概率问题的各种方法，因题而异，选择适当的方法求解.

看下面这个例子，我们将用三种不同的方法求解它.

例 1-4-7　一个口袋内装有 2 个红球和 2 个黄球，那么

（1）先摸出 1 个红球不放回，再摸出 1 个红球的概率是多少；

（2）先摸出 1 个红球后放回，再摸出 1 个红球的概率是多少.

解　**解法一**　利用古典概型的特点求出各事件发生的基本事件数，然后用比例求解.

（1）设"先摸出 1 个红球不放回"为事件 A，"再摸出 1 个红球"为事件 B，则"先后两次摸到红球"为事件 $A \cap B$. 则有：

$A = \{(红1,红2),(红1,黄1),(红1,黄2),(红2,红1),(红2,黄1),(红2,黄2)\}$，事件 A 的基本事件数为 6；

$A \cap B = \{(红1,红2),(红2,红1)\}$，$A \cap B$ 事件的基本事件数为 2.

$$P(B|A) = \frac{2}{6} = \frac{1}{3}.$$

（2）设"先摸出 1 个红球后放回"为事件 A_1，"再摸出 1 个红球"为事件 B_1，则"先后两次摸到红球"为事件 $A_1 \cap B_1$. 则有：

$A_1 = \{(红1,红1),(红1,红2),(红1,黄1),(红1,黄2),(红2,红1),(红2,红2),$ $(红2,黄1),(红2,黄2)\}$，事件 A 的基本事件数为 8；

$A_1 \cap B_1 = \{(红1,红2),(红2,红1),(红1,红1),(红2,红2)\}$，$A_1 \cap B_1$ 事件的基本事件数为 4.

$$P(B_1|A_1) = \frac{4}{8} = \frac{1}{2}.$$

解法二　利用条件概率公式直接求解.

（1）设"先摸出 1 个红球不放回"为事件 A，"再摸出 1 个红球"为事件 B，则"先后两次摸到红球"为事件 $A \cap B$. 则有：

$$P(A) = \frac{2 \times 3}{4 \times 3} = \frac{1}{2}, P(A \cap B) = \frac{2 \times 1}{4 \times 3} = \frac{1}{6}, P(B|A) = \frac{P(A \cap B)}{P(A)} = \frac{\frac{1}{6}}{\frac{1}{2}} = \frac{1}{3}.$$

（2）设"先摸出 1 个红球后放回"为事件 A_1，"再摸出 1 个红球"为事件 B_1，则"先后两次摸到红球"为事件 $A_1 \cap B_1$. 则有：

$$P(A_1) = \frac{2 \times 4}{4 \times 4} = \frac{1}{2}, P(A_1 \cap B_1) = \frac{2 \times 2}{4 \times 4} = \frac{1}{4}, P(B_1 \mid A_1) = \frac{P(A_1 \cap B_1)}{P(A_1)} = \frac{\frac{1}{4}}{\frac{1}{2}} = \frac{1}{2}.$$

解法三　通过问题的实质解决问题.

（1）摸出 1 个红球之后不放回，问题就变成了"从 1 个红球和 2 个黄球中摸出 1 个红球的概率是多少".

显然，$P(B \mid A) = \dfrac{1}{3}$.

（2）摸出 1 个红球后放回，问题就变成了"从 2 个红球和 2 个黄球中摸出 1 个红球的概率是多少".

显然，$P(B_1 \mid A_1) = \dfrac{2}{4} = \dfrac{1}{2}$.

综上所述，上面几种方法中的解法二是比较"正规"的，而解法一多求了总的基本事件空间的基本事件数，实际问题解决中可省略；对于解法一来讲，若事件较简单，可直接列出基本事件空间，算一算基本事件的个数即可得需要的结果，若事件比较复杂，则可通过排列组合方法求出基本事件空间的基本事件数.

第五节　独立性

给定试验 E 的两个事件 A 与 B，如果 $P(A) > 0$，那么 $P(B \mid A) = \dfrac{P(AB)}{P(A)}$. 一般地，$P(B \mid A) \neq P(B)$，即事件 A 的发生对事件 B 的发生有影响. 如果事件 A 的发生对事件 B 的发生没有影响，则 $P(B \mid A) = P(B)$，从而 $P(AB) = P(A)P(B)$.

定义 1.7　设 A、B 是两个事件，如果 $P(AB) = P(A)P(B)$，则称事件 A 与 B **相互独立**.
容易得到以下结论：

（1）设 $P(A) > 0$，则事件 A 与 B 相互独立当且仅当 $P(B \mid A) = P(B)$ 时成立；

（2）设事件 A 与 B 相互独立，则事件 A 与 $\bar{B}$、$\bar{A}$ 与 B、$\bar{A}$ 与 $\bar{B}$ 也相互独立；

（3）零概率事件（其中包含不可能事件 $\varnothing$）与任何一个事件相互独立，同样必然事件也与任何一个事件相互独立.

例 1-5-1　设试验 E 为"抛掷甲、乙两枚硬币，观察出现正反面的情况"，记 A 表示"甲币出现正面"，B 表示"乙币出现正面"，讨论事件 A 与 B 的独立性.

解　样本空间 $S = \{$甲正乙正，甲正乙反，甲反乙正，甲反乙反$\}$，易得
$$P(A) = P(B) = 1/2, \quad P(AB) = 1/4,$$
于是 $P(AB) = P(A)P(B)$，即事件 A 与 B 相互独立.

例 1-5-2　设试验 E 为"抛掷一枚骰子，观察出现的点数"，记 A 表示"点数小于 5"，B 表

示"点数是奇数",讨论事件 A 与 B 的独立性.

解　样本空间 $S = \{1,2,3,4,5,6\}$,$A = \{1,2,3,4\}$,$B = \{1,3,5\}$,$AB = \{1,3\}$,故

$$P(A) = \frac{4}{6}, P(B) = \frac{3}{6}, P(AB) = \frac{2}{6},$$

可知 $P(AB) = P(A)P(B)$,所以事件 A 与 B 相互独立.

在判别事件的独立性时,一定要根据定义,不能依靠直觉.

设 A、B、C 是三个事件,如果 $P(AB) = P(A)P(B)$,$P(BC) = P(B)P(C)$,$P(AC) = P(A)P(C)$ 同时成立,则称事件 A、B、C **两两独立**.

由上述三个等式不能推出 $P(ABC) = P(A)P(B)P(C)$,对于三个事件,如果 $P(AB) = P(A)P(B)$,$P(BC) = P(B)P(C)$,$P(AC) = P(A)P(C)$,$P(ABC) = P(A)P(B)P(C)$,则称**事件 A、B、C 相互独立**.

对于 $n(n \geqslant 3)$ 个事件 $A_1, A_2, \cdots, A_n$,如果其中任意 $n-1$ 个事件相互独立,且 $P(A_1 A_2 \cdots A_n) = P(A_1)P(A_2) \cdots P(A_n)$,则称**事件 $A_1, A_2, \cdots, A_n$ 相互独立**.

显然有:

(1)设事件 $A_1, A_2, \cdots, A_n$ 相互独立,则其中任意 $k(2 \leqslant k \leqslant n)$ 个事件相互独立;

(2)设事件 $A_1, A_2, \cdots, A_n$ 相互独立,则其中任意 $k(2 \leqslant k \leqslant n)$ 个事件换成对立事件形成的 n 个事件也相互独立.

从上面的定义和例子可以看出,两事件相互独立的含义是它们中一个发生与否对另外一个的发生没有任何影响. 在实际生活中,事件的独立性的分析需要根据事件的实际意义和需要进行判断,具体问题需具体分析. 如果两个事件之间没有关联(或者关联很小时,为了研究方便),可以认为它们是相互独立的.

例 1-5-3　一个元件(或系统)能正常工作的概率称为元件(或系统)的可靠性. 如图 1-5-1 所示,设有四个独立工作的元件 1,2,3,4 按先串联再并联的方式连接. 设第 i 个元件的可靠性为 $p_i(i = 1,2,3,4)$,试求系统的可靠性.

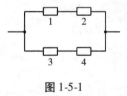

图 1-5-1

解　以 A_i 表示"第 i 个元件正常工作",$i = 1,2,3,4$,以 A 表示"系统正常工作",由题意可知 A_1, A_2, A_3, A_4 相互独立,$P(A_i) = p_i$,且 $A = A_1 A_2 \cup A_3 A_4$,故

$$P(A) = P(A_1 A_2) + P(A_3 A_4) - P(A_1 A_2 A_3 A_4) = p_1 p_2 + p_3 p_4 - p_1 p_2 p_3 p_4.$$

例 1-5-4　甲、乙、丙三人各射击一次,他们各自中靶与否相互独立,且已知三人各自中靶的概率分别是 0.5、0.6、0.8. 求下列事件的概率:(1)恰有一人中靶;(2)至少有一人中靶.

解　记事件 A、B、C 分别表示"甲中靶""乙中靶""丙中靶",D 表示"恰有一人中靶",E 表示"至少有一人中靶",则事件 A、B、C 相互独立,且 $P(A) = 0.5$,$P(B) = 0.6$,$P(C) = 0.8$.

(1)因为 $D = A\bar{B}\bar{C} \cup \bar{A}B\bar{C} \cup \bar{A}\bar{B}C$,所以

$$P(D) = P(A\bar{B}\bar{C}) + P(\bar{A}B\bar{C}) + P(\bar{A}\bar{B}C)$$
$$= P(A)P(\bar{B})P(\bar{C}) + P(\bar{A})P(B)P(\bar{C}) + P(\bar{A})P(\bar{B})P(C) = 0.26;$$

(2)因为 $E = A \cup B \cup C$,所以

$$P(E) = P(A \cup B \cup C) = 1 - P(\bar{A}\bar{B}\bar{C}) = 1 - P(\bar{A})P(\bar{B})P(\bar{C}) = 0.96.$$

例 1-5-5 假设一种型号的迫击炮击中目标的概率为 0.3,现要以 99% 的概率保证击中目标,指挥员至少需要多少门此种型号的迫击炮各发一枚炮弹?(假设各炮击中目标与否相互独立)

解 设需要 n 门炮,以 A_i 表示"第 i 门炮击中目标",$i = 1,2,\cdots,n$,以 B 表示"至少有 1 门炮击中目标",根据题意知 $P(A_i) = 0.3$,$P(B) \geqslant 0.99$,且 $A_1, A_2, \cdots, A_n$ 相互独立. 又 $B = A_1 \cup A_2 \cup \cdots \cup A_n$,故 $P(B) = 1 - P(\overline{A_1 A_2 \cdots A_n}) = 1 - 0.7^n$,解不等式 $1 - 0.7^n \geqslant 0.99$,得 $n \geqslant 12.91$,于是 n 最小可取为 13.

概率很小的事件在一次试验不可能发生,如果它发生了,一定存在有利于它发生的条件,这一论断称为**实际推断原理**或**小概率原理**.

例 1-5-6 四人玩一副 52 张的扑克牌,其中一人连续三次发牌都没有得到 A 牌,问他是否有理由抱怨自己今天打牌的"运气"不好?

解 一次发牌中没有得到 A 牌的概率是 $C_{48}^{13}/C_{52}^{13} = 0.3038$,假设各次发牌相互独立,三次发牌都没有得到 A 牌的概率是 $(C_{48}^{13}/C_{52}^{13})^3 = 0.028$,这是一个小概率事件. 现在小概率事件发生了,说明另有原因,即自己"运气"不好.

习 题 一

1. 举例说明生活中哪些是随机试验,哪些不是随机试验.

2. 写出下列试验的样本空间:

(1)连续投掷一颗骰子两次,记录其点数和;

(2)试验 E_4 中 $D =$ "灯泡寿命超过 1 000 小时";

(3)连续抛一枚硬币 5 次,若出现正面(H)就停止,若出现反面(T)则继续抛,观察正反面出现的情况;

(4)一套茶具有 4 只杯子,不考虑其序号,检查其是否为次品,记录合格产品及次品的个数.

3. 甲、乙、丙三人各向目标射击一发子弹,以 A、B、C 分别表示甲、乙、丙命中目标,试用 A、B、C 的运算关系表示下列事件:(1)A_1,至少有一人命中目标;(2)A_2,恰有一人命中目标;(3)A_3,恰有两人命中目标;(4)A_4,最多只有一人命中目标;(5)A_5,三人都命中目标;(6)A_6,三人都没有命中目标.

4. 举例说明频率与概率的联系与区别.

5. 在全集 S 上,设事件 A 与 B 是互不相容的事件,且已知 $P(A) = 0.5$,$P(B) = 0.3$,求 $P(\bar{A})$,$P(A \cup B)$,$P(A \cap B)$,$P(\bar{A} \cap \bar{B})$,$P(\bar{A} \cup \bar{B})$.

6. 在全集 S 上,对于事件 A 与 B,有 $P(A) = 0.5$,$P(B) = 0.6$ 和 $P(A \cup B) = 0.7$,求 $P(A \cap \bar{B})$,$P(\bar{A} \cap \bar{B})$,$P(\bar{A} \cup \bar{B})$.

7. 一个袋中装有四只形状大小完全相同的茶杯,编号分别为 1,2,3,4,试考虑以下问题:

(1)从茶具盒中随机取两只茶杯,求取出的茶杯的编号之和不大于 4 的概率;

(2)先从茶具盒中随机取一只茶杯,该茶杯的编号为 m,将茶杯放回茶具盒中,然后再从茶具盒中随机取一只茶杯,该茶杯的编号为 n,求 $n < m + 2$ 的概率.

8. 将 r 个不同的球任意放入 n 个格子里($n \geq r$),试求:

(1)指定的 r 个格子里各有一球的概率;

(2)任意 r 个格子里各有一球的概率;

(3)指定的一个格子里恰有 k 个球的概率.

9. 甲、乙两人相约在 0 到 T 这段时间内,在预定地点会面. 先到的人等候另一个人,经过时间 $t(t < T)$ 后离去. 设每人在 0 到 T 这段时间内各时刻到达该地是等可能的,且两人到达的时刻互不牵连. 求甲、乙两人能会面的概率.

10. 甲、乙两人约定在下午 1 时到 2 时之间到某站乘公共汽车,又这段时间内有四班公共汽车,它们的开车时刻分别为 1:15、1:30、1:45、2:00. 如果他们约定:(1)见车就乘;(2)最多等一辆车. 试分别求这两种情形下甲、乙同乘一车的概率.

假定甲、乙两人到达车站的时刻是互相不牵连的,且每人在下午 1 时到 2 时的任何时刻到达车站是等可能的.

11. 一位意大利贵族发现,掷三枚骰子,点数之和等于 10 的时候要比等于 9 的时候多,而点数之和为 9 的情况与点数之和为 10 的情况同有 6 种,它们出现的可能性应该相等,为此他感到疑惑不解,请你应用所学概率论的知识解释此现象.

12. 设某试验为掷两枚均匀的骰子,考察朝上一面的点数之和. 数学家莱布尼茨曾认为掷出 11 点与 12 点的概率相同,请你计算掷出 11 点与 12 点的概率,判断他的认为是否正确.

13. 在从 1 到 2 000 中的所有整数中随机抽取一个数,求取到的整数既不能被 6 整除,又不能被 8 整除的概率.

14. 将 15 件装饰瓷随机地摆放到三个装饰架上,这些装饰瓷中有 3 件是花瓶,假设是平均分到三个装饰架上. 试求:(1)每个装饰架上能摆放一只花瓶的概率;(2)三只花瓶都摆放在同一装饰架上的概率.

15. 袋中有一个白球和一个黑球,一次次地从袋中摸球,如果取出白球,则除把白球放回外再加放一个白球,直至取出黑球为止,求取了 100 次都没有取到黑球的概率.

16. 有两个外形完全一样的游戏盒子,甲盒子中有 5 只白球,7 只红球;乙盒子中有 4 只白球,2 只红球. 从两个游戏盒子中任取一盒子,然后从所取到的盒子中任取一球,取到的球是白球的概率是多少?

17. 轰炸机轰炸某目标,由于精确命中要求它飞得越近越好,然而由于诸多不可控因素,它能飞到距目标 300、150、100(米)以内的概率分别是 0.5、0.3、0.2,又设它在距目标 300、

150、100（米）时的命中率分别是 0.01、0.02、0.1. 求目标被命中的概率.

18. 三公司独立按时完成某项工作的概率分别为 $\frac{1}{3}$，$\frac{1}{4}$，$\frac{1}{5}$，如果它们互相合作，求能按时完成该项工作的概率.

19. 一套餐具中装有大小相同的 10 只盘子，完美的有 8 只，2 只有点儿瑕疵. 甲、乙两人依次各取一只盘子. 问在甲取出一只盘子带瑕疵的情况下，乙再取一只带瑕疵盘子的概率是多少？

20. 某种树木成活之后，能长到 20 米高的概率为 0.7，长到 25 米高的概率为 0.56，现有一棵这样的树木已经长到了 20 米高，求它能长到 25 米高的概率.

21. 设我校某考查课考试中，任课老师规定从 200 道题中随机抽取 60 道题，若考生至少能答对其中的 40 道，则判定该学生此课程成绩合格；若至少能答对其中的 50 道，就获得优秀. 已知某考生能答对其中的 100 道题，并且知道他在这次考试中已经通过，则他能获得优秀成绩的概率是多少？

22. 某高校 2014 级有学生 4 000 人，其中共青团员 1 500 人. 全校有 4 个院系，它的二级学院有学生 1 000 人，其中共青团员 400 人. 从该学校 2014 级学生中任意选 100 人作为学生代表.

(1)求选到的是二级学院学生的概率；

(2)已知选到的是共青团员，求他是二级学院学生的概率.

23. 一正四面体，三个面分别涂成红色、黄色与蓝色，第四面涂成红、黄、蓝三种颜色，抛掷该四面体，观察向下一面的颜色.

24. 从 5 双不同的鞋子中任取 4 只，问这 4 只鞋子中至少有两只配成一双的概率是多少？记事件 A 表示"这 4 只鞋子中至少有两只配成一双"，那么事件 $\bar{A}$ 表示什么？

25. 掷两颗骰子，已知两颗骰子点数之和是 7，求其中一颗为 1 点的概率.

26. 某产品的商标为"MAXAM"，其中两个字母脱落，有人捡起随意放回，求放回后仍为"MAXAM"的概率.

27. 病树的主人外出，委托邻居浇水. 已知如果不浇水，树死去的概率是 0.8；若浇水，则树死去的概率是 0.15，且有 0.9 的把握确定邻居会记得浇水.

(1)求主人回来树还活着的概率；

(2)若主人回来树已死去，求邻居忘记浇水的概率.

28. 将 A、B、C 三个字母之一输入信道，输出为原字母的概率为 α，而输出为其他任意字母的概率都是 $(1-\alpha)/2$. 今将字母串 AAAA、BBBB、CCCC 之一输入信道，输入 AAAA、BBBB、CCCC 的概率分别为 p_1、p_2、p_3（$p_1 + p_2 + p_3 = 1$），已知输出是 ABCA，问输入的是 AAAA 的概率是多少？（设信道传输各字母的工作是相互独立的）

本章故事

一、概率与隶属度的区别

模糊数学是一种用于处理不肯定性和不精确性问题的新方法,是描述人脑思维处理模糊信息的有力工具,是一种典型的不确定性理论.它最大的特点是突破了经典数学中"非此即彼"的二元论,使数学不再只能用来描述精确问题,它对具有模糊性的概念问题同样有效.模糊数学与概率论的不同之处争论由来已久,开始人们认识不到模糊数学的重要性,认为随机性就是模糊性,事实并不是这样的.

集合是描述人脑思维对整体性客观事物的识别和分类的数学方法.康托尔集合论要求其分类必须遵从形式逻辑的排中律,论域中的任一元素要么属于集合 A,要么不属于集合 A,两者必居其一,且仅居其一.这样,康托尔集合就只能描述外延分明的"分明概念",只能表现"非此即彼",而对于外延不分明的"模糊概念"则不能反映.这就是目前计算机不能像人脑思维那样灵活、敏捷地处理模糊信息的重要原因.L. A. Zadeh 教授提出的"模糊集合论"很好地克服了这一障碍.

而概率论中引入随机性的目的不是了解每个个体的状态,而是了解由这些大量个体所合成的总体所呈现出来的状态.每一时刻每个个体所处的状态看作是"偶然的""随机的",这类现象为随机现象,这类偶然现象并不是毫无规律的,从这种表面的偶然性中,寻找出规律来.随机性用概率描述.概率是一种主观的先验知识,不是一种频率和客观测量值.例如开奖号码永远不会产生重复和规律性.

总之,模糊是事件发生的程度,而随机是事件是否发生的不确定性.模糊性是指概念外延的不确定性,从而造成判断的不确定性,在客观世界中还普遍存在着大量的模糊现象.模糊性用模糊数学的相关理论进行描述,它和随机性是有本质区别的.

二、蒲丰(Buffon)的故事

蒲丰,法国数学家、自然科学家,1707 年 9 月 7 日生于蒙巴尔,1788 年 4 月 16 日卒于巴黎.蒲丰 10 岁时在第戎耶稣会学院读书,16 岁主修法学,21 岁到昂热转修数学,并开始研究自然科学,特别是植物学.1733 年当选为法国科学院院士,1739 年任巴黎皇家植物园园长,1753 年进入法兰西学院,1771 年接受路易十五的爵封.

1777 年,蒲丰提出了一种计算圆周率的方法——随机投针法,即著名的蒲丰投针问题,这是人们首次使用随机试验处理确定性数学问题,为概率论的发展起到了一定的推动作用.

像投针试验一样,用通过概率试验所求的概率来估计我们感兴趣的一个量,这样的方法称为蒙特卡罗方法(Monte Carlo Method).蒙特卡罗方法是在第二次世界大战期间随着计算机的诞生而兴起和发展起来的. 这种方法在应用物理、原子能、固体物理、化学、生态学、社会学以及经济行为等领域中得到广泛利用.

这种方法还给出了针与平行线相交的概率的计算公式 $P = 2L/(\pi a)$（其中 L 是针的长度，a 是平行线间的距离，π 是圆周率）. 因为蒲丰发现有利的扔出与不利的扔出两者次数的比是一个包含 π 的表示式. 如果针的长度等于 d，那么有利扔出的概率为 $2/\pi$. 扔的次数越多，由此能求出越为精确的 π 值.

例如，找一根铁丝弯成一个圆圈，使其直径恰恰等于平行线间的距离 d. 可以想象到，对于这样的圆圈来说，不管怎么扔下，都将和平行线有两个交点. 因此，如果圆圈扔下的次数为 n，那么相交的点总数必为 $2n$. 现在设想把圆圈拉直，变成一条长为 πd 的铁丝. 显然，这样的铁丝扔下时与平行线相交的情形要比圆圈复杂些，可能有 4 个交点，3 个交点，2 个交点，1 个交点，甚至于都不相交. 由于圆圈和直线的长度同为 πd，根据机会均等的原理，当它们投掷次数较多且相等时，两者与平行线组交点的总数期望也是一样的. 这就是说，当长为 πd 的铁丝扔下 n 次时，与平行线相交的点总数应大致为 $2n$. 现在转而讨论铁丝长为 l 的情形. 当投掷次数 n 增大的时候，这种铁丝跟平行线相交的交点总数 m 应当与长度 l 成正比，因而有 $m = kl$，式中 k 是比例系数. 为了求出 k 来，只需注意到，对于 $l = \pi d$ 的特殊情形，有 $m = 2n$. 于是求得 $k = 2n/(\pi d)$. 代入前式就有 $m \approx 2ln/(\pi d)$，从而有 $\pi \approx 2ln/(dm)$.

1901 年，意大利数学家拉兹瑞尼做了 3 408 次投针试验，给出 π 的值为 3. 141 592 9…准确到小数点后 6 位. 不过，不管拉兹瑞尼是否实际上投过针，他的试验还是受到了美国犹他州奥格登的国立韦伯大学的 L. 巴杰的质疑. 通过几何、微积分、概率等广泛的范围和渠道发现 π，这是着实令人惊讶的！

三、Monte Carlo 的故事

在用传统方法难以解决的问题中，有很大一部分可以用概率模型进行描述. 由于这类模型含有不确定的随机因素，分析起来通常比确定性的模型困难. 有的模型难以做定量分析，得不到解析的结果，或者是虽有解析结果，但计算代价太大以至于不能使用. 在这种情况下，可以考虑采用 Monte Carlo 方法. 下面通过例子简单介绍 Monte Carlo 方法.

Monte Carlo 方法是计算机模拟的基础，它的名字来源于世界著名的赌城——摩纳哥的蒙特卡洛，其历史起源于 1777 年法国科学家蒲丰提出的一种计算圆周率 π 的方法——随机投针法，即著名的蒲丰投针问题.

Monte Carlo 方法的基本思想是首先建立一个概率模型，使所求问题的解正好是该模型的参数或其他有关的特征量. 然后通过模拟一统计试验，即多次随机抽样试验（确定 m 和 n），统计出某事件发生的百分比. 只要试验次数很大，该百分比便近似于事件发生的概率. 这实际上就是概率的统计定义. 利用建立的概率模型，求出要估计的参数. Monte Carlo 方法属于试验数学的一个分支.

第二章 随机变量及其分布

上一章我们用样本空间表示随机试验的全部可能结果,用样本点的集合来表示所关心的事件,并运用中等数学的方法求事件的概率. 现实生活中,我们往往会关心一类取值依赖于随机试验的结果的变量. 由于试验结果是不确定的,所以变量的取值也是不确定的,因而称为随机变量. 随机变量可表示事件,求事件的概率就可以转化为分析随机变量的性质,利用高等数学的知识可以全面深入地研究随机变量的统计规律. 今后,我们主要研究随机变量及其分布规律. 本章除了探讨常用随机变量的分布规律,还介绍了随机变量的数字特征.

第一节 随机变量

例 2-1-1 一超市为吸引顾客购物,举办一场抽奖活动:凡当天一次性购物满 68 元的顾客都可以参加抽奖一次,顾客从放有编号为 1～5 号乒乓球的盒子里摸取一个球,编号乘以 3 的数值就是该顾客的中奖金额,如取到 3 号球,可获得 9 元现金券. 顾客甲参加了超市的抽奖活动,试分析甲获得的奖金数值.

解 以 X 表示甲参加一次抽奖活动所得的奖金数值,则 X 是一个变量,它的取值是不确定的,依赖于一次试验的结果,与摸取的球的编号有关. 甲的朋友乙听说甲参加了超市的抽奖活动,关心的当然是甲获得的奖金数额,即变量 X 的值.

记试验 E_1 为从放有编号为 1～5 号乒乓球的盒子里摸取一个球,观察球的编号,则对应的样本空间 $S_1 = \{1, 2, 3, 4, 5\}$. 当顾客甲取出的球的编号是 k,那他所得的奖金为 $3k$ 元,若记 $X(k) = 3k, k = 1, 2, \cdots, 5$,那么 X 可视为集合 S_1 上的函数.

例 2-1-2 试验 E_2:一次抛掷 3 枚一元硬币,观察硬币出现正反面的情况. 以 Y 表示抛掷 3 枚硬币出现正面的硬币个数,则 Y 是一个变量,它的取值也是不确定的,与试验结果有关.

解 记 E_2 的样本空间 $S_2 = \{$正正正,正正反,正反正,正反反,反正正,反正反,反反正,反反反$\}$,当试验结果为"正反正"时,$Y = 2$;试验结果为"反反正"时,$Y = 1$. 显然,Y 也可视为集合 S_2 上的函数.

定义 2.1 设随机试验的样本空间是 S,定义在 S 上的实值函数称为**随机变量**.

随机变量的取值随试验的结果而定,在试验之前不能预知它取什么值,而试验的各个结果的出现有一定的规律,故随机变量的取值也具有一定的规律. 这种性质决定了随机变量与普通函数有本质的差异.

本书中,一般使用大写英文字母 X、Y、Z、W 等表示随机变量,用小写英文字母 x、y、z、w 等表示实数.

随机变量取值的不确定性是随机试验结果的不确定性导致的,要研究其取值的规律必然要从随机试验的统计规律出发.

设 X 是一个随机变量,即定义在样本空间 S 上的函数,x 是一个实数,则集合 $\{\omega\in S|$ $X(\omega)=x\}$ 是 S 的子集,因而是一个随机事件,今后简记为 $\{X=x\}$,即

$$\{X=x\}\equiv\{\omega\in S|X(\omega)=x\}.$$

类似地,引入如下符号:

$$\{a<X\leqslant b\}\equiv\{\omega\in S|a<X(\omega)\leqslant b\},$$
$$\{X\in I\}\equiv\{\omega\in S|X(\omega)\in I\},$$

其中,a、b 是实数,$I\subset(-\infty,+\infty)$.

由例 2-1-2 知,当且仅当 3 枚硬币同时出现反面时 $Y=0$,即 $\{Y=0\}=\{$反反反$\}$,同理可知 $\{Y=1\}=\{$正反反,反正反,反反正$\}$,因而

$$P\{Y=0\}=\frac{1}{8},P\{Y=1\}=\frac{3}{8}.$$

由随机试验的统计规律可以得到随机变量取值的规律,随机变量可以表达事件,从而可以计算事件的概率. 引入随机变量,使我们能够从不同角度来描述、认识各种随机现象.

第二节 离散型随机变量

一、离散型随机变量的分布律

定义 2.2 如果随机变量的全部可能取值是有限个或可列无限多个,则称这种随机变量是**离散型随机变量**.

例 2-1-1 与例 2-1-2 的随机变量都是离散型随机变量.

离散型随机变量作为样本空间上的函数,其值域由有限个或可列无限多个数构成. 一般地,我们将这有限个或可列无限多个数表示为 $x_1,x_2,\cdots,x_k,\cdots$.

设离散型随机变量 X 的所有可能取值为 $x_k(k=1,2,\cdots)$,显然要掌握随机变量 X 取值的规律,只需知道 X 取每个可能值的概率. 若事件 $\{X=x_k\}$ 的概率为 p_k,即

$$P\{X=x_k\}=p_k,k=1,2,\cdots, \tag{2.2.1}$$

则上式称为离散型随机变量 X 的**分布律**. 分布律也可以用表 2-2-1 表示.

表 2-2-1　离散型随机变量的分布律

X	x_1	x_2	$\cdots$	x_k	$\cdots$
p_k	p_1	p_2	$\cdots$	p_k	$\cdots$

为了直观表达分布律,还可以作类似图 2-2-1 的分布律图.

根据概率的性质,易知 p_k 满足下列两个条件:

(1)$p_k\geqslant0,k=1,2,\cdots$;

(2) $\sum\limits_{k=1}^{\infty} p_k = 1$.

任意满足上述两个条件的数列 $\{p_k\}$,都可以作为某个离散型随机变量的分布律.

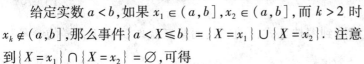

图 2-2-1

给定实数 $a < b$,如果 $x_1 \in (a,b]$,$x_2 \in (a,b]$,而 $k > 2$ 时 $x_k \notin (a,b]$,那么事件 $\{a < X \leqslant b\} = \{X = x_1\} \cup \{X = x_2\}$. 注意到 $\{X = x_1\} \cap \{X = x_2\} = \varnothing$,可得

$$P\{a < X \leqslant b\} = P\{X = x_1\} + P\{X = x_2\}.$$

一般地,设 $I \subset (-\infty, +\infty)$,那么

$$P\{X \in I\} = \sum_{x_k \in I} P\{X = x_k\}.$$

例 2-2-1 设离散型随机变量 X 的分布律如下:

(1) $P\{X = k\} = a \left(\dfrac{2}{3}\right)^k$,$k = 1, 2, 3$;

(2) $P\{X = k\} = 2a^k$,$k = 1, 2, \cdots$.

分别求上述两种情况的常数 a.

解 (1)因为

$$1 = \sum_{k=1}^{3} P\{X = k\} = a \sum_{k=1}^{3} \left(\frac{2}{3}\right)^k = a \cdot \frac{38}{27},$$

故 $a = \dfrac{27}{38}$.

(2)因为

$$1 = \sum_{k=1}^{\infty} P\{X = k\} = 2 \sum_{k=1}^{\infty} a^k = 2 \cdot \frac{a}{1-a},$$

故 $a = \dfrac{1}{3}$.

例 2-2-2 今有 10 箱青花餐具,其中荷花式样的有 8 箱,余下 2 箱是缠枝莲式样的. (1)随机抽取 3 箱餐具,设恰有 X 箱是荷花式样的,试求 X 的分布律;(2)每次抽取 1 箱,取出的餐具不放回,试求直到取到荷花式样餐具为止所需的抽取次数 Y 的分布律.

解 (1)随机变量 X 的可能取值是 $1, 2, 3$.

从 10 箱餐具中任取 3 箱的取法有 C_{10}^3 种,事件 $\{X = 1\}$ 表示"取出的 3 箱餐具中有 1 箱是荷花式样",其取法有 $C_8^1 C_2^2$ 种,故 $P\{X = 1\} = \dfrac{C_8^1 C_2^2}{C_{10}^3} = \dfrac{1}{15}$;同理,$P\{X = 2\} = \dfrac{C_8^2 C_2^1}{C_{10}^3} = \dfrac{7}{15}$,

$P\{X = 3\} = \dfrac{C_8^3}{C_{10}^3} = \dfrac{7}{15}$. X 的分布律可用表 2-2-2 表示.

表 2-2-2 X 的分布律

X	1	2	3
p_k	$\dfrac{1}{15}$	$\dfrac{7}{15}$	$\dfrac{7}{15}$

（2）随机变量 Y 的可能取值为 1,2,3.

事件 $\{Y=1\}$ 表示"第一次就取到荷花式样的餐具"，$P\{Y=1\}=\dfrac{8}{10}=\dfrac{4}{5}$；事件 $\{Y=2\}$ 表示"第一次取到缠枝莲式样的餐具而第二次取到荷花式样的餐具"，$P\{Y=2\}=\dfrac{2}{10}\times\dfrac{8}{9}=\dfrac{8}{45}$；事件 $\{Y=3\}$ 表示"前两次都取到缠枝莲式样的餐具而第三次取到荷花式样的餐具"，$P\{Y=3\}=\dfrac{2}{10}\times\dfrac{1}{9}\times\dfrac{8}{8}=\dfrac{1}{45}$.

Y 的分布律可用表 2-2-3 表示.

表 2-2-3 Y 的分布律

Y	1	2	3
p_k	$\dfrac{4}{5}$	$\dfrac{8}{45}$	$\dfrac{1}{45}$

例 2-2-3 设一辆汽车在开往目的地的道路上需通过 4 个红绿灯路口，在每个路口允许通过的概率为 2/3，以 X 表示汽车首次停下时它已通过的红绿灯路口数目，假设各组红绿灯的工作是相互独立的. 求 X 的分布律.

解 随机变量 X 的所有可能取值是 0,1,2,3,4.

事件 $\{X=i\}$ 表示"汽车顺利通过前 i 个路口但在第 $i+1$ 个路口停下"，由红绿灯工作的独立性可得

$$P\{X=i\}=\left(\frac{2}{3}\right)^i\left(1-\frac{2}{3}\right), i=0,1,2,3;$$

事件 $\{X=4\}$ 表示"汽车顺利通过所有的路口"，故

$$P\{X=4\}=\left(\frac{2}{3}\right)^4.$$

X 的分布律可用表 2-2-4 表示.

表 2-2-4 X 的分布律

X	0	1	2	3	4
p_k	$\dfrac{1}{3}$	$\dfrac{2}{9}$	$\dfrac{4}{27}$	$\dfrac{8}{81}$	$\dfrac{16}{81}$

二、常见的离散型随机变量

下面介绍几种常见的离散型随机变量及其分布律.

1. (0 - 1)分布

设随机变量 X 只有两个取值 0 和 1,如果它的分布律为

$$P\{X = 1\} = p, P\{X = 0\} = 1 - p, 0 < p < 1,$$

则称 X 服从**(0 - 1)分布**或**两点分布**.

上述分布律也可以写成

$$P\{X = x\} = p^x (1 - p)^{1-x}, x = 0, 1.$$

2. 二项分布

如果随机试验 E 只有两个可能的结果,则称 E 为 Bernoulli 试验;一个 Bernoulli 试验独立重复进行 n 次,则称该试验序列为 n 重 Bernoulli 试验.

例如,"抛掷一枚硬币,观察出现正面还是反面"是一个 Bernoulli 试验,"抛掷一枚骰子,观察出现的点数"不是一个 Bernoulli 试验,但"抛掷一枚骰子,观察出现奇数点还是偶数点"是一个 Bernoulli 试验,"抛掷一枚骰子,观察出现 3 点还是不出现 3 点"也是一个 Bernoulli 试验.

定理 2.1(Bernoulli 定理) 设在一次试验中事件 A 发生的概率是 $p(0 < p < 1)$,独立重复进行 n 次试验,则事件 A 恰好发生 k 次的概率为 $C_n^k p^k (1 - p)^{n-k}, k = 0, 1, 2, \cdots, n$.

由独立性,易推知结论成立. 读者自证定理 2.1.

如果随机变量 X 的分布律是

$$P\{X = k\} = C_n^k p^k (1 - p)^{n-k}, k = 0, 1, 2, \cdots, n, \tag{2.2.2}$$

则称 X 服从参数为 n, p 的**二项分布**(Binomial distribution),记为 $X \sim B(n, p)$. 当 $n = 1$ 时,二项分布就是(0 - 1)分布.

由上可知,在 n 重 Bernoulli 试验中事件 A 发生的次数服从二项分布;反之,若 $X \sim B(n, p)$,则 X 可以表示 n 重 Bernoulli 试验中某事件发生的次数,其中该事件在一次试验中发生的概率为 p. 因此,二项分布可以作为描述 n 重 Bernoulli 试验中事件 A 发生次数的数学模型.

设 $P\{X = k\}$ 在 $k = k_0$ 处达到最大值,则必有

$$\begin{cases} P\{X = k_0\} \geqslant P\{X = k_0 - 1\} \\ P\{X = k_0\} \geqslant P\{X = k_0 + 1\} \end{cases},$$

可得

$$np + p - 1 \leqslant k_0 \leqslant np + p.$$

一般地,概率值 $P\{X = k\}$ 先随 k 的增加而单调上升,在 $k = k_0$ 处达到最大值后再随 k 的增加而单调下降. 当 $n = 10$ 时,图 2-2-2、图 2-2-3 与图 2-2-4 分别给出了 $p = 0.1$、$p = 0.4$ 及 $p = 0.8$ 的二项分布的分布律图.

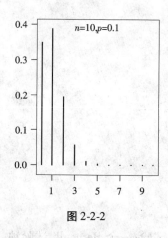
图 2-2-2

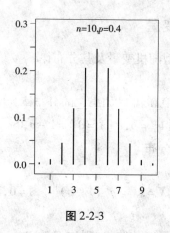
图 2-2-3

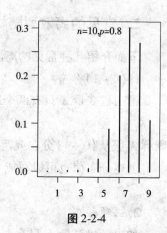
图 2-2-4

例 2-2-4 某人进行射击,设每次射击的命中率为 0.02,独立射击 300 次,试求至少有一次击中目标的概率.

解 将一次射击看成是一次试验,设击中目标的次数为 X,根据题意知随机变量 $X \sim B(300, 0.02)$,所求概率为

$$P\{X \geqslant 1\} = 1 - P\{X = 0\} = 1 - 0.98^{300} = 0.997\ 7.$$

这个概率很接近于 1,即该事件几乎肯定发生. 这个事实说明,一个事件尽管在一次试验中发生的概率很小,但只要试验次数很多,而且试验是独立进行的,那么这一事件的发生几乎是必然的.

3. 泊松分布

如果随机变量 X 的分布律为

$$P\{X = k\} = \frac{\lambda^k}{k!} e^{-\lambda}, k = 0, 1, 2, \cdots, \tag{2.2.3}$$

其中,$\lambda > 0$ 为参数,则称 X 服从参数为 λ 的**泊松分布**(Poisson distribution),记为 $X \sim P(\lambda)$.

泊松分布是应用很多的一种分布,例如客户服务台在单位时间内接到的用户呼唤次数、某公交车站在单位时间内来车站候车的人数、一块耕地单位面积内杂草的数目、宇宙中单位体积内星球的个数等,都近似服从泊松分布.

由于许多实际问题中的随机变量可以用泊松分布来描述,所以泊松分布对于概率论的应用来说,具有重要的作用;而概率论理论的研究又表明泊松分布在理论上也有其特殊重要的地位. 下面我们给出二项分布与泊松分布之间关系的一个结论.

定理 2.2(Poisson 定理) 在 n 重 Bernoulli 试验中,设每次试验成功的概率是 p_n(与试验次数 n 有关),设 $np_n = \lambda$ 是一个常数,则对于任一固定的非负整数 k,有

$$\lim_{n \to \infty} C_n^k p_n^k (1 - p_n)^{n-k} = \frac{\lambda^k}{k!} e^{-\lambda}.$$

证明 因为 $p_n = \lambda / n$,故

$$C_n^k p_n^k (1 - p_n)^{n-k} = \frac{n!}{k! (n-k)!} \left(\frac{\lambda}{n}\right)^k \left(1 - \frac{\lambda}{n}\right)^{n-k}$$

$$= \frac{\lambda^k}{k!} \cdot \frac{n(n-1)\cdots(n-k+1)}{n^k}\left(1-\frac{\lambda}{n}\right)^n\left(1-\frac{\lambda}{n}\right)^{-k}.$$

对于固定的 k,当 $n\to\infty$ 时,因为

$$\frac{n(n-1)\cdots(n-k+1)}{n^k} = \frac{n}{n}\frac{n-1}{n}\cdots\frac{n-k+1}{n}\to 1,$$

$$\left(1-\frac{\lambda}{n}\right)^n = \left(1+\frac{1}{n/(-\lambda)}\right)^{\frac{n}{-\lambda}\cdot(-\lambda)}\to e^{-\lambda}, \left(1-\frac{\lambda}{n}\right)^{-k}\to 1,$$

故

$$\lim_{n\to\infty}C_n^k p_n^k(1-p_n)^{n-k} = \frac{\lambda^k}{k!}e^{-\lambda}, k=0,1,2,\cdots.$$

定理 2.2 表明,当 n 很大且 p 很小时,二项分布可用泊松分布来近似表示,即有

$$C_n^k p^k(1-p)^{n-k} \approx \frac{\lambda^k}{k!}e^{-\lambda}, \lambda=np, k=0,1,2,\cdots,n.$$

在例 2-2-4 中,取 $\lambda=300\times0.02=6$,设随机变量 Y 服从参数为 λ 的泊松分布,根据定理 2.2 有 $P\{X=k\}\approx P\{Y=k\}$,$0\leqslant k\leqslant400$,于是

$$P\{X\geqslant1\} = 1-P\{X=0\} \approx 1-P\{Y=0\},$$

查泊松分布表,得 $P\{Y=0\}=0.0025$,于是 $P\{X\geqslant1\}\approx0.9975$.

设 $np=1$,对于 $n=10,20,50,100$ 四种情形,表 2-2-5 给出了二项分布和泊松分布的值. 可以看到,两者的结果是很接近的,当 n 越大时,近似程度越好.

表 2-2-5 二项分布和泊松分布的值

k	$C_n^k p^k(1-p)^{n-k}$ 的值				$\frac{\lambda^k}{k!}e^{-\lambda}$ 的值
	$n=10$ $p=0.10$	$n=20$ $p=0.05$	$n=50$ $p=0.02$	$n=100$ $p=0.01$	$\lambda=1$
0	0.349	0.358	0.364	0.366	0.368
1	0.358	0.377	0.372	0.370	0.368
2	0.194	0.189	0.186	0.185	0.184
3	0.057	0.060	0.061	0.061	0.061
4	0.011	0.013	0.015	0.015	0.015
>4	0.004	0.003	0.002	0.003	0.004

由定理 2.2 还可以说明前面列举的一些变量服从泊松分布. 作为一个例子,我们下面解释为什么某公交车站一天内来车站候车的人数 X 可以用泊松分布来描述. 将一天时间分为 n 等份,当 n 很大时,每个等份的时间间隔 Δt 就很小,则在时间间隔 Δt 内,或者 1 个人来车站候车,或者没有人来. 如果在一个时间间隔内有人来候车的概率是 p,并且在各个时间间隔内是否有人来候车是相互独立的,那么候车人数 X 就服从二项分布 $B(n,p)$,再根据定理 2.2 得 X 服从泊松分布.

例 2-2-5　小张拥有一间瓷器店,根据他的销售记录可知,某种套装茶具每月的销量可以用参数为 4 的泊松分布描述. 若要以 90% 以上的把握保证不断货,问每月初小张应该储备多少套该品种茶具?

解　设这种套装茶具每月的销量为 X 套,月初小张备货 x 套,则当 $X \leqslant x$ 时不会断货. 根据题意,求 x 使得 $P\{X \leqslant x\} \geqslant 90\%$. 因为 $X \sim P(4)$,查表可知

$$P\{X \leqslant 6\} = 0.889\,3, P\{X \leqslant 7\} = 0.948\,9,$$

故每月初小张只要储备 7 套该品种茶具,就能以 90% 以上的把握保证当月不会断货.

第三节　分布函数

对于离散型随机变量 X,其所有可能取值为 $x_k(k = 1, 2, \cdots)$,只要求出所有的 $P\{X = x_k\}$,就知道了 X 的分布律. 对于非离散型随机变量,因为取值不能一一列举,故不能用该方法得到随机变量取值的规律. 注意到,对任意实数 a 与 $b(a < b)$,有

$$P\{a < X \leqslant b\} = P\{X \leqslant b\} - P\{X \leqslant a\}. \tag{2.3.1}$$

如果对任何实数 x,可以求得 $P\{X \leqslant x\}$,那么事件 $\{a < X \leqslant b\}$ 的概率就可以得到.

定义 2.3　设 X 是随机变量,函数

$$F(x) = P\{X \leqslant x\}, x \in (-\infty, +\infty),$$

称为随机变量 X 的**分布函数**.

如果将 X 看作是数轴上随机点的坐标,那么分布函数 $F(x)$ 在 x_0 点的函数值就表示 X 落在区间 $(-\infty, x_0]$ 上的概率.

对实数 a 与 $b(a < b)$,由式(2.3.1)知 $P\{a < X \leqslant b\} = F(b) - F(a)$. 因此,如果已知 X 的分布函数,那么可以计算事件 $\{a < X \leqslant b\}$ 的概率,从这个意义上说,分布函数完整地描述了随机变量的统计规律.

分布函数是普通的函数,通过它我们将能用数学分析的方法来研究随机变量.

分布函数 $F(x)$ 具有以下性质:

(1) $F(x)$ 是非减函数,即 $x_1 < x_2$ 时,$F(x_1) \leqslant F(x_2)$;

(2) $0 \leqslant F(x) \leqslant 1$,且 $\lim\limits_{x \to -\infty} F(x) = 0$,$\lim\limits_{x \to +\infty} F(x) = 1$;

(3) $F(x)$ 是右连续的,即 $\lim\limits_{x \to x_0^+} F(x) = F(x_0)$,其中 x_0 是实数.

可以证明任何具备上述性质(1)、(2)和(3)的函数必是某个随机变量的分布函数. 性质(1)和(2),读者自证. 对于性质(3),因为

$$P\{X \leqslant x\} = P\{X \leqslant x_0\} + P\{x_0 < X \leqslant x\},$$

且 $\lim\limits_{x \to x_0^+}\{x_0 < X \leqslant x\} = \varnothing$,故

$$\lim_{x \to x_0^+} F(x) = \lim_{x \to x_0^+} P\{X \leqslant x\} = P\{X \leqslant x_0\} + \lim_{x \to x_0^+} P\{x_0 < X \leqslant x\} = P\{X \leqslant x_0\} = F(x_0).$$

例 2-3-1　设随机变量 X 的分布律如表 2-3-1 所示.

表 2-3-1 X 的分布律

X	-1	2	3
p_k	0.3	0.5	0.2

求 X 的分布函数 $F(x)$，并求 $P\{X \leqslant 1/2\}$，$P\{3/2 < X \leqslant 5/2\}$，$P\{2 \leqslant X \leqslant 3\}$.

解 X 的所有可能取值是 $-1,2,3$.

当 $x < -1$ 时，$\{X \leqslant x\} = \varnothing$，故 $F(x) = 0$；

当 $-1 \leqslant x < 2$ 时，$\{X \leqslant x\} = \{X = -1\}$，故 $F(x) = P\{X = -1\} = 0.3$；

当 $2 \leqslant x < 3$ 时，$\{X \leqslant x\} = \{X = -1\} \cup \{X = 2\}$，故

$$F(x) = P\{X = -1\} + P\{X = 2\} = 0.8;$$

当 $x \geqslant 3$ 时，$\{X \leqslant x\} = \{X = -1\} \cup \{X = 2\} \cup \{X = 3\}$，故

$$F(x) = P\{X = -1\} + P\{X = 2\} + P\{X = 3\} = 1.$$

综上，得

$$F(x) = \begin{cases} 0, & x < -1 \\ 0.3, & -1 \leqslant x < 2 \\ 0.8, & 2 \leqslant x < 3 \\ 1, & x \geqslant 3 \end{cases},$$

$$P\{X \leqslant 1/2\} = F(1/2) = 0.3, \quad P\{3/2 < X \leqslant 5/2\} = F(5/2) - F(3/2) = 0.5,$$

$$P\{2 \leqslant X \leqslant 3\} = P\{X = 2\} + P\{X = 3\} = 0.7.$$

由上可知，设离散型随机变量 X 的分布律为表 2-2-1，则 X 的分布函数为

$$F(x) = P\{X \leqslant x\} = \sum_{x_k \leqslant x} P\{X = x_k\} = \sum_{x_k \leqslant x} p_k,$$

此处的和式 $\sum\limits_{x_k \leqslant x}$ 表示对所有满足 $x_k \leqslant x$ 的 k 求和.

$F(x)$ 的图形呈阶梯状，中间由右连续的线段构成，在 $x = x_k$ 处有跳跃，跳跃的高度为 p_k，图形的左边是向左的高度为 0 的水平射线，图形的右边是向右的高度为 1 的水平射线.

反过来，由分布函数的表达式可以得到离散型随机变量的分布律. 例如，设 X 的分布函数

$$F(x) = \begin{cases} 0, & x < -2 \\ 0.15, & -2 \leqslant x < 0 \\ 0.35, & 0 \leqslant x < 3 \\ 0.7, & 3 \leqslant x < 5 \\ 1, & x \geqslant 5 \end{cases}$$

其图形如图 2-3-1 所示，易得 X 的分布律如表 2-3-2 所示.

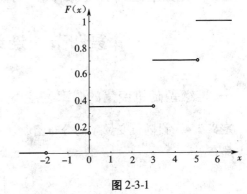

图 2-3-1

表 2-3-2 X 的分布律

X	-2	0	3	5
p_k	0.15	0.2	0.35	0.3

例 2-3-2   在数轴的闭区间 $[a,b]$ 上等可能地随机投点,即点落入子区间 $[c,d]$ 的概率等于 $d-c$ 与 $b-a$ 的比值. 以 X 表示投点的坐标,试求随机变量 X 的分布函数.

解   设 X 的分布函数是 $F(x)$,则 $F(x)=P\{X\leqslant x\}$.

当 $x<a$ 时,$\{X\leqslant x\}$ 是不可能事件,故 $F(x)=0$;

当 $a\leqslant x<b$ 时,$\{X\leqslant x\}=\{a\leqslant X\leqslant x\}$,故 $F(x)=\dfrac{x-a}{b-a}$;

当 $x\geqslant b$ 时,$\{X\leqslant x\}$ 是必然事件,故 $F(x)=1$.

综上,所求分布函数为

$$F(x)=\begin{cases} 0, & x<a \\ \dfrac{x-a}{b-a}, & a\leqslant x<b. \\ 1, & x\geqslant b \end{cases}$$

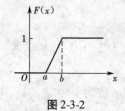

图 2-3-2

本例中分布函数 $F(x)$ 的图形如图 2-3-2 所示,是一条连续的曲线. 除了 a 点与 b 点,$F(x)$ 是可导的,导函数为

$$f(x)=\begin{cases} 0, & x<a \\ \dfrac{1}{b-a}, & a<x<b, \\ 0, & x>b \end{cases}$$

定义 $f(a)=c_1,f(b)=c_2$,则 $f(x)$ 在 $(-\infty,+\infty)$ 上都有意义,且对任意实数 x 有

$$F(x)=\int_{-\infty}^{x}f(t)\,\mathrm{d}t,$$

这种情况下,称 X 是连续型随机变量.

另外,投点坐标可以是 $x_0\in[a,b]$,即事件 $\{X=x_0\}$ 可以发生,但是

$$P\{X=x_0\}=P\{X\in[x_0,x_0]\}=0.$$

这一事实表明:**概率为 0 的事件也是可能发生的事件**.

第四节   连续型随机变量

一、连续型随机变量的概率密度

定义 2.4   设随机变量 X 的分布函数是 $F(x)$,如果存在非负可积函数 $f(x)$,对任意实数 x 都有

$$F(x)=\int_{-\infty}^{x}f(t)\,\mathrm{d}t,$$

则称 X 为**连续型随机变量**,函数 $f(x)$ 称为 X 的**概率密度函数**,简称**概率密度**.

根据高等数学知识,可知连续型随机变量的分布函数是连续函数.

除了离散型和连续型随机变量,还有既非离散型也非连续型的随机变量. 实际应用中,基本上是离散型或连续型随机变量,本书只讨论这两种随机变量.

根据定义以及分布函数的性质,可以得到概率密度 $f(x)$ 的如下性质:

(1) $f(x)$ 是非负函数,即 $f(x) \geqslant 0$;

(2) $\int_{-\infty}^{+\infty} f(x) \mathrm{d}x = 1$;

(3)对任意实数 a 与 $b(a < b)$,有

$$P\{a < X \leqslant b\} = F(b) - F(a) = \int_a^b f(x) \mathrm{d}x;$$

(4)若 $f(x)$ 在 x_0 点连续,则 $F'(x_0) = f(x_0)$.

如果函数 $g(x)$ 具有上述性质(1)与(2),令 $G(x) = \int_{-\infty}^x g(t) \mathrm{d}t$,则 $G(x)$ 可以是某一连续型随机变量的分布函数,$g(x)$ 可以是该随机变量的概率密度.

设 $\Delta x > 0$,$f(x)$ 在 x_0 点连续,当 Δx 很小时,

$$P\{x_0 < X \leqslant x_0 + \Delta x\} = F(x_0 + \Delta x) - F(x_0) \approx F'(x_0)\Delta x = f(x_0)\Delta x,$$

上式表示 X 的取值落入区间 $(x_0, x_0 + \Delta x)$ 的概率近似等于 $f(x_0)\Delta x$(见图 2-4-1),$f(x)$ 在 x_0 点的数值反映了随机变量 X 在 x_0 点附近取值概率的大小,这就是称 $f(x)$ 为概率密度的缘由.

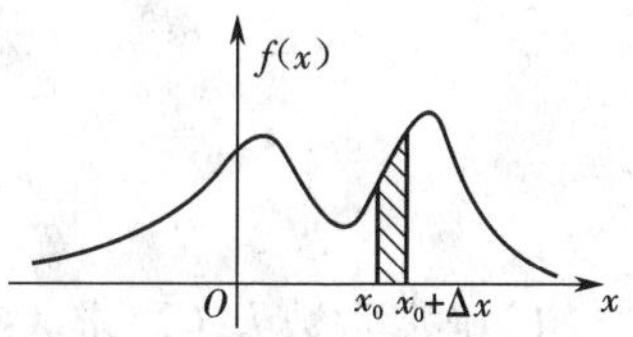

图 2-4-1

由上述性质(3),事件 $\{a < X \leqslant b\}$ 的概率等于以 x 轴为底、以直线 $x = a$ 与 $x = b$ 为边、以曲线 $y = f(x)$ 为顶的曲边梯形的面积. 所以有了概率密度,就可以掌握连续型随机变量的取值规律了. 注意,改变 $f(x)$ 在个别点上的值并不改变 $F(x)$ 的值,故概率密度不唯一.

连续型随机变量的值域是实数轴上的一个或几个区间,甚至是 $(-\infty, +\infty)$,故它的取值无法——列出,而且它取任何固定值的概率为零. 事实上,对于常数 a,设 $\Delta x > 0$,由

$$\{X = a\} \subset \{a - \Delta x < X \leqslant a\},$$

得

$$0 \leqslant P\{X = a\} \leqslant P\{a - \Delta x < X \leqslant a\} = F(a) - F(a - \Delta x),$$

让 $\Delta x \to 0$,由 $F(x)$ 的连续性即得 $P\{X = a\} = 0$.

如果事件 A 是不可能事件,我们知道 $P(A) = 0$;但如果 $P(A) = 0$,上述事实说明 A 不一定就是不可能事件.

对于连续型随机变量,容易推出

$$P\{a < X \leqslant b\} = P\{a < X < b\} = P\{a \leqslant X \leqslant b\} = P\{a \leqslant X < b\}.$$

由上述性质(4),已知连续型随机变量的分布函数 $F(x)$,求 $F(x)$ 的导数即可得概率密度 $f(x)$,而改变 $f(x)$ 在个别点上的值并不改变 $F(x)$ 的值,通常为方便起见,我们指定 $f(x)$ 在 $F(x)$ 的不可导点处的值等于零.

例 2-4-1 设连续型随机变量 X 的分布函数为

$$F(x) = \begin{cases} 0, & x < 0 \\ Ax^2, & 0 \leqslant x < 1. \\ 1, & x \geqslant 1 \end{cases}$$

(1)确定常数 A;(2)求 $P\{0.1 \leqslant X \leqslant 0.6\}$;(3)求 X 的概率密度.

解 (1)因为 X 是连续型随机变量,故 $F(x)$ 是连续函数,因此

$$1 = F(1) = \lim_{x \to 1^-} F(x) = \lim_{x \to 1^-} Ax^2 = A,$$

即 $A = 1$,这时

$$F(x) = \begin{cases} 0, & x < 0 \\ x^2, & 0 \leqslant x < 1; \\ 1, & x \geqslant 1 \end{cases}$$

(2) $P\{0.1 \leqslant X \leqslant 0.6\} = F(0.6) - F(0.1) = 0.36 - 0.01 = 0.35$;

(3)求 $F(x)$ 的导数,X 的概率密度可取为

$$f(x) = \begin{cases} 2x, & 0 < x < 1 \\ 0, & 其他 \end{cases}.$$

例 2-4-2 设随机变量 X 的概率密度为

$$f(x) = \begin{cases} kx, & 0 \leqslant x < 3 \\ 2 - x/2, & 3 \leqslant x < 4. \\ 0, & 其他 \end{cases}$$

(1)确定常数 k;(2)求 X 的分布函数;(3)求 $P\{1 < X < 7/2\}$.

解 (1)因为 $\int_{-\infty}^{+\infty} f(x)\mathrm{d}x = 1$,得

$$\int_{-\infty}^{+\infty} f(x)\mathrm{d}x = \int_0^3 kx\mathrm{d}x + \int_3^4 \left(2 - \frac{x}{2}\right)\mathrm{d}x = 1,$$

即 $\frac{9}{2}k + \left(2 - \frac{7}{4}\right) = 1$,解得 $k = \frac{1}{6}$.

(2)由(1)知

$$f(x) = \begin{cases} x/6, & 0 \leqslant x < 3 \\ 2 - x/2, & 3 \leqslant x < 4, \\ 0, & 其他 \end{cases}$$

当 $x < 0$ 时,$F(x) = \int_{-\infty}^x f(t)\mathrm{d}t = \int_{-\infty}^x 0\mathrm{d}t = 0$;

当 $0 \leqslant x < 3$ 时,$F(x) = \int_{-\infty}^x f(t)\mathrm{d}t = \int_{-\infty}^0 f(t)\mathrm{d}t + \int_0^x f(t)\mathrm{d}t = \int_0^x \frac{t}{6}\mathrm{d}t = \frac{x^2}{12}$;

当 $3 \leqslant x < 4$ 时,$F(x) = \int_{-\infty}^x f(t)\mathrm{d}t = \int_{-\infty}^0 f(t)\mathrm{d}t + \int_0^3 f(t)\mathrm{d}t + \int_3^x f(t)\mathrm{d}t$

$$= \int_0^3 \frac{t}{6}\mathrm{d}t + \int_3^x \left(2 - \frac{t}{2}\right)\mathrm{d}t = -\frac{x^2}{4} + 2x - 3;$$

当 $x \geqslant 4$ 时，$F(x) = \int_{-\infty}^{x} f(t) \, \mathrm{d}t$

$$= \int_{-\infty}^{0} f(t) \, \mathrm{d}t + \int_{0}^{3} f(t) \, \mathrm{d}t + \int_{3}^{4} f(t) \, \mathrm{d}t + \int_{4}^{x} f(t) \, \mathrm{d}t = \int_{0}^{4} f(t) \, \mathrm{d}t = 1,$$

综上，得分布函数为

$$F(x) = \begin{cases} 0, & x < 0 \\ x^2/12, & 0 \leqslant x < 3 \\ -3 + 2x - x^2/4, & 3 \leqslant x < 4 \\ 1, & x \geqslant 4 \end{cases}.$$

(3) $P\{1 < X \leqslant 7/2\} = F(7/2) - F(1) = 41/48.$

例 2-4-2(2)中的计算方法是已知概率密度求分布函数的一般方法.

二、三种常见的连续型随机变量

下面介绍三种常见的连续型随机变量.

1. 均匀分布

若连续型随机变量 X 的概率密度是

$$f(x) = \begin{cases} \dfrac{1}{b-a}, & a < x < b \\ 0, & \text{其他} \end{cases}, \tag{2.4.1}$$

则称 X 在区间 (a,b) 上服从**均匀分布**，记为 $X \sim U(a,b)$.

例 2-3-2 中随机投点的坐标服从区间 $[a,b]$ 上的均匀分布. 若 $a \leqslant c < c+l \leqslant b$，则

$$P\{c < X < c+l\} = \int_{c}^{c+l} \frac{1}{b-a} \mathrm{d}x = \frac{l}{b-a},$$

即 X 在 (a,b) 的子区间上取值的概率与子区间的长度成正比，与子区间的位置无关.

易知，X 的分布函数为

$$F(x) = \begin{cases} 0, & x < a \\ \dfrac{x-a}{b-a}, & a \leqslant x < b \\ 1, & x \geqslant b \end{cases},$$

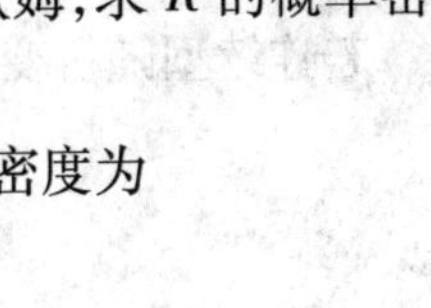

$f(x)$ 及 $F(x)$ 的图形分别如图 2-4-2 和图 2-3-2 所示.

图 2-4-2

例 **2-4-3** 设一滑动变阻器的电阻值 R 均匀分布于 $200 \sim 2\,000$ 欧姆，求 R 的概率密度及 R 位于 $900 \sim 1\,100$ 欧姆的概率.

解 按题意，随机变量 R 服从 $U[200, 2\,000]$ 分布，可得 R 的概率密度为

$$f(x) = \begin{cases} \dfrac{1}{1\,800}, & 200 \leqslant x \leqslant 2\,000 \\ 0, & \text{其他} \end{cases},$$

于是

$$P\{900 \leqslant R \leqslant 1\,100\} = \frac{200}{1\,800} = \frac{1}{9}.$$

2. 指数分布

若连续型随机变量 X 的概率密度为

$$f(x) = \begin{cases} \dfrac{1}{\theta}e^{-\frac{x}{\theta}}, & x > 0 \\ 0, & \text{其他} \end{cases}, \tag{2.4.2}$$

其中,常数 $\theta > 0$,则称 X 服从参数为 θ 的**指数分布**.

容易得到,X 的分布函数为

$$F(x) = \begin{cases} 1 - e^{-\frac{x}{\theta}}, & x > 0 \\ 0, & x \leqslant 0 \end{cases}.$$

指数分布常用于近似描述各种寿命分布,如某消耗性产品的使用寿命. 指数分布的概率密度、分布函数的图形如图 2-4-3 和图 2-4-4 所示.

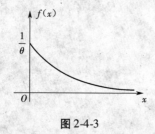

图 2-4-3

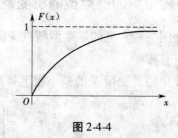

图 2-4-4

指数分布具有"无记忆性",即对任意正数 s 与 t,有

$$P\{X > s+t \mid X > s\} = P\{X > t\},$$

因为

$$P\{X > s+t \mid X > s\} = \frac{P\{X > s, X > s+t\}}{P\{X > s\}} = \frac{P\{X > s+t\}}{P\{X > s\}}$$

$$= \frac{1 - F(s+t)}{1 - F(s)} = \frac{e^{-(s+t)/\theta}}{e^{-s/\theta}} = e^{-t/\theta} = 1 - F(t) = P\{X > t\}.$$

如果 X 表示某一元件的寿命,上式表明,已知元件已使用了 s 小时,则它还能再使用至少 t 小时的概率,等于从开始使用时算起它至少能使用 t 小时的概率,即元件对它已使用过 s 小时无记忆. 实际上,元件投入使用就进入老化过程,对一些寿命长的元件,在初始使用阶段老化现象很小,指数分布较为准确地描述了其寿命的分布情况.

3. 正态分布

若连续型随机变量 X 的概率密度为

$$f(x) = \frac{1}{\sqrt{2\pi}\,\sigma}e^{-\frac{(x-\mu)^2}{2\sigma^2}},$$

其中,$\mu,\sigma\ (\sigma > 0)$ 是常数,则称 X 服从参数为 μ,σ 的**正态分布**,记为 $X \sim N(\mu, \sigma^2)$.

显然 $f(x)$ 是非负函数,下面证明 $\int_{-\infty}^{+\infty} f(x)\,dx = 1$. 令 $t = \dfrac{x-\mu}{\sigma}$,可得

$$\int_{-\infty}^{+\infty} \frac{1}{\sqrt{2\pi}\,\sigma}e^{-\frac{(x-\mu)^2}{2\sigma^2}}\,dx = \frac{1}{\sqrt{2\pi}}\int_{-\infty}^{+\infty} e^{-\frac{t^2}{2}}\,dt.$$

记 $I = \int_{-\infty}^{+\infty} e^{-\frac{t^2}{2}} dt$，则 $I^2 = \int_{-\infty}^{+\infty} e^{-\frac{x^2}{2}} dx \cdot \int_{-\infty}^{+\infty} e^{-\frac{y^2}{2}} dy = \int_{-\infty}^{+\infty} \int_{-\infty}^{+\infty} e^{-\frac{x^2+y^2}{2}} dx dy$，利用极坐标将二重积分化为累次积分，得到

$$I^2 = \int_0^{2\pi} d\varphi \int_0^{+\infty} \rho e^{-\frac{\rho^2}{2}} d\rho = 2\pi,$$

而 $I > 0$，故 $I = \sqrt{2\pi}$，于是 $\int_{-\infty}^{+\infty} \frac{1}{\sqrt{2\pi}\sigma} e^{-\frac{(x-\mu)^2}{2\sigma^2}} dx = \frac{1}{\sqrt{2\pi}} \cdot \sqrt{2\pi} = 1$.

正态分布的概率密度 $f(x)$ 的图形呈钟形（见图 2-4-5），它具有以下性质：

（1）曲线关于直线 $x = \mu$ 对称；

（2）曲线在 $(-\infty, \mu]$ 上单增，在 $[\mu, +\infty)$ 上单减，在 $x = \mu$ 处取得最大值；

（3）曲线在 $x = \mu \pm \sigma$ 处有拐点；

（4）曲线以 x 轴为渐近线；

（5）固定 σ 改变 μ 时，曲线沿 x 轴平行移动，形状不变，固定 μ 改变 σ 时，若 σ 越小，曲线越陡峭，若 σ 越大，曲线越平坦，如图 2-4-6 所示.

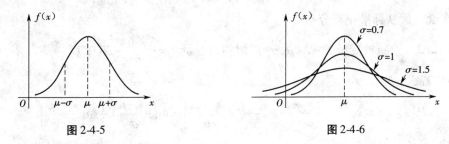

图 2-4-5　　　　　　　　　　　　图 2-4-6

正态分布的分布函数为

$$F(x) = \frac{1}{\sqrt{2\pi}\sigma} \int_{-\infty}^{x} e^{-\frac{(t-\mu)^2}{2\sigma^2}} dt.$$

当 $\mu = 0$ 且 $\sigma = 1$ 时，称随机变量 X 服从标准正态分布. 本书中，标准正态分布的密度函数、分布函数分别用 $\varphi(x)$、$\Phi(x)$ 表示，即

$$\varphi(x) = \frac{1}{\sqrt{2\pi}} e^{-\frac{x^2}{2}}, \quad \Phi(x) = \frac{1}{\sqrt{2\pi}} \int_{-\infty}^{x} e^{-\frac{t^2}{2}} dt,$$

它们的图形分别如图 2-4-7 和图 2-4-8 所示.

图 2-4-7　　　　　　　　　　　　图 2-4-8

$\Phi(x)$ 的值无法直接计算，只能计算近似值，人们编制了 $\Phi(x)$ 的数值表，以方便查阅.

附表二中仅给出了 $x \geqslant 0$ 的函数值,对于负数,由 $\varphi(x)$ 的对称性得

$$\Phi(-x) = \int_{-\infty}^{-x} \varphi(t)\,\mathrm{d}t = \int_{x}^{+\infty} \varphi(t)\,\mathrm{d}t = 1 - \int_{-\infty}^{x} \varphi(t)\,\mathrm{d}t = 1 - \Phi(x).$$

设随机变量 $X \sim N(\mu, \sigma^2)$,则 X 的分布函数为

$$F(x) = \frac{1}{\sqrt{2\pi}\sigma} \int_{-\infty}^{x} \mathrm{e}^{-\frac{(t-\mu)^2}{2\sigma^2}}\,\mathrm{d}t \xrightarrow{s=\frac{t-\mu}{\sigma}} \frac{1}{\sqrt{2\pi}} \int_{-\infty}^{\frac{x-\mu}{\sigma}} \mathrm{e}^{-\frac{s^2}{2}}\,\mathrm{d}s = \Phi\left(\frac{x-\mu}{\sigma}\right),$$

这说明任何正态分布的分布函数值都可以通过查标准正态分布的分布函数值表得到.

对样本空间 S 的任意元素 e,定义 $Y(e) = \dfrac{X(e) - \mu}{\sigma}$,则 Y 也是随机变量. 而

$$\{Y \leqslant y\} = \{e \in S \mid Y(e) \leqslant y\} = \left\{e \in S \,\middle|\, \frac{X(e) - \mu}{\sigma} \leqslant y\right\}$$

$$= \{e \in S \mid X(e) \leqslant \mu + \sigma y\} = \{X \leqslant \mu + \sigma y\},$$

故

$$P\{Y \leqslant y\} = P\{X \leqslant \mu + \sigma y\} = F(\mu + \sigma y) = \Phi(y),$$

即随机变量 Y 服从标准正态分布.

定理 2.3 设随机变量 $X \sim N(\mu, \sigma^2)$,则随机变量 $Y = \dfrac{X - \mu}{\sigma} \sim N(0,1)$.

因此,若 $X \sim N(\mu, \sigma^2)$,则

$$P\{x_1 < X \leqslant x_2\} = P\left\{\frac{x_1 - \mu}{\sigma} < \frac{X - \mu}{\sigma} \leqslant \frac{x_2 - \mu}{\sigma}\right\} = \Phi\left(\frac{x_2 - \mu}{\sigma}\right) - \Phi\left(\frac{x_1 - \mu}{\sigma}\right).$$

由 $\Phi(x)$ 的数值表可得

$$P\{\mu - \sigma < X < \mu + \sigma\} = \Phi(1) - \Phi(-1) = 2\Phi(1) - 1 = 0.682\,6,$$

$$P\{\mu - 2\sigma < X < \mu + 2\sigma\} = \Phi(2) - \Phi(-2) = 2\Phi(2) - 1 = 0.954\,4,$$

$$P\{\mu - 3\sigma < X < \mu + 3\sigma\} = \Phi(3) - \Phi(-3) = 2\Phi(3) - 1 = 0.997\,4.$$

可以看到,尽管随机变量 X 的取值范围是 $(-\infty, +\infty)$,但它的值落在区间 $(\mu - 3\sigma, \mu + 3\sigma)$ 内几乎是肯定的,因此在实际应用中,基本上可以认为有 $|X - \mu| < 3\sigma$,这就是所谓的 "3σ 原则".

正态分布是概率论和数理统计中最重要的分布之一. 在自然现象和社会现象中,许多随机变量都服从或近似服从正态分布. 例如,一个地区男性成年人的身高,测量某零件长度的误差,农作物的收获量,半导体器件中的热噪声电压等,都服从或近似服从正态分布. 正态分布还是许多分布的近似,在概率论与数理统计的理论研究和实际应用中,正态分布起着特别重要的作用.

例 2-4-4 设 $X \sim N(10, 2^2)$,求 $P\{X < 8\}$,$P\{|X - 10| \leqslant 0.8\}$.

解 $P\{X < 8\} = P\left\{\dfrac{X - 10}{2} < \dfrac{8 - 10}{2}\right\} = \Phi(-1) = 1 - \Phi(1) = 1 - 0.841\,3 = 0.158\,7,$

$$P\{|X - 10| \leqslant 0.8\} = P\left\{\left|\frac{X - 10}{2}\right| \leqslant \frac{0.8}{2}\right\} = 2\Phi(0.4) - 1 = 2 \times 0.655\,4 - 1 = 0.310\,8.$$

例 2-4-5 某地高考个人总分 X 服从正态分布 $N(400, 100^2)$,今在 20 000 名考生中择优

录取 400 名,问考生被录取至少要考多少分?

解 设考生的个人总分为 X 分,录取分数线为 x 分,当 $X \geqslant x$ 时,考生可被录取,根据题意得

$$P\{X \geqslant x\} = \frac{400}{20\ 000}.$$

因 X 服从 $N(400,100^2)$ 分布,故

$$1 - \Phi\left(\frac{x-400}{100}\right) = 0.02,$$

$$\Phi\left(\frac{x-400}{100}\right) = 0.98,$$

查表知 $\Phi(2.06) = 0.980\ 3$,于是 $\frac{x-400}{100} \approx 2.06$,解得 $x \approx 606$,即考生被录取至少要考 606 分.

例 2-4-6 将一温度调节器放置在储存着某种液体的容器内. 调节器整定在 $d\ ℃$,液体的温度 X 是一个随机变量,且 $X \sim N(d,0.5^2)$. (1)若 $d = 90$,求 X 小于 89 的概率;(2)若要求保持液体的温度至少为 80 ℃ 的概率不低于 0.99,问 d 至少为多少?

解 (1)当 $d = 90$ 时,$X \sim N(90,0.5^2)$,所以

$$P\{X < 89\} = \Phi\left(\frac{89-90}{0.5}\right) = \Phi(-2) = 1 - \Phi(2) = 1 - 0.977\ 2 = 0.022\ 8;$$

(2)按题意要求 d 使得 $P\{X \geqslant 80\} \geqslant 0.99$,而

$$P\{X \geqslant 80\} = 1 - P\{X < 80\} = 1 - \Phi\left(\frac{80-d}{0.5}\right) = \Phi\left(\frac{d-80}{0.5}\right),$$

查表知 $\Phi(2.33) = 0.990\ 1$,欲使 $\Phi\left(\frac{d-80}{0.5}\right) \geqslant 0.99$,只要 $\frac{d-80}{0.5} \geqslant 2.33$,得 $d \geqslant 81.165$,即要使液体的温度至少为 80 ℃ 的概率不低于 0.99,调节器至少需设定在 81.165 ℃.

定义 2.5 设 X 是随机变量,对于给定实数 $\alpha(0 < \alpha < 1)$,如果有实数 F_α 满足 $P\{X > F_\alpha\} = \alpha$,则称数 F_α 为随机变量 X 的上 α 分位点.

标准正态分布的上 α 分位点记为 z_α. 根据定义有 $\alpha = \int_{z_\alpha}^{+\infty} \varphi(x)\mathrm{d}x = 1 - \Phi(z_\alpha)$,故 $\Phi(z_\alpha) = 1 - \alpha$. 例如,查表知 $\Phi(1.96) = 0.975$,故 $z_{0.025} = 1.96$.

由 $\varphi(x)$ 的对称性可得 $z_{1-\alpha} = -z_\alpha$,例如,$\Phi(1.282) = 0.9$,故 $z_{0.90} = -z_{0.10} = -1.282$

第五节 随机变量的函数的分布

通过前面的学习,我们知道:对于离散型随机变量,了解其分布律就掌握了它的取值规律;对于连续型随机变量,有了概率密度也就明确了它的取值规律. 今后,我们将分布律或概率密度统称为随机变量 X 的概率分布,即当 X 是离散型随机变量时,指的是它的分布律,当 X 是连续型随机变量时,指的是它的概率密度.

在实际应用中,我们常对某些随机变量的函数更感兴趣. 例如,圆钢的截面面积 A 不能

直接测量得到,但可以测量圆钢的直径 d,而 $A = \frac{1}{4}\pi d^2$ 是 d 的函数,那么能否由直径 d 的概率分布确定截面面积 A 的概率分布呢?

一般地,设 X 是随机变量,$g(\cdot)$ 是连续函数,记 $Y = g(X)$,即当 X 取值 x 时,Y 取值为 $g(x)$,则 Y 也是随机变量,称为随机变量 X 的函数. 在本节,我们讨论如何由随机变量 X 的概率分布确定随机变量 Y 的概率分布.

例 2-5-1　设 X 是离散型随机变量,其分布律如表 2-5-1 所示.

表 2-5-1　X 的分布律

X	−1	0	1	2
p_k	0.2	0.3	0.1	0.4

试求 $Y = (X-1)^2$ 的分布律.

解　Y 的所有可能取值为 $0,1,4$. 由
$$P\{Y = 0\} = P\{(X-1)^2 = 0\} = P\{X = 1\} = 0.1,$$
$$P\{Y = 1\} = P\{(X-1)^2 = 1\} = P\{X = 0\} + P\{X = 2\} = 0.7,$$
$$P\{Y = 4\} = P\{(X-1)^2 = 4\} = P\{X = -1\} = 0.2,$$
即得 Y 的分布律如表 2-5-2 所示.

表 2-5-2　Y 的分布律

Y	0	1	4
p_k	0.1	0.7	0.2

当 X 是离散型随机变量时,Y 的分布律可用列表分析法由 X 的分布律求得.

列表分析法的步骤:第一步,如表 2-5-3 列表计算;第二步,合并表中 Y 取相同值(若有的话)时所对应的概率值,即得 Y 的分布律,如表 2-5-2 所示.

表 2-5-3　列表分析法示范

$Y = (X-1)^2$	4	1	0	1
X	−1	0	1	2
p_k	0.2	0.3	0.1	0.4

例 2-5-2　已知 X 的分布律如表 2-5-1 所示,求 $Y = 3X^2 - 1$,$Z = 1 - 2X$ 的概率分布.

解　列表计算见表 2-5-4.

表 2-5-4　列表分析法计算

$Z = 1 - 2X$	3	1	-1	-3
$Y = 3X^2 - 1$	2	-1	2	11
X	-1	0	1	2
p_k	0.2	0.3	0.1	0.4

由上表即得 Y, Z 的分布律分别如表 2-5-5 和表 2-5-6 所示.

表 2-5-5　Y 的分布律

Y	-1	2	11
p_k	0.3	0.3	0.4

表 2-5-6　Z 的分布律

Z	-3	-1	1	3
p_k	0.4	0.1	0.3	0.2

例 2-5-3　设随机变量 X 具有概率密度 $f_X(x) = \begin{cases} x/2, & 0 < x < 2 \\ 0, & \text{其他} \end{cases}$，求随机变量 $Y = 3X + 2$ 的概率密度.

解　设 X、Y 的分布函数分别为 $F_X(x)$、$F_Y(y)$，则

$$F_Y(y) = P\{Y \leqslant y\} = P\{3X + 2 \leqslant y\} = P\left\{X \leqslant \frac{y-2}{3}\right\} = F_X\left(\frac{y-2}{3}\right),$$

于是 Y 的概率密度为

$$f_Y(y) = F_Y'(y) = \frac{\mathrm{d}}{\mathrm{d}y} F_X\left(\frac{y-2}{3}\right) = f_X\left(\frac{y-2}{3}\right) \cdot \frac{1}{3},$$

而 $0 < \dfrac{y-2}{3} < 2$ 等价于 $2 < y < 8$，于是

$$f_Y(y) = \begin{cases} (y-2)/18, & 2 < y < 8 \\ 0, & \text{其他} \end{cases}.$$

例 2-5-3 给出了由连续型随机变量 X 的概率密度求解 X 的函数 Y 的概率密度的一般方法. 解法可分为三步，第一步用 X 的分布函数表示 Y 的分布函数，第二步用 X 的概率密度表示 Y 的概率密度，第三步由 X 的概率密度的表达式导出 Y 的概率密度的表达式.

例 2-5-4　设随机变量 $X \sim U(-1, 3)$，求 $Y = X^2$ 的概率密度.

解　设 X、Y 的分布函数分别为 $F_X(x)$、$F_Y(y)$，概率密度分别为 $f_X(x)$、$f_Y(y)$，则

$$F_Y(y) = P\{Y \leqslant y\} = P\{X^2 \leqslant y\}.$$

当 $y < 0$ 时，$\{X^2 \leqslant y\} = \varnothing$，故 $F_Y(y) = 0$；

当 $y \geqslant 0$ 时，$F_Y(y) = P\{-\sqrt{y} \leqslant X \leqslant \sqrt{y}\} = F_X(\sqrt{y}) - F_X(-\sqrt{y})$，即

$$F_Y(y) = \begin{cases} F_X(\sqrt{y}) - F_X(-\sqrt{y}), & y \geqslant 0 \\ 0, & y < 0 \end{cases}.$$

求导数,得 Y 的概率密度为

$$f_Y(y) = \begin{cases} \dfrac{1}{2\sqrt{y}}[f_X(\sqrt{y}) + f_X(-\sqrt{y})], & y > 0 \\ 0, & y \leqslant 0 \end{cases}.$$

根据题意知

$$f_X(x) = \begin{cases} \dfrac{1}{4}, & -1 < x < 3 \\ 0, & \text{其他} \end{cases},$$

注意到 $-1 < \sqrt{y} < 3$ 等价于 $0 \leqslant y < 9$,$-1 < -\sqrt{y} < 3$ 等价于 $0 \leqslant y < 1$,故得

$$f_Y(y) = \begin{cases} \dfrac{1}{4\sqrt{y}}, & 0 < y < 1 \\ \dfrac{1}{8\sqrt{y}}, & 1 < y < 9 \\ 0, & \text{其他} \end{cases}.$$

例 2-5-5 设电压 $V = 12\sin\Theta$,随机变量 $\Theta \sim U(0, \pi)$,试求电压 V 的概率密度.

解 设 Θ、V 的分布函数为 $F_\Theta(\theta)$、$F_V(v)$,概率密度分别为 $f_\Theta(\theta)$、$f_V(v)$,则

$$F_V(v) = P\{V \leqslant v\} = P\{12\sin\Theta \leqslant v\} = P\{\sin\Theta \leqslant v/12\}.$$

当 $v \leqslant 0$ 时,$\{\sin\Theta \leqslant v/12\}$ 是不可能事件,故 $F_V(v) = 0$;

当 $0 < v \leqslant 12$ 时,

$$\{\sin\Theta \leqslant v/12\} = \left\{0 < \Theta \leqslant \arcsin\frac{v}{12}\right\} \cup \left\{\pi - \arcsin\frac{v}{12} \leqslant \Theta < \pi\right\},$$

故

$$F_V(v) = P\left\{0 < \Theta \leqslant \arcsin\frac{v}{12}\right\} + P\left\{\pi - \arcsin\frac{v}{12} \leqslant \Theta < \pi\right\}$$

$$= F_\Theta\left(\arcsin\frac{v}{12}\right) - F_\Theta(0) + F_\Theta(\pi) - F_\Theta\left(\pi - \arcsin\frac{v}{12}\right);$$

当 $v > 12$ 时,事件 $\{\sin\Theta \leqslant v/12\}$ 必然发生,故 $F_V(v) = 1$.

于是当 $v < 0$ 或 $v > 12$ 时,$f_V(v) = F'_V(v) = 0$;

当 $0 < v < 12$ 时,

$$f_V(v) = F'_V(v) = \left[f_\Theta\left(\arcsin\frac{v}{12}\right) + f_\Theta\left(\pi - \arcsin\frac{v}{12}\right)\right] \cdot \frac{1}{12\sqrt{1 - (v/12)^2}},$$

电压 V 的概率密度可取为

$$f_V(v) = \begin{cases} \dfrac{1}{\sqrt{144 - v^2}}\left[f_\Theta\left(\arcsin\frac{v}{12}\right) + f_\Theta\left(\pi - \arcsin\frac{v}{12}\right)\right], & 0 < v < 12 \\ 0, & \text{其他} \end{cases}$$

按题意 $\Theta \sim U(0, \pi)$,故有

$$f_\Theta(\theta) = \begin{cases} 1/\pi, & \theta \in (0, \pi) \\ 0, & \theta \notin (0, \pi) \end{cases},$$

可得 V 的概率密度为

$$f_V(v) = \begin{cases} \dfrac{2}{\pi} \dfrac{1}{\sqrt{144 - v^2}}, & 0 < v < 12 \\ 0, & \text{其他} \end{cases}.$$

从以上两例可以看到,已知随机变量 X 的概率密度,求 $Y = g(X)$ 的概率密度,重要的一步是用 X 的分布函数表示 Y 的分布函数,其关键在于将事件 $\{Y \leq y\} = \{g(X) \leq y\}$ 表示为随机变量 X 生成的事件.

例 2-5-6 设随机变量 $X \sim N(\mu, \sigma^2)$,a、b 为实数且 $a \neq 0$,求 $Y = aX + b$ 的概率密度.

解 根据题意知 X 的概率密度为

$$f_X(x) = \frac{1}{\sqrt{2\pi}\,\sigma} e^{-\frac{(x-\mu)^2}{2\sigma^2}}, \quad -\infty < x < +\infty.$$

设 X、Y 的分布函数分别为 $F_X(x)$、$F_Y(y)$,则当 $a > 0$ 时,

$$F_Y(y) = P\{Y \leq y\} = P\{aX + b \leq y\} = P\left\{X \leq \frac{y-b}{a}\right\} = F_X\left(\frac{y-b}{a}\right);$$

当 $a < 0$ 时,

$$F_Y(y) = P\{Y \leq y\} = P\{aX + b \leq y\} = P\left\{X \geq \frac{y-b}{a}\right\} = 1 - F_X\left(\frac{y-b}{a}\right).$$

而

$$\frac{\mathrm{d}}{\mathrm{d}y} F_X\left(\frac{y-b}{a}\right) = f_X\left(\frac{y-b}{a}\right) \cdot \frac{1}{a},$$

$$\frac{\mathrm{d}}{\mathrm{d}y}\left[1 - F_X\left(\frac{y-b}{a}\right)\right] = -f_X\left(\frac{y-b}{a}\right) \cdot \frac{1}{a},$$

于是 Y 的概率密度为

$$f_Y(y) = F'_Y(y) = f_X\left(\frac{y-b}{a}\right) \cdot \left|\frac{1}{a}\right| = \frac{1}{\sqrt{2\pi}\,|a|\sigma} e^{-\frac{\left(\frac{y-b}{a}-\mu\right)^2}{2\sigma^2}}$$

$$= \frac{1}{\sqrt{2\pi}\,|a\sigma|} e^{-\frac{[y-(a\mu+b)]^2}{2(a\sigma)^2}}, \quad -\infty < y < +\infty,$$

可见 $Y \sim N(a\mu + b, (a\sigma)^2)$.

第六节 随机变量的数字特征

随机变量的概率分布完整地描述了随机变量的统计规律性,而在实际应用中,完全掌握一个随机变量的分布往往比较困难. 因此,认识一些能概括性地反映随机变量取值特征的综合性指标,有助于掌握随机变量取值的统计规律. 这就是本节介绍的随机变量的数字特征.

一、数学期望

图 2-6-1

一射手进行打靶练习,规定射入区域 e_2 得 2 分,射入区域 e_1 得 1 分,脱靶即射入区域 e_0 得 0 分(见图 2-6-1). 为了解该射手的射击水平,我们可以考察平均得分. 以 X 表示该射手一次射击的得分,那么随机变量 X 的平均值如何计算呢?

假设射击 N 次,得分情况如表 2-6-1 所示.

表 2-6-1　得分情况

得分	0	1	2
次数	a_0	a_1	a_2

其中,$a_0 + a_1 + a_2 = N$,则该射手的平均得分为

$$\frac{a_0 \times 0 + a_1 \times 1 + a_2 \times 2}{N} = \sum_{k=0}^{2} \frac{a_k k}{N},$$

而 $\dfrac{a_k}{N}$ 恰好是射手得分为 k 的频率. 当 N 很大时,得分为 k 的频率会稳定于事件 $\{X = k\}$ 发生的概率 p_k,因此可以将 $\sum_{k=0}^{2} k p_k$ 当作随机变量 X 的平均值.

定义 2.6　设离散型随机变量 X 的分布律为

$$P\{X = x_k\} = p_k, k = 1, 2, \cdots.$$

如果级数 $\sum_{k=1}^{\infty} |x_k| p_k < +\infty$,则称随机变量 X 的**数学期望**存在,记为 $E(X)$,且 $E(X) = \sum_{k=1}^{\infty} x_k p_k$;否则称 X 的数学期望不存在. 数学期望又称为**均值**.

因为离散型随机变量的取值可以不同的方式列举,而它的数学期望不应改变,这要求改变级数 $\sum_{k=1}^{\infty} x_k p_k$ 的求和次序,其收敛性与和不应改变,为此必须要求级数 $\sum_{k=1}^{\infty} x_k p_k$ 绝对收敛.

例 2-6-1　求例 2-2-2 所给随机变量 X 与 Y 的数学期望.

解　根据 X 的分布律表 2-2-2 可知

$$E(X) = 1 \times \frac{1}{15} + 2 \times \frac{7}{15} + 3 \times \frac{7}{15} = \frac{36}{15} = \frac{12}{5};$$

根据 Y 的分布律表 2-2-3 可知

$$E(Y) = 1 \times \frac{4}{5} + 2 \times \frac{8}{45} + 3 \times \frac{1}{45} = \frac{55}{45} = \frac{11}{9}.$$

例 2-6-2　设随机变量 $X \sim B(n, p)$,求 X 的数学期望.

解　根据题意可得,X 的分布律为式(2.2.2),则

$$E(X) = \sum_{k=0}^{n} k C_n^k p^k (1-p)^{n-k} = \sum_{k=1}^{n} k C_n^k p^k (1-p)^{n-k} = np \sum_{k=1}^{n} C_{n-1}^{k-1} p^{k-1} (1-p)^{n-k}$$

$$= np \sum_{m=0}^{n-1} C_{n-1}^m p^m (1-p)^{n-1-m} = np [p + (1-p)]^{n-1} = np.$$

例 2-6-3 设随机变量 $X \sim P(\lambda)$，求 X 的数学期望.

解 根据题意可得，X 的分布律为式(2.2.3)，则

$$E(X) = \sum_{k=0}^{\infty} k \frac{\lambda^k}{k!} e^{-\lambda} = e^{-\lambda} \lambda \sum_{k=1}^{\infty} \frac{\lambda^{k-1}}{(k-1)!} = \lambda.$$

例 2-6-4 某商店对某种家用电器的销售采用先使用后付款的方式. 记电器的使用寿命为 X 年，规定 $X \leq 1$，一台付款 1 500 元；$1 < X \leq 2$，一台付款 2 000 元；$2 < X \leq 3$，一台付款 2 500 元；$X > 3$，一台付款 3 000 元. 设寿命 X 服从参数为 10 的指数分布，试求该商店销售一台这种家用电器所收货款 Y 的数学期望.

解 由于 X 服从参数为 10 的指数分布，其分布函数为

$$F(x) = \begin{cases} 1 - e^{-\frac{x}{10}}, & x > 0 \\ 0, & x \leq 0 \end{cases}.$$

随机变量 Y 的可能取值为 1 500、2 000、2 500、3 000，其分布律为

$P\{Y = 1\ 500\} = P\{X \leq 1\} = F(1) = 1 - e^{-0.1} = 0.095\ 2,$

$P\{Y = 2\ 000\} = P\{1 < X \leq 2\} = F(2) - F(1) = e^{-0.1} - e^{-0.2} = 0.086\ 1,$

$P\{Y = 2\ 500\} = P\{2 < X \leq 3\} = F(3) - F(2) = e^{-0.2} - e^{-0.3} = 0.077\ 9,$

$P\{Y = 3\ 000\} = P\{X > 3\} = 1 - F(3) = e^{-0.3} = 0.740\ 8,$

所以

$E(Y) = 1\ 500 \times 0.095\ 2 + 2\ 000 \times 0.086\ 1 + 2\ 500 \times 0.077\ 9 + 3\ 000 \times 0.740\ 8$

$\quad = 2\ 732.15.$

定义 2.7 设连续型随机变量 X 的概率密度为 $f(x)$，如果积分 $\int_{-\infty}^{+\infty} |x| f(x) \mathrm{d}x < +\infty$，则称随机变量 X 的数学期望存在，记为 $E(X)$，且 $E(X) = \int_{-\infty}^{+\infty} x f(x) \mathrm{d}x$；否则，称 X 的数学期望不存在.

例 2-6-5 设随机变量 $X \sim U(a, b)$，求 X 的数学期望.

解 根据题意可得，X 的概率密度为式(2.4.1)，则

$$E(X) = \int_{-\infty}^{+\infty} x f(x) \mathrm{d}x = \int_a^b \frac{x}{b-a} \mathrm{d}x = \frac{a+b}{2}.$$

例 2-6-6 设随机变量 X 服从参数为 θ 的指数分布，求 X 的数学期望.

解 根据题意可得，X 的概率密度为式(2.4.2)，则

$$E(X) = \int_{-\infty}^{+\infty} x f(x) \mathrm{d}x = \int_0^{+\infty} \frac{x}{\theta} e^{-\frac{x}{\theta}} \mathrm{d}x = -x e^{-\frac{x}{\theta}} \Big|_0^{+\infty} + \int_0^{+\infty} e^{-\frac{x}{\theta}} \mathrm{d}x = -\theta e^{-\frac{x}{\theta}} \Big|_0^{+\infty} = \theta.$$

例 2-6-7 设随机变量 $X \sim N(\mu, \sigma^2)$，求 X 的数学期望.

解 已知 X 的概率密度 $f(x) = \frac{1}{\sqrt{2\pi}\sigma} e^{-\frac{(x-\mu)^2}{2\sigma^2}}$，则

$$E(X) = \int_{-\infty}^{+\infty} \frac{x}{\sqrt{2\pi}\sigma} e^{-\frac{(x-\mu)^2}{2\sigma^2}} dx = \frac{1}{\sqrt{2\pi}\sigma} \left(\int_{-\infty}^{+\infty} \mu e^{-\frac{(x-\mu)^2}{2\sigma^2}} dx + \int_{-\infty}^{+\infty} (x-\mu) e^{-\frac{(x-\mu)^2}{2\sigma^2}} dx \right)$$

$$= \mu \int_{-\infty}^{+\infty} f(x) dx + \frac{1}{\sqrt{2\pi}\sigma} (-\sigma^2) e^{-\frac{(x-\mu)^2}{2\sigma^2}} \Big|_{-\infty}^{+\infty} = \mu.$$

实际应用中,常常需要求随机变量函数的数学期望,容易证明如下定理.

定理 2.4 已知 Y 是随机变量 X 的函数:$Y = g(X)$(g 是连续函数).

(1)设 X 是离散型随机变量,分布律为 $P\{X = x_k\} = p_k, k = 1, 2, \cdots$,如果 $\sum\limits_{k=1}^{\infty} |g(x_k)| p_k < +\infty$,则

$$E(Y) = E[g(X)] = \sum_{k=1}^{\infty} g(x_k) p_k;$$

(2)设 X 是连续型随机变量,概率密度为 $f(x)$,如果 $\int_{-\infty}^{+\infty} |g(x)| f(x) dx < +\infty$,则

$$E(Y) = E[g(X)] = \int_{-\infty}^{+\infty} g(x) f(x) dx.$$

定理 2.4 的重要意义在于计算随机变量 Y 的数学期望,不必知道 Y 的概率分布,只需利用 X 的概率分布就可以了.

例 2-6-8 设随机变量 X 的分布律如表 2-6-2 所示,求 $E(X^2 - X)$.

表 2-6-2 X 的分布律

X	-2	-1	0	2	3
p_k	0.1	0.25	0.4	0.2	0.05

解 $E(X^2 - X) = [(-2)^2 - (-2)] \times 0.1 + [(-1)^2 - (-1)] \times 0.25 +$
$(0^2 - 0) \times 0.4 + (2^2 - 2) \times 0.2 + (3^2 - 3) \times 0.05 = 1.8.$

例 2-6-9 设随机变量 X 的概率密度为

$$f(x) = \begin{cases} \dfrac{1}{\theta} e^{-\frac{x}{\theta}}, & x > 0 \\ 0, & \text{其他} \end{cases},$$

求 $E(X^2)$.

解 $E(X^2) = \int_{-\infty}^{+\infty} x^2 f(x) dx = \int_0^{+\infty} x^2 \frac{1}{\theta} e^{-\frac{x}{\theta}} dx = -\int_0^{+\infty} x^2 d e^{-\frac{x}{\theta}}$

$= -x^2 e^{-\frac{x}{\theta}} \Big|_0^{+\infty} + \int_0^{+\infty} 2x e^{-\frac{x}{\theta}} dx = -2\theta \int_0^{+\infty} x d e^{-\frac{x}{\theta}} = -2\theta x e^{-\frac{x}{\theta}} \Big|_0^{+\infty} + 2\theta \int_0^{+\infty} e^{-\frac{x}{\theta}} dx$

$= -2\theta^2 e^{-\frac{x}{\theta}} \Big|_0^{+\infty} = 2\theta^2.$

例 2-6-10 某公司计划开发一种新陶瓷产品市场,他们估计出售一件产品可获利 m 元,而积压一件产品将损失 n 元,又预测销售量 Y(件)服从参数为 $\theta(\theta > 0)$ 的指数分布. 若要使获得利润的数学期望最大,应生产多少件新产品?

解　设生产 x 件产品所获利润为 Q 元,则

$$Q = \begin{cases} mY - n(x - Y), & Y < x \\ mx, & Y \geq x \end{cases}.$$

记

$$g(y) = \begin{cases} my - n(x - y), & y < x \\ mx, & y \geq x \end{cases},$$

则 g 是连续函数且 $Q = g(Y)$. 按题意,Y 的概率密度为

$$f_Y(y) = \begin{cases} \dfrac{1}{\theta} \mathrm{e}^{-\frac{y}{\theta}}, & y > 0 \\ 0, & y \leq 0 \end{cases},$$

所以

$$E(Q) = \int_{-\infty}^{+\infty} g(y) f_Y(y) \, \mathrm{d}y = \int_0^x (my - nx + ny) \cdot \frac{1}{\theta} \mathrm{e}^{-\frac{y}{\theta}} \mathrm{d}y + \int_x^{+\infty} mx \cdot \frac{1}{\theta} \mathrm{e}^{-\frac{y}{\theta}} \mathrm{d}y$$

$$= (m + n)\theta - (m + n)\theta \mathrm{e}^{-\frac{x}{\theta}} - nx,$$

令 $\dfrac{\mathrm{d}}{\mathrm{d}x} E(Q) = 0$ 得唯一驻点 $x_0 = \theta \ln \dfrac{m + n}{n}$,而

$$\frac{\mathrm{d}^2}{\mathrm{d}x^2} E(Q) \bigg|_{x = x_0} = -\frac{m + n}{\theta} \mathrm{e}^{-\frac{x_0}{\theta}} < 0,$$

故当 $x = x_0$ 时,即生产 $\theta \ln \dfrac{m + n}{n}$ 件新产品时,所获利润的数学期望最大.

下面列出数学期望的简单性质:

(1) 设 c 是常数,则 $E(c) = c$;

(2) 设随机变量 X 的数学期望存在,则对任意常数 c 有 $E(cX) = cE(X)$ 成立;

(3) 设随机变量 X 的数学期望存在,则对任意常数 c 有 $E(X + c) = E(X) + c$ 成立;

(4) 设 $g_1(x)$、$g_2(x)$ 是实函数,若随机变量 $g_1(X)$、$g_2(X)$ 的数学期望存在,则

$$E[g_1(X) + g_2(X)] = E[g_1(X)] + E[g_2(X)].$$

例 2-6-11　设随机变量 X 与 X^2 的数学期望存在,证明

$$E[X - E(X)]^2 = E(X^2) - [E(X)]^2.$$

证明　$E[X - E(X)]^2 = E\{X^2 - 2X \cdot E(X) + [E(X)]^2\}$

$$= E(X^2) - 2E(X)E(X) + E\{[E(X)]^2\}$$

$$= E(X^2) - 2[E(X)]^2 + [E(X)]^2$$

$$= E(X^2) - [E(X)]^2.$$

二、方差

例 2-6-12　一工厂有两个班组生产同一型号的手表,分别从两个班组生产的手表中随机抽取 20 只检查日走时误差(秒),结果数据为

甲组　-1 1 0 -1 1 1 0 0 0 -1 -1 0 0 1 0 1 -1 0 -1 1

乙组　0 -2 0 -1 2 1 0 -2 0 0 1 0 2 0 -1 0 2 -2 0 0

就日走时误差指标来说,问哪个班组的产品质量较好?

解 用 x_i、y_i 分别表示甲组、乙组所生产手表的日走时误差数据,$i=1,2,\cdots,20$,计算平均日走时误差得

$$\frac{\sum\limits_{i=1}^{20} x_i}{20} = \frac{(-1)\times 6 + 1\times 6}{20} = 0, \quad \frac{\sum\limits_{i=1}^{20} y_i}{20} = \frac{(-2)\times 3 + (-1)\times 2 + 1\times 2 + 2\times 3}{20} = 0,$$

平均日走时误差相等,无法得出有意义的结论. 将上述数据归类列表如表 2-6-3 所示.

表 2-6-3　日走时误差数据

日走时误差(秒)	-2	-1	0	1	2
只数(甲组)	0	6	8	6	0
只数(乙组)	3	2	10	2	3

可以粗略看出,甲组产品的指标集中度似较好,即偏离程度较小. 偏离程度越小,表明质量越稳定.

计算平均偏离程度得

$$\frac{\sum\limits_{i=1}^{20}|x_i-0|}{20} = \frac{12}{20} = \frac{3}{5}, \quad \frac{\sum\limits_{i=1}^{20}|y_i-0|}{20} = \frac{16}{20} = \frac{4}{5},$$

对于给定的样本,甲组生产手表的平均偏离程度较小,故可以认为甲组的产品质量较好.

任取一只甲组生产的手表,以 X 表示其日走时误差,则甲组所生产手表的平均日走时误差为 $E(X)$,手表 e_i 的偏离程度为 $|X(e_i)-E(X)|$,平均偏离程度应为 $E\{|X-E(X)|\}$. 绝对值不便于处理,我们以平方代替.

定义 2.8 设 X 是随机变量,若 $E\{[X-E(X)]^2\}$ 存在,则称 $E\{[X-E(X)]^2\}$ 为随机变量 X 的**方差**,记为 $D(X)$ 或 $\mathrm{Var}(X)$;称 $\sigma(X)=\sqrt{D(X)}$ 为 X 的**标准差**或**均方差**.

由定义 2.7 及定理 2.4 知,若 X 的分布律为 $P\{X=x_k\}=p_k,k=1,2,\cdots$,则

$$D(X) = \sum_{k=1}^{\infty}\left[x_k - E(X)\right]^2 p_k;$$

若 X 具有概率密度 $f(x)$,则

$$D(X) = \int_{-\infty}^{+\infty}\left[x - E(X)\right]^2 f(x)\,\mathrm{d}x.$$

由例 2-6-11 可得方差的另一个计算公式:

$$D(X) = E(X^2) - \left[E(X)\right]^2.$$

例 2-6-13 设随机变量 $X \sim B(n,p)$,求 X 的方差.

解 按题意,随机变量 X 的分布律为式(2.2.2),由例 2-6-2 知 $E(X)=np$,又

$$E(X^2) = \sum_{k=0}^{n} k^2 \mathrm{C}_n^k p^k (1-p)^{n-k}$$

$$= \sum_{k=1}^{n} (k^2 - k) C_n^k p^k (1-p)^{n-k} + \sum_{k=1}^{n} k C_n^k p^k (1-p)^{n-k}$$

$$= \sum_{k=2}^{n} k(k-1) C_n^k p^k (1-p)^{n-k} + np$$

$$= n(n-1) p^2 \sum_{k=2}^{n} C_{n-2}^{k-2} p^{k-2} (1-p)^{n-k} + np = (n^2 - n) p^2 + np,$$

故 $$D(X) = E(X^2) - [E(X)]^2 = np(1-p).$$

当 $n = 1$ 时，二项分布就是 $(0-1)$ 分布，因此如果 X 服从 $(0-1)$ 分布，则 $E(X) = p$，$D(X) = p(1-p)$.

例 2-6-14 设随机变量 $X \sim P(\lambda)$，求 X 的方差.

解 按题意，随机变量 X 的分布律为式 (2.2.3)，由例 2-6-3 知 $E(X) = \lambda$，又

$$E(X^2) = \sum_{k=0}^{\infty} k^2 \frac{\lambda^k}{k!} e^{-\lambda} = e^{-\lambda} \lambda \sum_{k=1}^{\infty} k \frac{\lambda^{k-1}}{(k-1)!} = e^{-\lambda} \lambda \sum_{k=1}^{\infty} [(k-1) + 1] \frac{\lambda^{k-1}}{(k-1)!}$$

$$= e^{-\lambda} \lambda \left[\sum_{k=2}^{\infty} \frac{\lambda^{k-1}}{(k-2)!} + \sum_{k=1}^{\infty} \frac{\lambda^{k-1}}{(k-1)!} \right]$$

$$= e^{-\lambda} \lambda (\lambda + 1) \sum_{m=0}^{\infty} \frac{\lambda^m}{m!} = \lambda(\lambda + 1) = \lambda^2 + \lambda,$$

故 $$D(X) = E(X^2) - [E(X)]^2 = \lambda.$$

例 2-6-15 设随机变量 $X \sim U(a,b)$，求 X 的方差.

解 按题意，随机变量 X 的概率密度为式 (2.4.1)，由例 2-6-5 知 $E(X) = \dfrac{a+b}{2}$，又

$$E(X^2) = \int_{-\infty}^{+\infty} x^2 f(x) \mathrm{d}x = \int_a^b \frac{x^2}{b-a} \mathrm{d}x = \frac{b^3 - a^3}{3(b-a)} = \frac{a^2 + ab + b^2}{3},$$

故 $$D(X) = E(X^2) - [E(X)]^2 = \frac{a^2 + ab + b^2}{3} - \frac{(a+b)^2}{4} = \frac{(b-a)^2}{12}.$$

例 2-6-16 设随机变量 X 服从参数为 θ 的指数分布，求 X 的方差.

解 由例 2-6-6 知 $E(X) = \theta$，由例 2-6-9 知 $E(X^2) = 2\theta^2$，所以

$$D(X) = E(X^2) - [E(X)]^2 = \theta^2.$$

例 2-6-17 设随机变量 $X \sim N(\mu, \sigma^2)$，求 X 的方差.

解 按题意，随机变量 X 的概率密度 $f(x) = \dfrac{1}{\sqrt{2\pi}\sigma} e^{-\frac{(x-\mu)^2}{2\sigma^2}}$，由例 2-6-7 知 $E(X) = \mu$，令 $u = \dfrac{x-\mu}{\sigma}$，故

$$D(X) = \int_{-\infty}^{+\infty} [x - E(X)]^2 f(x) \mathrm{d}x$$

$$= \int_{-\infty}^{+\infty} \frac{(x-\mu)^2}{\sqrt{2\pi}\sigma} e^{-\frac{(x-\mu)^2}{2\sigma^2}} \mathrm{d}x = \frac{\sigma^2}{\sqrt{2\pi}} \int_{-\infty}^{+\infty} \left(\frac{x-\mu}{\sigma} \right)^2 e^{-\frac{(x-\mu)^2}{2\sigma^2}} \mathrm{d}\left(\frac{x-\mu}{\sigma} \right)$$

$$= \frac{\sigma^2}{\sqrt{2\pi}} \int_{-\infty}^{+\infty} u^2 e^{-\frac{u^2}{2}} \mathrm{d}u = \frac{\sigma^2}{\sqrt{2\pi}} \int_{-\infty}^{+\infty} (-u) \mathrm{d}e^{-\frac{u^2}{2}}$$

$$= \frac{\sigma^2}{\sqrt{2\pi}}\left(-ue^{-\frac{u^2}{2}} \Big|_{-\infty}^{+\infty} + \int_{-\infty}^{+\infty} e^{-\frac{u^2}{2}}du \right) = \frac{\sigma^2}{\sqrt{2\pi}}\int_{-\infty}^{+\infty} e^{-\frac{u^2}{2}}du = \sigma^2.$$

可以看到,已知随机变量 X 的分布类型,如果还知道 X 的数学期望和(或)方差,那么 X 的分布规律就被完全确定了.

根据数学期望的性质,容易导出方差的下列性质.

设随机变量 X 的方差存在,c 是常数,则

(1)$D(c) = 0$;

(2)$D(X + c) = D(X)$;

(3)$D(cX) = c^2 D(X)$.

习　题　二

1. 下面各表中列出的是否是某个随机变量的分布律?

X	1	2	3	4
p_k	0.2	0.2	0.3	0.2

X	1	2	3	$\cdots$	n	$\cdots$
p_k	$\frac{1}{3}$	$\frac{1}{3} \times \frac{1}{2}$	$\frac{1}{3}\left(\frac{1}{2}\right)^2$	$\cdots$	$\frac{1}{3}\left(\frac{1}{2}\right)^{n-1}$	$\cdots$

2. 设随机变量 X 的分布律为

X	0	1	2	3
p_k	c	$\frac{1}{2} \times \frac{1}{3}$	$\frac{1}{2}\left(\frac{1}{3}\right)^2$	$\frac{1}{2}\left(\frac{1}{3}\right)^3$

试确定常数 c.

3. 设随机变量 X 的分布律为 $P\{X = k\} = c\dfrac{\lambda^k}{k!}, k = 1, 2, 3, \cdots$,其中 $\lambda > 0$ 为常数,试确定常数 c.

4. 已知 20 个相同样式的青花瓷盘中有 3 个是次品,甲随机取出 4 个,以 X 表示甲取出的瓷盘中次品的个数. 求:(1)X 的分布律;(2)$P\{X \leqslant 2\}$,$P\{0 < X < 3\}$,$P\{2 \leqslant X < 4\}$.

5. 一盒中有 N 个大小相同的球,其中 M 个是白球,随机取出 n 个球,以 X 表示取出的白球个数,求 X 的分布律. (此时,称 X 服从超几何分布.)

6. 一盒中装有编号为 1、2、3、4、5 的球,现随意取出 2 只.

(1)以 X 表示它们的编号之和,求 X 的分布律;

(2)以 Y 表示 2 只球中的较大编号,求 Y 的分布律.

7. 设事件 A 在一次试验中发生的概率为 $p(0<p<1)$,进行独立重复试验.

(1)以 X 表示事件 A 首次发生时已进行的试验次数,求 X 的分布律. （此时,称 X 服从参数为 p 的几何分布.）

(2)试验进行到事件 A 发生 r 次为止,以 Y 表示已进行的试验次数,求 Y 的分布律. （此时,称 Y 服从参数为 r,p 的负二项分布或帕斯卡分布.）

8. 证明定理 2.1.

9. 设事件 A 在一次试验中发生的概率为 0.3,当 A 发生次数不少于 3 次时,指示灯发出信号.

(1)进行了 5 次独立试验,求指示灯发出信号的概率;

(2)进行了 7 次独立试验,求指示灯发出信号的概率.

10. 某本书每页上的印刷错误的数目服从参数为 1.5 的泊松分布.

(1)计算每页上印刷错误超过 3 个的概率;

(2)计算每页上印刷错误少于 2 个的概率.

11. 设随机变量 $X \sim B(5,p)$,且 $P\{X=1\} = P\{X=2\}$,求 $P\{X \geqslant 4\}$.

12. 设随机变量 $X \sim B(2,p)$,随机变量 $Y \sim B(4,p)$,且 $P\{X \geqslant 1\} = 0.64$,求 $P\{Y \leqslant 2\}$.

13. 甲、乙两人参加一分钟投篮比赛,设他们投中的概率分别为 0.2、0.4,投篮次数分别为 70、40,求:

(1)甲至少投中 15 次的概率;

(2)乙至少投中 15 次的概率;

(3) m,使得甲至少投中 m 次的概率不小于 0.9;

(4) n,使得乙至少投中 n 次的概率不小于 0.9.

14. 陈丽有一间专卖餐具的瓷器店,设在长度为 t 小时的任何时段内进店的顾客人数服从参数为 $5t$ 的泊松分布.

(1)求某一天 14:00 至 16:00 内至少有 6 位顾客进店的概率;

(2)设每位进店顾客购买餐具的概率为 0.3,求某一天 15:30 至 16:00 内陈丽至少做成一笔生意的概率(假设顾客的购买行为互不影响).

15. 设随机变量 X 的分布函数为

$$F(x) = \begin{cases} 0, & x < -5 \\ 0.2, & -5 \leqslant x < -1 \\ 0.6, & -1 \leqslant x < 2 \\ 1, & x \geqslant 2 \end{cases}.$$

求:(1) X 的分布律;(2) $P\{X \leqslant 2\}$, $P\{X \geqslant 0\}$, $P\{-1 \leqslant X < 3\}$.

16. 证明分布函数的性质(1)与(2).

17. 设随机变量 X 的分布律为表 2-2-2,求 X 的分布函数,并作出图形.

18. 设连续型随机变量 X 的分布函数为

$$F(x) = \begin{cases} 0, & x < 0 \\ a\sin^2 x, & 0 \le x < \pi/3. \\ 1, & x \ge \pi/3 \end{cases}$$

求:(1)常数 a;(2)$P\left\{\dfrac{\pi}{6} \le X < \dfrac{\pi}{4}\right\}$;(3)$X$ 的概率密度 $f(x)$.

19. 设 $F(x)$、$G(x)$ 是两个分布函数,其对应概率密度为 $f(x)$、$g(x)$ 且为连续函数. 证明:函数 $f(x)G(x) + g(x)F(x)$ 可作为某随机变量的概率密度.

20. 判断下列函数是否是某个随机变量的概率密度:

(1)$f_1(x) = \begin{cases} \sin x, & 0 \le x \le \pi/2 \\ 0, & \text{其他} \end{cases}$; (2)$f_2(x) = \begin{cases} 3x^2, & 0 < x < 1 \\ 0, & \text{其他} \end{cases}$;

(3)$f_3(x) = \begin{cases} \cos x, & -\pi/2 \le x \le \pi/2 \\ 0, & \text{其他} \end{cases}$; (4)$f_4(x) = \begin{cases} e^x, & 0 < x < \ln 2 \\ 0, & \text{其他} \end{cases}$.

21. 设随机变量 X 的概率密度 $f(x) = \begin{cases} kx, & 0 \le x \le 1 \\ 0, & \text{其他} \end{cases}$,求 k 的值以及 X 的分布函数.

22. 设随机变量 X 的概率密度 $f(x) = \begin{cases} x^2, & -1 < x < k \\ 0, & \text{其他} \end{cases}$,求 k 的值以及 X 的分布函数.

23. 设随机变量 X 的概率密度为

$$f(x) = \begin{cases} x, & 0 \le x < 1 \\ 2 - x, & 1 \le x < 2. \\ 0, & \text{其他} \end{cases}$$

(1)求 X 的分布函数 $F(x)$;(2)求 $P\{1/2 < X < 3/2\}$;(3)画出 $f(x)$ 与 $F(x)$ 的图形.

24. 设随机变量 X 的概率密度 $f(x) = ae^{-|x|}$,求:(1)常数 a;(2)$P\{0 < X < 1\}$;(3)X 的分布函数 $F(x)$.

25. 若一台收音机上装有三个独立工作的某型号电子管,其寿命 X(小时)的概率密度为

$$f(x) = \begin{cases} \dfrac{100}{x^2} & x \ge 100 \\ 0, & x < 100 \end{cases},$$

(1)求使用了 150 小时,三个电子管都正常工作的概率;(2)以 Y 表示 150 小时内失效的电子管个数,求 Y 的分布律.

26. 设随机变量 X 在 $[2,5]$ 上服从均匀分布,现对 X 进行 3 次独立观测,求至少有两次的观测值大于 3 的概率.

27. 设 K 在 $(-1,6)$ 服从均匀分布,求 x 的方程 $x^2 + 2Kx + K + 6 = 0$ 有实根的概率.

28. 设顾客在某银行的窗口等待服务的时间 X(分钟)服从指数分布,其概率密度为

$$f(x) = \begin{cases} \dfrac{1}{5}e^{-\frac{x}{5}}, & x > 0 \\ 0, & \text{其他} \end{cases}.$$

某顾客在银行等待服务,若时间超过 10 分钟他就离开. 他一个月到银行 5 次,以 Y 表

示一个月内他未等到服务而离开银行的次数,求 Y 的分布律及 $P\{Y \geqslant 1\}$.

29. 设随机变量 $X \sim N(8,1)$,(1)求 $P\{6 < X \leqslant 9\}$,$P\{X \leqslant 6.5\}$,$P\{|X - 9| < 1\}$;(2)确定常数 a,使得 $P\{X < a\} = P\{X \geqslant 6\}$;(3)若 $P\{X \geqslant b\} > 0.95$,问 b 至多是多少?

30. 设随机变量 $X \sim N(\mu, 2^2)$,$P\{X \leqslant 7\} = 0.7$,求 μ.

31. 设随机变量 $X \sim N(10, \sigma^2)$,若 $P\{|X - 10| < 2\} \geqslant 0.9$,则 σ 最大可以是多少?

32. 设某机器加工的一批零件的长度(cm)服从 $N(12, 0.08^2)$ 分布,规定长度在范围 12 ± 0.15 cm 内为合格品,求一零件不合格的概率.

33. 设成年男子身高(cm)服从 $N(170, 8^2)$ 分布,若公共汽车车门的高度按成年男子碰头的概率低于 1% 来设计,问车门的高度最少应为多少?

34. 设随机变量 X 的概率密度 $f(x) = \begin{cases} 3x^2, & 0 < x < 1 \\ 0, & 其他 \end{cases}$,若 $P\{X \geqslant c\} = 0.784$,求常数 c.

35. 如果随机变量 X 的概率密度 $f(x) = \begin{cases} 4x^3, & 0 \leqslant x \leqslant 1 \\ 0, & 其他 \end{cases}$,(1)求常数 a,使 $P\{X < a\} = P\{X > a\}$;(2)求常数 b,使 $P\{X > b\} = 0.05$.

36. 设随机变量 X 的分布律为

X	-3	-1	0	1	2
p_k	0.12	0.24	0.35	0.15	0.14

求 $Y = 2X + 1$,$Z = |X| - 1$ 及 $W = X^2 - X - 2$ 的概率分布.

37. 设某种圆钢的截面直径 D 的分布律为

D	1.1	1.2	1.3	1.4
p_k	0.15	0.45	0.35	0.05

求该圆钢截面面积的概率分布.

38. 设随机变量 X 的概率密度 $f(x) = \dfrac{1}{\pi(1 + x^2)}$,求 $Y = 2X$ 的概率密度.

39. 设随机变量 X 具有概率密度 $f_X(x)$,$-\infty < x < \infty$,求 $Y = X^2$ 的概率密度.

40. 设随机变量 $X \sim U(0,1)$,求 $Y = e^X$,$Z = -\ln X$ 的概率密度.

41. 设随机变量 X 服从参数为 θ 的指数分布,求 $Y = e^X$ 的概率密度.

42. 设随机变量 $X \sim N(0,1)$,求 $Y = |X - 1|$,$Z = X^2$ 的概率密度.

43. 设随机变量 $X \sim U(-1,1)$,求 $Y = |X|$,$Z = \sin X\pi$ 的概率密度.

44. 求第 36 题所给随机变量 X 的数学期望.

45. 求第 37 题中直径与截面面积的数学期望.

46. 求第 23 题所给随机变量 X 的数学期望.

47. 设随机变量 X 的密度函数 $f(x) = \begin{cases} ax^2 + b, & 0 \leqslant x \leqslant 1 \\ 0, & 其他 \end{cases}$,且 $E(X) = \dfrac{5}{8}$,求 a,b 的值.

48. 设随机变量 X 的密度函数 $f(x) = \begin{cases} ax^b, & 0 \leqslant x \leqslant 1 \\ 0, & 其他 \end{cases}$,且 $E(X) = \dfrac{3}{4}$,求 a,b 的值.

49. 设 X 表示 10 次独立重复射击命中目标的次数,每次射中目标的概率为 0.4,求 X^2 的数学期望.

50. 设随机变量 X 服从区间 $[1,3]$ 上的均匀分布,求 $E(2X-3)$ 与 $E\left(\dfrac{1}{X}\right)$.

51. 某产品的寿命 X(年)服从指数分布,概率密度为

$$f(x) = \begin{cases} \dfrac{1}{5}e^{-\frac{x}{5}}, & x>0 \\ 0, & \text{其他} \end{cases}.$$

设公司出售一件该产品可获利 120 元,售出的产品一年内损坏可以调换,为此公司将损失 300 元,试求公司出售一件产品平均获利多少元.

52. 一瓷器店经销花瓶,预计下半年某型花瓶的需求量服从区间 $[10, 30]$ 上的均匀分布,每售出一件可获利 80 元,若积压一件则损失 120 元,问备货多少件可使平均收益最大?

53. 设随机变量 X 服从 $B(n,p)$ 分布,且 $E(X)=1.6, D(X)=1.28$,求分布参数 n 与 p.

54. 求第 36 题所给随机变量 X 的方差.

55. 求第 23 题所给随机变量 X 的方差.

56. 设随机变量 X 的密度函数 $f(x) = \dfrac{1}{2\lambda}e^{-\frac{|x-\mu|}{\lambda}}$,其中 $\mu, \lambda\,(>0)$ 为常数,求 $E(X)$ 与 $D(X)$.

57. 掷三枚骰子,试求点数之和的数学期望与方差.

58. 设随机变量 X 的密度函数为

$$f(x) = \begin{cases} cxe^{-k^2x^2}, & x>0 \\ 0, & x\leqslant 0 \end{cases}.$$

求:(1)常数 c;(2)$E(X)$;(3)$D(X)$.

本章故事

1494 年意大利数学家帕乔利(约 1445—1517)在他的《算术、几何、比与比例集成》一书中首次记载了以下问题:假如在一次赌博中先赢 6 局为胜,两个赌徒在一个赢 5 次、另一个赢 2 次的情况下因故中断赌博,问总赌注如何分配才合理? 帕乔利给出的答案是按 5:2 分.

多年后,以最早发表三次方程求根公式而闻名的卡尔丹重新研究这个问题,指出不能把已赌过的局数结果作为分配赌注的依据,而要考虑剩下未赌的局数,他认为应按 10:1 来分配.

1652 年前后,意大利贵族梅累为了提高在赌博中获胜的机会,向法国著名数学家帕斯卡提出了两个问题,其中一个就是上述如何公平分配赌注的问题. 1654 年 7 月 29 日,帕斯卡与费马开始了通信,一起对此进行研究,并用不同的方法得到了相同的结论,总赌注应按 15:1 分配.

费马的解法是:最多再赌 4 局就可以结束这场赌博,仅赢 2 局的赌徒需连赢 4 局才取

胜,每局输赢可能占半,赌 4 局全赢的可能性为 1/16,其他情况下已赢 5 局的赌徒都将获胜,其可能性为 15/16,故按 15∶1 分配赌注是公平的.

信中不但讨论了包括上述问题在内的许多特殊的赌博问题,而且给出了一般性的结果,例如一般的"合理分配赌注问题":两个赌徒相约赌若干局,谁先赢 s 局就胜利,现在一人赢 a 局,另一人赢 b 局,赌博中止,问赌注如何分配才合理?

在这些通信中,首次陈述了概率论的基本原则,可以说这段具有历史意义的通信宣告了一门全新数学分支——概率论的诞生. 1657 年,荷兰数学家、物理学家惠更斯在研究这些通信的基础上,写成了《论机会游戏的计算》一书,这就是概率论最早的工作,并建立了概率、数学期望等重要概念.

第三章　多维随机变量及其分布

在实际问题中,有些试验结果需要同时用两个或两个以上的随机变量来描述. 例如,用温度和风力来描述天气情况;通过对含碳量、含硫量的测定来分析钢的性质. 这些随机变量之间存在着某种联系,因此我们不仅要研究单个随机变量的一些性质,还要将多个随机变量作为一个整体来研究. 本章着重研究二维随机变量的情形,其中大部分结果都可以推广到 n ($n \geq 2$)维的情形.

第一节　二维随机变量

为了研究某地青少年的肥胖问题,需要对这一地区 18 岁以下的青少年进行抽查. 只测量体重,一般不能得到是否肥胖的结论,还需要知道身高. 取 S 为"该地区的全部青少年",随机选取一名青少年,以 X、Y 分别表示观察到的身高与体重,则 X、Y 都是 S 上的随机变量. 显然,知道了 X、Y 的分布规律,依然不能获得关于该地区青少年肥胖状况的结论,我们需要将 X 与 Y 作为一个整体来分析. 这样,研究某地青少年的肥胖问题转化为对随机变量 (X, Y) 的研究,不仅要对 X 与 Y 各自的性质进行讨论,还要研究它们之间的联系.

定义 3.1　设随机试验 E 的样本空间是 S,X 与 Y 都是定义在 S 上的随机变量,由它们构成的一个向量 (X, Y) 称为**二维随机变量**(或**二维随机向量**).

几何上,二维随机变量 (X, Y) 可以看作平面上的随机点. 二维随机变量 (X, Y) 的性质不仅蕴含 X 和 Y 各自的性质,而且蕴含二者的关联信息.

一、二维离散型随机变量

如果二维随机变量 (X, Y) 的全部可能取值是有限对或可列无限多对,则称 (X, Y) 是**离散型的随机变量**.

若 X 及 Y 所有可能取值分别为 $x_1, x_2, \cdots, x_n, \cdots$ 和 $y_1, y_2, \cdots, y_m, \cdots$,则二维离散型随机变量 (X, Y) 的所有可能取值为

$$(x_i, y_j), i = 1, 2, \cdots, n, \cdots; j = 1, 2, \cdots, m, \cdots.$$

如果事件 $\{X = x_i\} \cap \{Y = y_j\}$(以后写作 $\{X = x_i, Y = y_j\}$)的概率可以求出,即

$$P\{X = x_i, Y = y_j\} = p_{ij}, i = 1, 2, \cdots, n, \cdots, j = 1, 2, \cdots, m, \cdots, \tag{3.1.1}$$

则上式称为二维离散型随机变量 (X, Y) 的**分布律**,或随机变量 X 和 Y 的**联合分布律**.

联合分布律可用二维表格表示,如表 3-1-1 所示.

表 3-1-1 (X,Y) 的分布律

X \ Y	y_1	y_2	$\cdots$	y_j	$\cdots$
x_1	p_{11}	p_{12}	$\cdots$	p_{1j}	$\cdots$
$\vdots$	$\vdots$	$\vdots$		$\vdots$	
x_i	p_{i1}	p_{i2}	$\cdots$	p_{ij}	$\cdots$
$\vdots$					

根据概率的性质,易知 p_{ij} 满足下列两个条件:

(1) $p_{ij} \geqslant 0, i, j = 1, 2, \cdots;$

(2) $\sum\limits_{i=1}^{\infty} \sum\limits_{j=1}^{\infty} p_{ij} = 1.$

确定离散型随机变量分布律的方法:

(1)确定随机变量 (X, Y) 的所有取值数对 (x_i, y_j);

(2)计算事件 $\{X = x_i, Y = y_j\}$ 的概率 p_{ij};

(3)写出形如式(3.1.1)的分布律或者列出形如表 3-1-1 的分布表.

例 3-1-1 将两件水点桃花茶杯随意放入 3 个锦盒中,每个锦盒中可放多个杯子,设 X、Y 分别表示放入第一、第二个锦盒中茶杯的数目,求 X 和 Y 的联合分布律.

解 由题意可知 X、Y 各自可能的取值均为 0、1、2,又

$$P\{X=0, Y=0\} = \frac{1}{9}, P\{X=0, Y=1\} = \frac{2}{9}, P\{X=0, Y=2\} = \frac{1}{9},$$

$$P\{X=1, Y=0\} = \frac{2}{9}, P\{X=1, Y=1\} = \frac{2}{9}, P\{X=1, Y=2\} = 0,$$

$$P\{X=2, Y=0\} = \frac{1}{9}, P\{X=2, Y=1\} = 0, P\{X=2, Y=2\} = 0,$$

所以 X 和 Y 的联合分布律如表 3-1-2 所示.

表 3-1-2 X 和 Y 的联合分布律

X \ Y	0	1	2
0	$\frac{1}{9}$	$\frac{2}{9}$	$\frac{1}{9}$
1	$\frac{2}{9}$	$\frac{2}{9}$	0
2	$\frac{1}{9}$	0	0

二、二维随机变量的分布函数

定义 3.2 设 (X, Y) 是二维随机变量,对于任意实数 x 与 y,二元函数

$$F(x, y) = P\{(X \leqslant x) \cap (Y \leqslant y)\} \equiv P\{X \leqslant x, Y \leqslant y\},$$

称为二维随机变量(X,Y)的**分布函数**,或随机变量X和Y的**联合分布函数**.

若将二维随机变量(X,Y)看成是平面上随机点的坐标,则分布函数$F(x,y)$在点(x,y)处的函数值就是随机点(X,Y)落在如图 3-1-1 阴影部分所示的无穷区域D内的概率.

分布函数$F(x,y)$具有以下性质.

(1)$F(x,y)$是变量x和y的非减函数,如图 3-1-2 和图 3-1-3 所示.

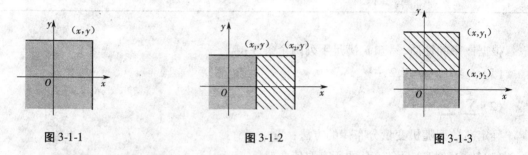

图 3-1-1   图 3-1-2   图 3-1-3

图 3-1-2,对于固定的y,当$x_1 < x_2$,显然有$F(x_1,y) \leqslant F(x_2,y)$.

图 3-1-3,对于固定的x,当$y_1 > y_2$,显然有$F(x,y_1) \geqslant F(x,y_2)$.

(2)$0 \leqslant F(x,y) \leqslant 1$,且$\lim\limits_{x \to -\infty} F(x,y) = 0$,$\lim\limits_{y \to -\infty} F(x,y) = 0$,$\lim\limits_{\substack{x \to +\infty \\ y \to +\infty}} F(x,y) = 1$.

(3)$F(x,y)$关于变量x右连续,关于变量y也右连续.

(4)对任意的$x_1 < x_2$,$y_1 < y_2$,有

$$\begin{aligned} P\{x_1 < X \leqslant x_2, y_1 < Y \leqslant y_2\} &= P\{X \leqslant x_2, y_1 < Y \leqslant y_2\} - P\{X \leqslant x_1, y_1 < Y \leqslant y_2\} \\ &= P\{X \leqslant x_2, Y \leqslant y_2\} - P\{X \leqslant x_2, Y \leqslant y_1\} - \\ &\quad P\{X \leqslant x_1, Y \leqslant y_2\} + P\{X \leqslant x_1, Y \leqslant y_1\} \\ &= F(x_2,y_2) - F(x_2,y_1) + F(x_1,y_1) - F(x_1,y_2) \geqslant 0. \end{aligned}$$

上式表示图 3-1-4 随机点(X,Y)落在阴影部分的概率,由概率的非负性就可以得到上述性质(4).

设二维离散型随机变量的分布律如表 3-1-1 所示,则(X,Y)的分布函数为

$$F(x,y) = \sum_{x_i \leqslant x} \sum_{y_j \leqslant y} p_{ij}.$$

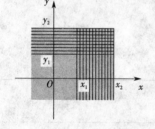

图 3-1-4

这个求和式是对满足$x_i \leqslant x$,$y_j \leqslant y$的一切下标i和j进行的.

在例 3-1-1 中,设(X,Y)的分布函数为$F(x,y)$,则

$$F(1.5,1) = \sum_{i=0}^{1} \sum_{j=0}^{1} P\{X=i, Y=j\} = \frac{7}{9}.$$

三、二维连续型随机变量

定义 3.3 二维随机变量(X,Y)的分布函数为$F(x,y)$,如果存在非负函数$f(x,y)$使得对于任意x与y有

$$F(x,y) = \int_{-\infty}^{y} \left(\int_{-\infty}^{x} f(u,v) \, \mathrm{d}u \right) \mathrm{d}v, \tag{3.1.2}$$

则称(X,Y)为**连续型二维随机变量**,称函数$f(x,y)$为二维随机变量(X,Y)的**概率密度**,或随机变量X和Y的**联合概率密度**.

根据定义以及分布函数的性质,可以得到概率密度$f(x,y)$的如下性质:

(1)$f(x,y)$是非负函数,即$f(x,y) \geqslant 0$;

(2)$\displaystyle\int_{-\infty}^{+\infty} \int_{-\infty}^{+\infty} f(x,y) \, \mathrm{d}x \mathrm{d}y = 1$;

(3)设D是一平面区域,则$P\{(X,Y) \in D\} = \displaystyle\iint_D f(x,y) \, \mathrm{d}x \mathrm{d}y$;

(4)若$f(x,y)$在(x_0,y_0)点连续,则$\left. \dfrac{\partial^2 F}{\partial x \partial y} \right|_{(x_0,y_0)} = f(x_0,y_0)$.

具有性质(1)和性质(2)的二元函数$f(x,y)$,必是某二维连续型随机变量的概率密度函数.

例 3-1-2 设二维随机变量(X,Y)具有概率密度$f(x,y) = \begin{cases} 2\mathrm{e}^{-(2x+y)}, & x>0, y>0 \\ 0, & \text{其他} \end{cases}$,求:

(1)分布函数$F(x,y)$;(2)$P\{Y \leqslant X\}$.

解 (1)因$F(x,y) = \displaystyle\int_{-\infty}^{y} \left(\int_{-\infty}^{x} f(u,v) \, \mathrm{d}u \right) \mathrm{d}v$,

当$x \leqslant 0$或$y \leqslant 0$时,$f(x,y) = 0$,故$F(x,y) = 0$;

当$x > 0$且$y > 0$时,

$$F(x,y) = \int_0^y \left(\int_0^x f(u,v) \, \mathrm{d}u \right) \mathrm{d}v$$

$$= \int_0^y \left(\int_0^x 2\mathrm{e}^{-(2u+v)} \, \mathrm{d}u \right) \mathrm{d}v = \int_0^y \mathrm{e}^{-v} \mathrm{d}v \int_0^x 2\mathrm{e}^{-2u} \mathrm{d}u = (1 - \mathrm{e}^{-2x})(1 - \mathrm{e}^{-y}),$$

于是
$$F(x,y) = \begin{cases} (1 - \mathrm{e}^{-2x})(1 - \mathrm{e}^{-y}), & x>0, y>0 \\ 0, & \text{其他} \end{cases}.$$

(2)记$D = \{(x,y) \mid x>0, y>0\}$,$G = \{(x,y) \mid y \leqslant x\}$,则$\{Y \leqslant X\} = \{(X,Y) \in G\}$,$G \cap D = \{(x,y) \mid x>0, 0<y \leqslant x\}$,如图 3-1-5 中阴影所示,所以

$$P\{Y \leqslant X\} = \iint_G f(x,y) \, \mathrm{d}x \mathrm{d}y = \iint_{G \cap D} 2\mathrm{e}^{-(2x+y)} \, \mathrm{d}x \mathrm{d}y$$

$$= \int_0^{+\infty} \mathrm{d}x \int_0^x 2\mathrm{e}^{-(2x+y)} \, \mathrm{d}y$$

$$= \int_0^{+\infty} 2\mathrm{e}^{-2x}(1 - \mathrm{e}^{-x}) \, \mathrm{d}x$$

$$= \int_0^{+\infty} (2\mathrm{e}^{-2x} - 2\mathrm{e}^{-3x}) \, \mathrm{d}x$$

$$= \left[-\mathrm{e}^{-2x} + \frac{2}{3}\mathrm{e}^{-3x} \right]_0^{+\infty} = \frac{1}{3}.$$

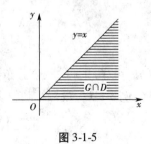

图 3-1-5

四、常见的二维分布

1. 二维均匀分布

设 D 是平面上的有界区域,其面积为 A,若二维随机变量 (X,Y) 的概率密度为

$$f(x,y) = \begin{cases} \dfrac{1}{A}, & (x,y) \in D \\ 0, & 其他 \end{cases},$$

则称 (X,Y) 在 D 上服从均匀分布,记为 $(X,Y) \sim U(D)$.

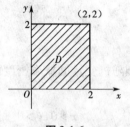

图 3-1-6

如图 3-1-6 所示,若 (X,Y) 在 $D = [0,2] \times [0,2]$ 上服从均匀分布,显然 D 的面积为 4,二维随机变量 (X,Y) 的概率密度为

$$f(x,y) = \begin{cases} \dfrac{1}{4}, & (x,y) \in D \\ 0, & 其他 \end{cases}.$$

2. 二维正态分布

若二维随机变量 (X,Y) 的概率密度为

$$f(x,y) = \frac{1}{2\pi\sigma_1\sigma_2\sqrt{1-\rho^2}} \cdot \exp\left\{\frac{-1}{2(1-\rho^2)}\left[\frac{(x-\mu_1)^2}{\sigma_1^2} - 2\rho\frac{(x-\mu_1)(y-\mu_2)}{\sigma_1\sigma_2} + \frac{(y-\mu_2)^2}{\sigma_2^2}\right]\right\},$$

$$-\infty < x < \infty, \ -\infty < y < \infty,$$

则称 (X,Y) 服从参数为 $\mu_1, \mu_2, \sigma_1, \sigma_2, \rho$ 的二维正态分布,记为 $(X,Y) \sim N(\mu_1, \mu_2, \sigma_1, \sigma_2, \rho)$.

第二节　边缘分布与随机变量的独立性

一、边缘分布函数

定义 3.4　设 $F(x,y)$ 是二维随机变量 (X,Y) 的分布函数,随机变量 X 和 Y 的分布函数 $F_X(x)$、$F_Y(y)$ 分别被称为 (X,Y) 关于 X 和关于 Y 的**边缘分布函数**.

因为

$$F_X(x) = P\{X \le x\} = P\{X \le x, Y < +\infty\} = F(x, +\infty) = \lim_{y \to +\infty} F(x,y), \quad (3.2.1)$$

$$F_Y(y) = P\{Y \le y\} = P\{X < +\infty, Y \le y\} = F(+\infty, y) = \lim_{x \to +\infty} F(x,y). \quad (3.2.2)$$

可见,由 X 和 Y 的联合分布函数可以求得 (X,Y) 的边缘分布函数.

例 3-2-1　设二维随机变量 (X,Y) 具有分布函数

$$F(x,y) = \begin{cases} 1 - \mathrm{e}^{-x} - \mathrm{e}^{-y} + \mathrm{e}^{-x-y-\lambda xy}, & x>0, y>0 \\ 0, & 其他 \end{cases} \quad (\lambda > 0),$$

求边缘分布函数.

解　由式 (3.2.1) 和式 (3.2.2) 可求得 (X,Y) 的边缘分布函数为

$$F_X(x) = F(x, +\infty) = \lim_{y \to +\infty} F(x,y) = \begin{cases} 1 - e^{-x}, & x > 0 \\ 0, & \text{其他} \end{cases};$$

$$F_Y(y) = F(+\infty, y) = \lim_{x \to +\infty} F(x,y) = \begin{cases} 1 - e^{-y}, & y > 0 \\ 0, & \text{其他} \end{cases}.$$

λ 取不同值对应着不同的分布函数 $F(x,y)$,但从上述结果我们看到边缘分布函数 $F_X(x)$、$F_Y(y)$ 与 λ 的值无关,即不同的联合分布函数可以具有相同的边缘分布函数.

二、边缘分布律

定义 3.5 设二维离散型随机变量 (X,Y) 的分布律为

$$P\{X = x_i, Y = y_j\} = p_{ij}, i, j = 1, 2, \cdots,$$

则 X 的分布律为

$$p_i. \equiv P\{X = x_i\} = \sum_{j=1}^{\infty} P\{X = x_i, Y = y_j\} = \sum_{j=1}^{\infty} p_{ij}, i = 1, 2, \cdots, \tag{3.2.3}$$

Y 的分布律为

$$p_{\cdot j} \equiv P\{Y = y_j\} = \sum_{i=1}^{\infty} P\{X = x_i, Y = y_j\} = \sum_{i=1}^{\infty} p_{ij}, j = 1, 2, \cdots, \tag{3.2.4}$$

分别称为二维随机变量 (X,Y) 关于 X 和关于 Y 的**边缘分布律**.

将 (X,Y) 的分布律表 3-1-1 中概率值按行、列相加可得 X、Y 的分布律,如表 3-2-1 所示,这也是边缘概念的由来.

表 3-2-1 X、Y 的分布值

X \ Y	y_1	y_2	$\cdots$	y_j	$\cdots$	$p_i.$
x_1	p_{11}	p_{12}	$\cdots$	p_{1j}	$\cdots$	$p_1.$
x_2	p_{21}	p_{22}	$\cdots$	p_{2j}	$\cdots$	$p_2.$
$\vdots$	$\vdots$	$\vdots$		$\vdots$		$\vdots$
x_i	p_{i1}	p_{i2}	$\cdots$	p_{ij}	$\cdots$	$p_i.$
$\vdots$	$\vdots$	$\vdots$		$\vdots$		$\vdots$
$p_{\cdot j}$	$p_{\cdot 1}$	$p_{\cdot 2}$	$\cdots$	$p_{\cdot j}$	$\cdots$	

实际计算中,可在 X 与 Y 的联合分布律表的右边与下边增加一列或一行,写入对应行或列的数值和,然后再按规范形式列出 X 与 Y 的分布律表.

例 3-2-2 求例 3-1-1 所给随机变量 X 与 Y 的边缘分布律,并求 $P\{X \neq 0, Y = 0\}$,$P\{XY = 0\}$,$P\{X = Y\}$.

解 列表计算得表 3-2-2.

表 3-2-2 X、Y 的分布律

X \ Y	0	1	2	$p_i.$
0	$\dfrac{1}{9}$	$\dfrac{2}{9}$	$\dfrac{1}{9}$	$\dfrac{4}{9}$

续表

Y X	0	1	2	$p_{i.}$
1	$\dfrac{2}{9}$	$\dfrac{2}{9}$	0	$\dfrac{4}{9}$
2	$\dfrac{1}{9}$	0	0	$\dfrac{1}{9}$
$p_{.j}$	$\dfrac{4}{9}$	$\dfrac{4}{9}$	$\dfrac{1}{9}$	

故 X 的分布律如表 3-2-3 所示.

表 3-2-3　X 的分布律

X	0	1	2
p_i	$\dfrac{4}{9}$	$\dfrac{4}{9}$	$\dfrac{1}{9}$

Y 的分布律如表 3-2-4 所示.

表 3-2-4　Y 的分布律

Y	0	1	2
p_j	$\dfrac{4}{9}$	$\dfrac{4}{9}$	$\dfrac{1}{9}$

$$P\{X\neq 0,Y=0\}=P\{X=1,Y=0\}+P\{X=2,Y=0\}=\frac{3}{9}=\frac{1}{3};$$

$$P\{XY=0\}=P\{X\neq 0,Y=0\}+P\{X=0,Y=0\}+P\{X=0,Y\neq 0\}=\frac{7}{9};$$

$$P\{X=Y\}=P\{X=0,Y=0\}+P\{X=1,Y=1\}+P\{X=2,Y=2\}=\frac{1}{3}.$$

三、边缘概率密度

定义 3.6　设 (X,Y) 是二维连续型随机变量, X、Y 的概率密度 $f_X(x)$、$f_Y(y)$ 分别称为随机变量 (X,Y) 关于 X 和关于 Y 的**边缘概率密度**.

设 (X,Y) 的概率密度是 $f(x,y)$, 由

$$F_X(x)=F(x,+\infty)=\int_{-\infty}^{x}\int_{-\infty}^{+\infty}f(u,v)\mathrm{d}v\mathrm{d}u,$$

得 X 的概率密度为

$$f_X(x)=\int_{-\infty}^{+\infty}f(x,v)\mathrm{d}v,$$

即

$$f_X(x)=\int_{-\infty}^{+\infty}f(x,y)\mathrm{d}y; \tag{3.2.5}$$

同理,可得 Y 的概率密度为

$$f_Y(y) = \int_{-\infty}^{+\infty} f(x,y)\,\mathrm{d}x. \tag{3.2.6}$$

例 3-2-3 设随机变量 X 和 Y 的联合概率密度 $f(x,y) = \begin{cases} 8xy, & 0 \leq x \leq y \leq 1 \\ 0, & \text{其他} \end{cases}$,求边缘概率密度.

解 $f(x,y) \neq 0$ 的区域如图 3-2-1 阴影部分所示.

由 $f_X(x) = \int_{-\infty}^{+\infty} f(x,y)\,\mathrm{d}y$ 可得:

当 $x < 0$ 或 $x > 1$ 时,$f_X(x) = 0$;

当 $0 \leq x \leq 1$ 时,$f_X(x) = \int_x^1 8xy\,\mathrm{d}y = 4x(1-x^2)$.

于是 $\qquad f_X(x) = \begin{cases} 4x(1-x^2), & 0 \leq x \leq 1 \\ 0, & \text{其他} \end{cases}$.

图 3-2-1

又由 $f_Y(y) = \int_{-\infty}^{+\infty} f(x,y)\,\mathrm{d}x$ 可得:

当 $y < 0$ 或 $y > 1$ 时,$f_Y(y) = 0$;

当 $0 \leq y \leq 1$ 时,$f_Y(y) = \int_0^y 8xy\,\mathrm{d}x = 4y^3$.

于是 $\qquad f_Y(y) = \begin{cases} 4y^3, & 0 \leq y \leq 1 \\ 0, & \text{其他} \end{cases}$

$f_X(x)$ 和 $f_Y(y)$ 的图形如图 3-2-2 和图 3-2-3 所示.

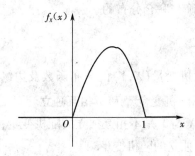

图 3-2-2

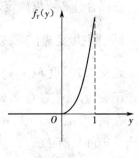

图 3-2-3

例 3-2-4 随机变量 $(X,Y) \sim N(\mu_1, \mu_2, \sigma_1, \sigma_2, \rho)$,试求二维正态分布的边缘概率密度.

解 (X,Y) 的概率密度为

$$f(x,y) = \frac{1}{2\pi\sigma_1\sigma_2\sqrt{1-\rho^2}} \cdot \exp\left\{ \frac{-1}{2(1-\rho^2)} \left[\frac{(x-\mu_1)^2}{\sigma_1^2} - 2\rho\frac{(x-\mu_1)(y-\mu_2)}{\sigma_1\sigma_2} + \frac{(y-\mu_2)^2}{\sigma_2^2} \right] \right\},$$

$$-\infty < x < +\infty, \quad -\infty < y < +\infty,$$

又因为 $\qquad\qquad f_X(x) = \int_{-\infty}^{+\infty} f(x,y)\,\mathrm{d}y,$

由于 $\dfrac{(y-\mu_2)^2}{\sigma_2^2}-2\rho\dfrac{(x-\mu_1)(y-\mu_2)}{\sigma_1\sigma_2}=\left(\dfrac{y-\mu_2}{\sigma_2}-\rho\dfrac{x-\mu_1}{\sigma_1}\right)^2-\rho^2\dfrac{(x-\mu_1)^2}{\sigma_1^2},$

于是 $f_X(x)=\dfrac{1}{2\pi\sigma_1\sigma_2\sqrt{1-\rho^2}}\exp\left[-\dfrac{(x-\mu_1)^2}{2\sigma_1^2}\right]\cdot\int_{-\infty}^{+\infty}\exp\left[\dfrac{-1}{2(1-\rho^2)}\left(\dfrac{y-\mu_2}{\sigma_2}-\rho\dfrac{x-\mu_1}{\sigma_1}\right)^2\right]\mathrm{d}y,$

令 $t=\dfrac{1}{\sqrt{1-\rho^2}}\left(\dfrac{y-\mu_2}{\sigma_2}-\rho\dfrac{x-\mu_1}{\sigma_1}\right),\mathrm{d}t=\dfrac{1}{\sigma_2\sqrt{1-\rho^2}}\mathrm{d}y,$

则有 $f_X(x)=\dfrac{1}{2\pi\sigma_1}e^{-\frac{(x-\mu_1)^2}{2\sigma_1^2}}\int_{-\infty}^{+\infty}e^{-\frac{t^2}{2}}\mathrm{d}t,$

即 $f_X(x)=\dfrac{1}{\sqrt{2\pi}\sigma_1}e^{-\frac{(x-\mu_1)^2}{2\sigma_1^2}},\ -\infty<x<+\infty.$

同理 $f_Y(y)=\dfrac{1}{\sqrt{2\pi}\sigma_2}e^{-\frac{(y-\mu_2)^2}{2\sigma_2^2}},\ -\infty<y<+\infty.$

即 $X\sim N(\mu_1,\sigma_1^2),Y\sim N(\mu_2,\sigma_2^2).$

二维正态分布的两个边缘分布都是一维正态分布,并且不依赖于参数 ρ,一旦 $\mu_1,\mu_2,\sigma_1,\sigma_2$ 给定,不同的 $\rho(-1<\rho<1)$ 对应不同的二维正态分布,但是它们的边缘分布却是相同的.

此外,边缘分布均为正态分布的随机变量,其联合分布也不一定就是二维正态分布,例如 (X,Y) 的概率密度为 $f(x,y)=\dfrac{1}{2\pi}e^{-\frac{x^2+y^2}{2}}(1+\sin x\sin y)$,显然 (X,Y) 不服从正态分布,但是 $f_X(x)=\dfrac{1}{\sqrt{2\pi}}e^{-\frac{x^2}{2}},f_Y(y)=\dfrac{1}{\sqrt{2\pi}}e^{-\frac{y^2}{2}}$,也就是 X 与 Y 均服从标准正态分布.

由联合分布可以确定边缘分布,而由边缘分布是不能确定联合分布的.

四、随机变量的独立性

定义 3.7 设 $F(x,y)$ 及 $F_X(x)$、$F_Y(y)$ 分别是二维随机变量 (X,Y) 的分布函数及边缘分布函数,若对于任意 x、y 有 $F(x,y)=F_X(x)F_Y(y)$,则称随机变量 X 和 Y **相互独立**.

在例 3-2-1 中,当 $\lambda>0$ 时,$F(x,y)\neq F_X(x)F_Y(y)$,则 X 与 Y 是不相互独立的随机变量;而当 $\lambda=0$ 时,有 $F(x,y)=F_X(x)F_Y(y)$,则 X 与 Y 是相互独立的随机变量.

当 (X,Y) 是离散型随机变量时,X 与 Y 相互独立的充分必要条件是对于 (X,Y) 的所有可能取值 (x_i,y_j) 有 $P\{X=x_i,Y=y_j\}=P\{X=x_i\}\cdot P\{Y=y_j\}$.

当 (X,Y) 是连续型随机变量时,X 与 Y 相互独立的充分必要条件是等式 $f(x,y)=f_X(x)f_Y(y)$ 在平面上几乎处处成立,其中 $f(x,y)$、$f_X(x)$、$f_Y(y)$ 分别是 (X,Y) 的概率密度和边缘概率密度.

可以看到,若随机变量 X 与 Y 相互独立,则由 (X,Y) 的边缘分布可以求出 X 与 Y 的联合分布.

例 3-2-5 设 $(X,Y)\sim N(\mu_1,\mu_2,\sigma_1,\sigma_2,\rho)$,则 $\rho=0$ 是 X 与 Y 相互独立的充分必要条件.

证明 由例 3-2-4 知 $X\sim N(\mu_1,\sigma_1^2),Y\sim N(\mu_2,\sigma_2^2)$. 先证充分性,当 $\rho=0$ 时,

$$f(x,y) = \frac{1}{2\pi\sigma_1\sigma_2} \cdot \exp\left\{-\frac{1}{2}\left[\frac{(x-\mu_1)^2}{\sigma_1^2} + \frac{(y-\mu_2)^2}{\sigma_2^2}\right]\right\} = f_X(x)f_Y(y),$$

所以 X 与 Y 相互独立.

再证必要性, 若 X 与 Y 相互独立, 则由 $f(x,y) = f_X(x)f_Y(y)$, 可得 $\rho = 0$.

例 3-2-6 设随机变量 X 与 Y 相互独立, 且 X 与 Y 的概率分布分别如表 3-2-5 和表 3-2-6 所示.

表 3-2-5　X 的概率分布

X	0	1	2	3
P	$\frac{1}{2}$	$\frac{1}{4}$	$\frac{1}{8}$	$\frac{1}{8}$

表 3-2-6　Y 的概率分布

Y	-1	0	1
P	$\frac{1}{3}$	$\frac{1}{3}$	$\frac{1}{3}$

求 $P\{X+Y=2\}$.

解　$P\{X+Y=2\} = P\{X=1,Y=1\} + P\{X=2,Y=0\} + P\{X=3,Y=-1\}$

$= P\{X=1\} \cdot P\{Y=1\} + P\{X=2\} \cdot P\{Y=0\} + P\{X=3\} \cdot P\{Y=-1\}$

$= \frac{1}{4} \times \frac{1}{3} + \frac{1}{8} \times \frac{1}{3} + \frac{1}{8} \times \frac{1}{3} = \frac{1}{6}.$

定理 3.1 设随机变量 X 与 Y 相互独立, $g(x)$ 与 $h(x)$ 是连续函数, 则随机变量 $g(X)$ 与 $h(Y)$ 也相互独立.

例如, X 与 Y 相互独立, 则 πX^2 与 πY^2 亦相互独立, $2\sin X$ 与 $3\mathrm{e}^Y$ 亦相互独立.

例 3-2-7 设 $X \sim B(n_1,p)$, $Y \sim B(n_2,p)$, 且 X 和 Y 相互独立, 则

$$Z = X + Y \sim B(n_1+n_2, p).$$

证明　$P\{Z=k\} = P\{X+Y=k\} = \sum_{i=0}^{k} P\{X=i\}P\{Y=k-i\}$

$$= \sum_{i=0}^{k} C_{n_1}^i p^i q^{n_1-i} C_{n_2}^{k-i} p^{k-i} q^{n_2-k+i}$$

$$= p^k q^{n_1+n_2-k} \sum_{i=0}^{k} C_{n_1}^i C_{n_2}^{k-i} = C_{n_1+n_2}^k p^k q^{n_1+n_2-k},$$

所以　　　　　　　　　　$Z = X + Y \sim B(n_1+n_2, p).$

直观解释: 若 $X \sim B(n_1,p)$, 则 X 是在 n_1 次独立的试验中, 事件 A 出现的次数, 每次试验中事件 A 出现的概率都为 p; 同样, Y 是在 n_2 次独立的试验中, 事件 A 出现的次数, 每次试验中事件 A 出现的概率都为 p, 故 $Z = X + Y$ 是在 n_1+n_2 次独立的试验中 A 出现的次数, 每次试验中 A 出现的概率都为 p, 于是 Z 是以 n_1+n_2, p 为参数的二项随机变量, 即 $Z \sim B(n_1+n_2,p)$ (即二项分布具有可加性).

五、多维随机变量

设随机试验 E 的样本空间是 $S, X_1, X_2, \cdots, X_n$ 都是定义在 S 上的随机变量, 称 n 维向量 $(X_1, X_2, \cdots, X_n)$ 为 n 维随机变量或 n 维随机向量. 对于任意 $(x_1, x_2, \cdots, x_n) \in \mathbf{R}^n$, n 元函数

$$F(x_1, x_2, \cdots, x_n) = P\{X_1 \leqslant x_1, X_2 \leqslant x_2, \cdots, X_n \leqslant x_n\}$$

称为 n 维随机变量$(X_1, X_2, \cdots, X_n)$的分布函数或随机变量 $X_1, X_2, \cdots, X_n$ 的联合分布函数.

设 n 维随机变量$(X_1, X_2, \cdots, X_n)$的分布函数是 $F(x_1, x_2, \cdots, x_n)$,则$(X_1, X_2, \cdots, X_n)$关于 X_1,关于 X_2, $\cdots$,关于 X_n 的边缘分布函数分别为

$$F_{X_1}(x_1) = F(x_1, +\infty, \cdots, +\infty),$$
$$F_{X_2}(x_2) = F(+\infty, x_2, +\infty, \cdots, +\infty),$$
$$\cdots,$$
$$F_{X_n}(x_n) = F(+\infty, \cdots, +\infty, x_n);$$

关于(X_1, X_2)的边缘分布函数为

$$F_{X_1, X_2}(x_1, x_2) = F(x_1, x_2, +\infty, \cdots, +\infty).$$

如果存在非负函数$f(x_1, x_2, \cdots, x_n)$使得对任意$(x_1, x_2, \cdots, x_n) \in \mathbf{R}^n$ 有

$$F(x_1, x_2, \cdots, x_n) = \int_{-\infty}^{x_1} \int_{-\infty}^{x_2} \cdots \int_{-\infty}^{x_n} f(x_1, x_2, \cdots, x_n) \,\mathrm{d}x_n \cdots \mathrm{d}x_2 \mathrm{d}x_1,$$

称函数$f(x_1, x_2, \cdots, x_n)$为 n 维随机变量$(X_1, X_2, \cdots, X_n)$的概率密度. $X_1, X_2, \cdots, X_n$ 的概率密度称为$(X_1, X_2, \cdots, X_n)$的一维边缘概率密度,(X_i, X_j)的概率密度称为$(X_1, X_2, \cdots, X_n)$的二维边缘概率密度.

若对于任意$(x_1, x_2, \cdots, x_n) \in \mathbf{R}^n$ 有 $F(x_1, x_2, \cdots, x_n) = F_{X_1}(x_1) F_{X_2}(x_2) \cdots F_{X_n}(x_n)$,称随机变量 $X_1, X_2, \cdots, X_n$ 相互独立.

设随机变量$(X_1, X_2, \cdots, X_n)$、$(Y_1, Y_2, \cdots, Y_m)$与$(X_1, X_2, \cdots, X_n, Y_1, Y_2, \cdots, Y_m)$的分布函数依次为 F_1、F_2 和 F,如果对所有的 $x_1, x_2, \cdots, x_n, y_1, y_2, \cdots, y_m$ 有

$$F(x_1, x_2, \cdots, x_n, y_1, y_2, \cdots, y_m) = F_1(x_1, x_2, \cdots, x_n) F_2(y_1, y_2, \cdots, y_m),$$

则称随机变量$(X_1, X_2, \cdots, X_n)$与$(Y_1, Y_2, \cdots, Y_m)$相互独立.

定理 3.2 设随机变量$(X_1, X_2, \cdots, X_n)$和$(Y_1, Y_2, \cdots, Y_m)$相互独立,则 $X_i(i = 1, 2, \cdots, n)$与 $Y_j(j = 1, 2, \cdots, m)$相互独立. 若 g、h 是连续函数,则随机变量 $g(X_1, X_2, \cdots, X_n)$ 和 $h(Y_1, Y_2, \cdots, Y_m)$ 也相互独立.

第三节　条件分布

由第一章中,我们知道,对于任意的两个事件 A 和 B,当 $P(B) > 0$ 时,在事件 B 已经发生的条件下,事件 A 发生的条件概率为 $P(A|B) = \dfrac{P(AB)}{P(B)}$. 于是,在事件$\{Y = y_j\}$发生的条件下事件$\{X = x_i\}$发生的概率为

$$P\{X = x_i | Y = y_j\} = \frac{P\{X = x_i, Y = y_j\}}{P\{Y = y_j\}} = \frac{p_{ij}}{p_{\cdot j}}.$$

由此,我们给出条件分布律的定义.

一、条件分布律

设二维离散型随机变量(X, Y)的分布律为

$$P\{X = x_i, Y = y_j\} = p_{ij}, i, j = 1, 2, \cdots,$$

(X, Y) 关于 X 和关于 Y 的边缘分布律为

$$p_i. = P\{X = x_i\} = \sum_{j=1}^{+\infty} P\{X = x_i, Y = y_j\} = \sum_{j=1}^{+\infty} p_{ij}, i = 1, 2, \cdots;$$

$$p._j = P\{Y = y_j\} = \sum_{i=1}^{+\infty} P\{X = x_i, Y = y_j\} = \sum_{i=1}^{+\infty} p_{ij}, j = 1, 2, \cdots.$$

定义 3.8 对某个固定的 y_j, 设 $P\{Y = y_j\} > 0$, 称

$$P\{X = x_i \mid Y = y_j\} = \frac{P\{X = x_i, Y = y_j\}}{P\{Y = y_j\}} = \frac{p_{ij}}{p._j}, i = 1, 2, \cdots \tag{3.3.1}$$

为在 $Y = y_j$ 的条件下随机变量 X 的**条件分布律**.

同样, 对某个固定的 x_i, 设 $P\{X = x_i\} > 0$, 称

$$P\{Y = y_j \mid X = x_i\} = \frac{P\{X = x_i, Y = y_j\}}{P\{X = x_i\}} = \frac{p_{ij}}{p_i.}, j = 1, 2, \cdots \tag{3.3.2}$$

为在 $X = x_i$ 的条件下随机变量 Y 的**条件分布律**.

例 3-3-1 设 (X, Y) 的分布律如表 3-3-1 所示. 求:(1)在 $X = 1$ 的条件下, Y 的条件分布律;(2)在 $Y = 0$ 的条件下, X 的条件分布律.

表 3-3-1 (X, Y) 的分布律

X \ Y	−1	0	2
0	0.1	0.2	0
1	0.3	0.05	0.1
2	0.15	0	0.1

解 (1)由分布律表可知 $P\{X = 1\} = 0.45$. 在 $X = 1$ 的条件下, Y 的条件分布律为

$$P\{Y = -1 \mid X = 1\} = \frac{P\{X = 1, Y = -1\}}{P\{X = 1\}} = \frac{0.3}{0.45} = \frac{2}{3},$$

$$P\{Y = 0 \mid X = 1\} = \frac{0.05}{0.45} = \frac{1}{9}, \quad P\{Y = 2 \mid X = 1\} = \frac{0.1}{0.45} = \frac{2}{9},$$

写成表格如表 3-3-2 所示.

表 3-3-2 在 $X = 1$ 的条件下, Y 的条件分布律

$Y = k$	−1	0	2
$P\{Y = k \mid X = 1\}$	$\frac{2}{3}$	$\frac{1}{9}$	$\frac{2}{9}$

(2)由分布律表可知 $P\{Y = 0\} = 0.25$. 在 $Y = 0$ 的条件下, X 的条件分布律为

$$P\{X = 0 \mid Y = 0\} = \frac{P\{X = 0, Y = 0\}}{P\{Y = 0\}} = \frac{0.2}{0.25} = \frac{4}{5},$$

$$P\{X=1|Y=0\}=\frac{0.05}{0.25}=\frac{1}{5}, \quad P\{X=2|Y=0\}=\frac{0}{0.25}=0,$$

写成表格如表 3-3-3 所示.

表 3-3-3 在 $Y=0$ 的条件下，X 的条件分布律

$X=k$	0	1	2
$P\{X=k|Y=0\}$	$\frac{4}{5}$	$\frac{1}{5}$	0

二、条件概率密度

设二维连续型随机变量 (X,Y) 的概率密度是 $f(x,y)$，其边缘概率密度分别为 $f_X(x)$、$f_Y(y)$. 这时，$P\{X=x\}=0, P\{Y=y\}=0$，就不能像离散型随机变量那样引入条件分布的定义了. 取 $\Delta y>0$，当 $P\{y\leqslant Y\leqslant y+\Delta y\}>0$ 时，我们来计算概率 $P\{X\leqslant x|y\leqslant Y\leqslant y+\Delta y\}$.

$$P\{X\leqslant x|y\leqslant Y\leqslant y+\Delta y\}=\frac{P\{X\leqslant x,y\leqslant Y\leqslant y+\Delta y\}}{P\{y\leqslant Y\leqslant y+\Delta y\}}=\frac{\int_{-\infty}^{x}\mathrm{d}x\int_{y}^{y+\Delta y}f(x,y)\mathrm{d}y}{\int_{y}^{y+\Delta y}f_Y(y)\mathrm{d}y}$$

$$=\frac{\int_{-\infty}^{x}\left[\frac{1}{\Delta y}\int_{y}^{y+\Delta y}f(x,y)\mathrm{d}y\right]\mathrm{d}x}{\frac{1}{\Delta y}\int_{y}^{y+\Delta y}f_Y(y)\mathrm{d}y}.$$

设 $f(x,y),f_Y(y)$ 在 y 处连续，令 $\Delta y\to 0$，可得

$$P\{X\leqslant x|Y=y\}=\int_{-\infty}^{x}\frac{f(x,y)}{f_Y(y)}\mathrm{d}x.$$

由此，我们给出如下的定义.

定义 3.9 对于固定的 y，若 $f_Y(y)>0$，则称 $\dfrac{f(x,y)}{f_Y(y)}$ 为在 $Y=y$ 的条件下 X 的**条件概率密度**，记为 $f_{X|Y}(x|y)$，称 $\int_{-\infty}^{x}f_{X|Y}(x|y)\mathrm{d}x$ 为在 $Y=y$ 的条件下 X 的**条件分布函数**，记为 $F_{X|Y}(x|y)$. 同样，对于固定的 x，若 $f_X(x)>0$，则称 $\dfrac{f(x,y)}{f_X(x)}$ 为在 $X=x$ 的条件下 Y 的**条件概率密度**，记为 $f_{Y|X}(y|x)$，称 $\int_{-\infty}^{y}f_{Y|X}(y|x)\mathrm{d}y$ 为在 $X=x$ 的条件下 Y 的**条件分布函数**，记为 $F_{Y|X}(y|x)$. 即

$$f_{X|Y}(x|y)=\frac{f(x,y)}{f_Y(y)}, \quad F_{X|Y}(x|y)=P\{X\leqslant x|Y=y\}=\int_{-\infty}^{x}f_{X|Y}(x|y)\mathrm{d}x;$$

$$f_{Y|X}(y|x)=\frac{f(x,y)}{f_X(x)}, \quad F_{Y|X}(y|x)=P\{Y\leqslant y|X=x\}=\int_{-\infty}^{y}f_{Y|X}(y|x)\mathrm{d}y.$$

例 3-3-2 设二维随机变量 (X,Y) 服从区域 $D=\{(x,y)|x^2+y^2\leqslant 1\}$ 上的均匀分布，求条件概率密度 $f_{X|Y}(x|y)$.

解 区域 D 如图 3-3-1 中阴影所示,其面积是 π,故 $(X,$ $Y)$ 的概率密度为

$$f(x,y) = \begin{cases} 1/\pi, & (x,y) \in D \\ 0, & (x,y) \notin D \end{cases}.$$

Y 的概率密度 $f_Y(y) = \int_{-\infty}^{+\infty} f(x,y)\,\mathrm{d}x.$

当 $y < -1$ 或 $y > 1$ 时,$(x,y) \notin D$,$f_Y(y) = 0$;

当 $-1 \leqslant y \leqslant 1$ 时,$f_Y(y) = \int_{-\sqrt{1-y^2}}^{\sqrt{1-y^2}} \frac{1}{\pi}\mathrm{d}x = \frac{2}{\pi}\sqrt{1-y^2}.$

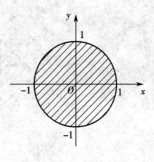

图 3-3-1

故
$$f_Y(y) = \begin{cases} \dfrac{2}{\pi}\sqrt{1-y^2}, & -1 \leqslant y \leqslant 1 \\ 0, & \text{其他} \end{cases}.$$

当 $-1 < y < 1$ 时,$f_Y(y) > 0$,所以 X 的条件概率密度为

$$f_{X|Y}(x|y) = \begin{cases} \dfrac{1}{2\sqrt{1-y^2}}, & -\sqrt{1-y^2} \leqslant x \leqslant \sqrt{1-y^2} \\ 0, & \text{其他} \end{cases}.$$

例 3-3-3 设 (X,Y) 是二维随机变量,X 的边缘概率密度为 $f_X(x) = \begin{cases} 3x^2, & 0 < x < 1 \\ 0, & \text{其他} \end{cases}$,在

给定 $X = x(0 < x < 1)$ 的条件下 Y 的条件概率密度为

$$f_{Y|X}(y|x) = \begin{cases} \dfrac{3y^2}{x^3}, & 0 < y < x \\ 0, & \text{其他} \end{cases}.$$

(1) 求 (X,Y) 的概率密度 $f(x,y)$;(2) 求 Y 的边缘概率密度 $f_Y(y)$;(3) 求 $P\{X > 2Y\}$.

解 (1) 由于 $f_{Y|X}(y|x) = \dfrac{f(x,y)}{f_X(x)}$,则

$$f(x,y) = f_X(x) \cdot f_{Y|X}(y|x) = \begin{cases} \dfrac{9y^2}{x}, & 0 < y < x < 1 \\ 0, & \text{其他} \end{cases}.$$

(2) $f(x,y) \neq 0$ 的区域 D 如图 3-3-2 中阴影部分所示,而 $f_Y(y) = \int_{-\infty}^{+\infty} f(x,y)\,\mathrm{d}x.$

当 $0 < y < 1$ 时,$f_Y(y) = \int_y^1 \dfrac{9y^2}{x}\mathrm{d}x = [9y^2\ln x]_{x=y}^{x=1} = -9y^2\ln y,$

因此
$$f_Y(y) = \begin{cases} -9y^2\ln y, & 0 < y < 1 \\ 0, & \text{其他} \end{cases}.$$

(3) 令 $D_1 = \left\{(x,y) \mid 0 < x < 1, 0 < y < \dfrac{1}{2}x\right\}$,如图 3-3-3 阴影部分所示,所以

$$P\{X > 2Y\} = \iint_{D_1} \dfrac{9y^2}{x}\mathrm{d}x\mathrm{d}y = \int_0^1\mathrm{d}x\int_0^{\frac{x}{2}} \dfrac{9y^2}{x}\mathrm{d}y = \dfrac{3}{8}\int_0^1 x^2\mathrm{d}x = \dfrac{1}{8}.$$

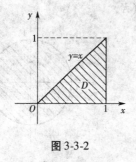

图 3-3-2

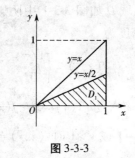

图 3-3-3

第四节　两个随机变量的函数的分布

在许多实际问题中,有些随机变量往往是两个或两个以上随机变量的函数. 例如,考察某一人群,用 X 与 Y 表示某个人的身高和体重,Z 表示这个人的 BMI 指数(身体质量指数),则 Z 与 X、Y 之间就有函数关系式 $Z = g(X, Y)$,现在希望通过 (X, Y) 的分布来确定 Z 的分布. 这就是我们要讨论的两个随机变量的函数的分布问题.

一、二维离散型随机变量的函数的分布

设 (X, Y) 是离散型随机变量,分布律为
$$P\{X = x_i, Y = y_j\} = p_{ij}, i, j = 1, 2, \cdots,$$
又设随机变量 $Z = g(X, Y)$ 的所有可能取值为 $z_k, k = 1, 2, \cdots,$ 则
$$P\{Z = z_k\} = P\{g(X, Y) = z_k\} = \sum_{z_k = g(x_i, y_j)} P\{X = x_i, Y = y_j\}.$$

求二维离散型随机变量的函数的分布比较简单,只要求出 $Z = g(X, Y)$ 的所有可能取值及相应的概率,再列出分布律表即可.

例 3-4-1　设离散型随机变量 (X, Y) 的分布律如表 3-4-1 所示.

表 3-4-1　(X, Y) 的分布律

X \ Y	0	1	2
0	$\frac{1}{9}$	$\frac{2}{9}$	$\frac{1}{9}$
1	$\frac{2}{9}$	$\frac{2}{9}$	0
2	$\frac{1}{9}$	0	0

求二维随机变量的函数 Z 的分布:$(1) Z = X + Y$;$(2) Z = XY$.

解　$(1) Z = X + Y$ 的所有可能取值为 $0, 1, 2, 3, 4$.
$$P\{Z = 0\} = P\{X = 0, Y = 0\} = \frac{1}{9},$$

$$P\{Z=1\} = P\{X=1,Y=0\} + P\{X=0,Y=1\} = \frac{2}{9} + \frac{2}{9} = \frac{4}{9},$$

$$P\{Z=2\} = P\{X=0,Y=2\} + P\{X=2,Y=0\} + P\{X=1,Y=1\} = \frac{1}{9} + \frac{1}{9} + \frac{2}{9} = \frac{4}{9},$$

$$P\{Z=3\} = P\{X=1,Y=2\} + P\{X=1,Y=2\} = 0 + 0 = 0,$$

$$P\{Z=4\} = P\{X=2,Y=2\} = 0,$$

则 $Z = X + Y$ 的分布律如表 3-4-2 所示.

表 3-4-2　$Z = X + Y$ 的分布律

Z	0	1	2	3	4
p_k	$\frac{1}{9}$	$\frac{4}{9}$	$\frac{4}{9}$	0	0

（2）$Z = XY$ 的所有可能取值为 0，1，2，4.

$P\{Z=0\}$

$= P\{X=0,Y=0\} + P\{X=1,Y=0\} + P\{X=0,Y=1\} + P\{X=0,Y=2\} + P\{X=2,Y=0\}$

$= \frac{1}{9} + \frac{2}{9} + \frac{2}{9} + \frac{1}{9} + \frac{1}{9} = \frac{7}{9},$

$$P\{Z=1\} = P\{X=1,Y=1\} = \frac{2}{9},$$

$$P\{Z=2\} = P\{X=1,Y=2\} + P\{X=2,Y=1\} = 0 + 0 = 0,$$

$$P\{Z=4\} = P\{X=2,Y=2\} = 0,$$

则 $Z = XY$ 的分布律如表 3-4-3 所示.

表 3-4-3　$Z = XY$ 的分布律

Z	0	1	2	4
p_k	$\frac{7}{9}$	$\frac{2}{9}$	0	0

二、二维连续型随机变量的函数的分布

设连续型随机变量 (X,Y) 的概率密度是 $f(x,y)$，$Z = g(X,Y)$ 是 (X,Y) 的函数，要求 Z 的概率密度，一般先求 Z 的分布函数 $F_Z(z)$.

$$F_Z(z) = P\{Z \leqslant z\} = P\{g(X,Y) \leqslant z\} = \iint\limits_{g(X,Y) \leqslant z} f(x,y)\,\mathrm{d}x\mathrm{d}y. \tag{3.4.1}$$

下面仅就几个具体的函数进行讨论.

1. $Z = X + Y$ 的分布

设随机变量 (X,Y) 的概率密度是 $f(x,y)$，记 $Z = X + Y$，则 Z 的分布函数

$$F_Z(z) = P\{Z \leqslant z\} = P\{X+Y \leqslant z\} = P\{(X,Y) \in D_z\} = \iint\limits_{D_z} f(x,y)\,\mathrm{d}x\mathrm{d}y,$$

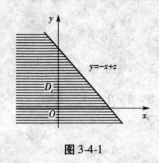

图 3-4-1

其中，$D_z = \{(x,y)\,|\,x+y \leqslant z\}$，如图 3-4-1 中阴影所示.

D_z 可以表示为 $-\infty < x < +\infty$，$-\infty < y \leqslant z-x$，所以

$$F_Z(z) = \int_{-\infty}^{+\infty} \mathrm{d}x \int_{-\infty}^{z-x} f(x,y)\mathrm{d}y.$$

做积分变换，令 $u = x+y$，则 $y = u-x$，得

$$F_Z(z) = \int_{-\infty}^{+\infty} \mathrm{d}x \int_{-\infty}^{z} f(x,u-x)\mathrm{d}u$$

$$= \iint\limits_{(-\infty,+\infty)\times(-\infty,z]} f(x,u-x)\mathrm{d}x\mathrm{d}u$$

$$= \int_{-\infty}^{z} \left(\int_{-\infty}^{+\infty} f(x,u-x)\mathrm{d}x\right)\mathrm{d}u,$$

故 Z 的概率密度

$$f_Z(z) = \int_{-\infty}^{+\infty} f(x,z-x)\mathrm{d}x.$$

若把 D_z 表示为 $-\infty < y < +\infty$，$-\infty < x \leqslant z-y$，同理可以得到 Z 的概率密度

$$f_Z(z) = \int_{-\infty}^{+\infty} f(z-y,y)\mathrm{d}y.$$

当随机变量 X 与 Y 相互独立时，$f(x,y) = f_X(x)f_Y(y)$，所以 Z 的概率密度为

$$f_Z(z) = \int_{-\infty}^{+\infty} f_X(x)f_Y(z-x)\mathrm{d}x, \tag{3.4.2}$$

或

$$f_Z(z) = \int_{-\infty}^{+\infty} f_X(z-y)f_Y(y)\mathrm{d}y. \tag{3.4.3}$$

例 3-4-2 设 X 和 Y 是两个相互独立的随机变量，都服从 $N(0,1)$ 分布，概率密度分别为

$$f_X(x) = \frac{1}{\sqrt{2\pi}}\mathrm{e}^{-x^2/2},\ -\infty < x < +\infty;f_Y(y) = \frac{1}{\sqrt{2\pi}}\mathrm{e}^{-y^2/2},\ -\infty < y < +\infty.$$

求 $Z = X+Y$ 的概率密度.

解 由式 (3.4.2) 得到

$$f_Z(z) = \int_{-\infty}^{+\infty} f_X(x)f_Y(z-x)\mathrm{d}x = \frac{1}{2\pi}\int_{-\infty}^{+\infty} \mathrm{e}^{-\frac{x^2}{2}}\cdot\mathrm{e}^{-\frac{(z-x)^2}{2}}\mathrm{d}x = \frac{1}{2\pi}\mathrm{e}^{-\frac{z^2}{4}}\int_{-\infty}^{+\infty} \mathrm{e}^{-\left(x-\frac{z}{2}\right)^2}\mathrm{d}\left(x-\frac{z}{2}\right),$$

再令 $t = x - \dfrac{z}{2}$，得

$$f_Z(z) = \frac{1}{2\pi}\mathrm{e}^{-\frac{z^2}{4}}\int_{-\infty}^{+\infty} \mathrm{e}^{-t^2}\mathrm{d}t = \frac{1}{2\pi}\mathrm{e}^{-\frac{z^2}{4}}\sqrt{\pi} = \frac{1}{2\sqrt{\pi}}\mathrm{e}^{-\frac{z^2}{4}},$$

即 Z 服从 $N(0,2)$ 的分布.

定理 3.3 设随机变量 $X \sim N(\mu_1,\sigma_1^2)$，$Y \sim N(\mu_2,\sigma_2^2)$，且相互独立，那么

$$X + Y \sim N(\mu_1+\mu_2,\sigma_1^2+\sigma_2^2).$$

更一般地，有 $aX+bY \sim N(a\mu_1+b\mu_2,a^2\sigma_1^2+b^2\sigma_2^2)$，其中 a、b 是常数. 例如，$X \sim N(2,1)$，$Y \sim N(3,0.25)$，则 $3X+2Y \sim N(12,10)$.

2. $Z = \dfrac{Y}{X}$ 的分布

设随机变量 (X,Y) 的概率密度是 $f(x,y)$，记 $Z = Y/X$，则 Z 的分布函数

$$F_Z(z) = P\{Z \leqslant z\} = P\{Y/X \leqslant z\} = P\{(X,Y) \in D_z\} = \iint\limits_{D_z} f(x,y)\,\mathrm{d}x\mathrm{d}y,$$

其中，$D_z = \{(x,y) \mid y/x \leqslant z\} = \{(x,y) \mid x<0, y \geqslant zx\} \cup \{(x,y) \mid x>0, y \leqslant zx\}$，如图 3-4-2 中阴影所示.

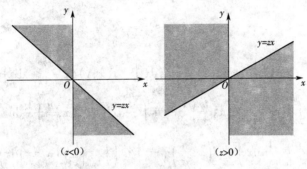

图 3-4-2

所以

$$F_Z(z) = \int_{-\infty}^{0} \mathrm{d}x \int_{zx}^{+\infty} f(x,y)\,\mathrm{d}y + \int_{0}^{+\infty} \mathrm{d}x \int_{-\infty}^{zx} f(x,y)\,\mathrm{d}y,$$

做积分变换，令 $u = y/x$，有

$$F_Z(z) = \int_{-\infty}^{0} \mathrm{d}x \int_{z}^{-\infty} f(x,xu) x\,\mathrm{d}u + \int_{0}^{+\infty} \mathrm{d}x \int_{-\infty}^{z} f(x,xu) x\,\mathrm{d}u$$

$$= \int_{-\infty}^{+\infty} |x|\,\mathrm{d}x \int_{-\infty}^{z} f(x,xu)\,\mathrm{d}u = \int_{-\infty}^{z} \left(\int_{-\infty}^{+\infty} |x| f(x,xu)\,\mathrm{d}x \right) \mathrm{d}u,$$

故 Z 的概率密度

$$f_Z(z) = \int_{-\infty}^{+\infty} |x| f(x,xz)\,\mathrm{d}x. \tag{3.4.4}$$

例 3-4-3　设随机变量 X 与 Y 相互独立，均服从标准正态分布，求 $Z = Y/X$ 的概率密度.

解　由式 $(3.4.4)$，又因为 X 与 Y 相互独立，故 Z 的概率密度

$$f_Z(z) = \int_{-\infty}^{+\infty} |x| f_X(x) f_Y(xz)\,\mathrm{d}x = \int_{-\infty}^{+\infty} |x| \varphi(x) \varphi(xz)\,\mathrm{d}x$$

$$= \frac{1}{2\pi} \int_{-\infty}^{+\infty} |x| \mathrm{e}^{-\frac{x^2 + x^2 z^2}{2}}\,\mathrm{d}x = \frac{1}{\pi} \int_{0}^{+\infty} x \mathrm{e}^{-\frac{1+z^2}{2}x^2}\,\mathrm{d}x = \frac{1}{\pi(1+z^2)}, z \in \mathbf{R}.$$

3. $Z = XY$ 的分布

设随机变量 (X,Y) 的概率密度是 $f(x,y)$，记 $Z = XY$，则 Z 的分布函数

$$F_Z(z) = P\{Z \leqslant z\} = P\{XY \leqslant z\} = P\{(X,Y) \in D_z\} = \iint\limits_{D_z} f(x,y)\,\mathrm{d}x\mathrm{d}y,$$

其中，$D_z = \{(x,y) \mid xy \leqslant z\} = \{(x,y) \mid x<0, y \geqslant z/x\} \cup \{(x,y) \mid x>0, y \leqslant z/x\}$，如图 3-4-3 中阴影所示.

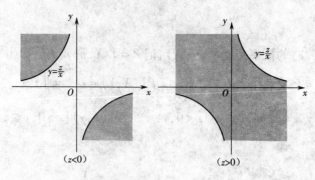

图 3-4-3

做积分变换，令 $u = xy$，因为 $F_Z(z) = \int_{-\infty}^{0} \mathrm{d}x \int_{\frac{z}{x}}^{+\infty} f(x,y)\mathrm{d}y + \int_{0}^{+\infty} \mathrm{d}x \int_{-\infty}^{\frac{z}{x}} f(x,y)\mathrm{d}y$，所以

$$F_Z(z) = \int_{-\infty}^{0} \mathrm{d}x \int_{z}^{-\infty} f\left(x, \frac{u}{x}\right) \frac{1}{x}\mathrm{d}u + \int_{0}^{+\infty} \mathrm{d}x \int_{-\infty}^{z} f\left(x, \frac{u}{x}\right) \frac{1}{x}\mathrm{d}u$$

$$= \int_{-\infty}^{+\infty} \frac{1}{|x|}\mathrm{d}x \int_{-\infty}^{z} f\left(x, \frac{u}{x}\right)\mathrm{d}u = \int_{-\infty}^{z} \left(\int_{-\infty}^{+\infty} \frac{1}{|x|} f\left(x, \frac{u}{x}\right)\mathrm{d}x\right)\mathrm{d}u,$$

故 Z 的概率密度

$$f_Z(z) = \int_{-\infty}^{+\infty} \frac{1}{|x|} f\left(x, \frac{z}{x}\right)\mathrm{d}x. \tag{3.4.5}$$

例 3-4-4 设随机变量 X 和 Y 相互独立，且 X 服从标准正态分布 $N(0,1)$，Y 的概率分布为 $P\{Y = 0\} = P\{Y = 1\} = \frac{1}{2}$，记 $F_Z(z)$ 为随机变量 $Z = XY$ 的分布函数，求 $F_Z(z)$.

解 当 $z < 0$ 时，

$$F_Z(z) = P\{XY \leqslant z\} = P\{XY \leqslant z, Y = 0\} + P\{XY \leqslant z, Y = 1\}$$

$$= P\{Y = 1\} \cdot P\{XY \leqslant z \mid Y = 1\} = \frac{1}{2}P\{X \leqslant z \mid Y = 1\} = \frac{1}{2}P\{X \leqslant z\} = \frac{1}{2}\Phi(z);$$

当 $z \geqslant 0$ 时，

$$F_Z(z) = P\{XY \leqslant z\}$$

$$= P\{Y = 0\} \cdot P\{XY \leqslant z \mid Y = 0\} + P\{Y = 1\} \cdot P\{XY \leqslant z \mid Y = 1\}$$

$$= P\{Y = 0\} + P\{Y = 1\} \cdot P\{X \leqslant z \mid Y = 1\} = \frac{1}{2} + \frac{1}{2}\Phi(z),$$

所以

$$F_Z(z) = \begin{cases} \dfrac{1}{2}\Phi(z), & z < 0 \\[2mm] \dfrac{1}{2} + \dfrac{1}{2}\Phi(z), & z \geqslant 0 \end{cases}.$$

4. $M = \max\{X, Y\}$ 与 $N = \min\{X, Y\}$ 的分布

设随机变量 (X, Y) 的分布函数是 $F(x, y)$，其边缘分布函数分别为 $F_X(x)$、$F_Y(y)$. 记 $M = \max\{X, Y\}$，$N = \min\{X, Y\}$，则 M、N 的分布函数分别为

$$F_M(z) = P\{M \leqslant z\} = P\{\max\{X, Y\} \leqslant z\} = P\{X \leqslant z, Y \leqslant z\} = F(z, z),$$

$$F_N(z) = P\{N \leqslant z\} = 1 - P\{\min\{X,Y\} > z\} = 1 - P\{X > z, Y > z\}.$$

当 X 与 Y 相互独立时,M、N 的分布函数分别为

$$F_M(z) = F(z,z) = F_X(z)F_Y(z),$$

$$F_N(z) = 1 - P\{X > z\}P\{Y > z\} = 1 - [1 - F_X(z)][1 - F_Y(z)].$$

例 3-4-5 设随机变量 X 与 Y 相互独立,且都服从参数为 1 的指数分布. 记 $U = \max\{X, Y\}$ 与 $V = \min\{X, Y\}$,分别求 U, V 的概率密度 $f_U(u)$,$f_V(v)$,并给出 $f_U(u)$ 的解答过程.

解 X 与 Y 的分布函数均为

$$F(x) = \begin{cases} 1 - \mathrm{e}^{-x}, & x > 0 \\ 0, & x \leqslant 0 \end{cases}.$$

根据 X 与 Y 的独立性,$V = \min\{X, Y\}$ 的分布函数为

$$\begin{aligned} F_V(v) &= P\{V \leqslant v\} = P\{\min\{X, Y\} \leqslant v\} \\ &= 1 - P\{\min\{X, Y\} > v\} = 1 - P\{X > v, Y > v\} \\ &= 1 - P\{X > v\} \cdot P\{Y > v\} = 1 - [1 - F_V(v)]^2 \\ &= \begin{cases} 1 - \mathrm{e}^{-2v}, & v > 0 \\ 0, & v \leqslant 0 \end{cases}, \end{aligned}$$

所以

$$f_V(v) = F'(v) = \begin{cases} 2\mathrm{e}^{-2v}, & v \geqslant 0 \\ 0, & v < 0 \end{cases}.$$

第五节 多维随机变量的数字特征

一、二维随机变量函数的数学期望与方差

定理 3.4 已知 Z 是随机变量 (X,Y) 的函数,有 $Z = g(X,Y)$(g 是连续函数),当 (X,Y) 是离散型随机变量,且其分布律为 $P\{X = x_i, Y = y_j\} = p_{ij}, i, j = 1, 2, \cdots$,如果级数 $\sum\limits_{i=1}^{+\infty} \sum\limits_{j=1}^{+\infty} g(x_i, y_j)p_{ij}$ 绝对收敛,则 $E(Z) = E[g(X,Y)] = \sum\limits_{i=1}^{+\infty} \sum\limits_{j=1}^{+\infty} g(x_i, y_j)p_{ij}$;当 (X,Y) 是连续型随机变量,且密度函数为 $f(x,y)$,如果积分 $\int_{-\infty}^{+\infty} \int_{-\infty}^{+\infty} g(x,y)f(x,y)\mathrm{d}x\mathrm{d}y$ 绝对收敛,则

$$E(Z) = \int_{-\infty}^{+\infty} \int_{-\infty}^{+\infty} g(x,y)f(x,y)\mathrm{d}x\mathrm{d}y.$$

1. 当 $Z = g(X,Y) = X$ 时

(X,Y) 是离散型随机变量:

$$E(X) = \sum_i x_i p_{i\cdot} = \sum_i x_i \Big(\sum_j p_{ij} \Big) = \sum_i \sum_j x_i p_{ij}.$$

(X,Y) 是连续型随机变量:

$$E(X) = \int_{-\infty}^{+\infty} \int_{-\infty}^{+\infty} x f(x,y)\mathrm{d}x\mathrm{d}y = \int_{-\infty}^{+\infty} x f_X(x)\mathrm{d}x.$$

2. 当 $Z = g(X, Y) = Y$ 时

(X, Y) 是离散型随机变量：

$$E(Y) = \sum_j y_j p_{\cdot j} = \sum_j y_j \left(\sum_i p_{ij} \right) = \sum_i \sum_j y_j p_{ij}.$$

(X, Y) 是连续型随机变量：

$$E(Y) = \int_{-\infty}^{+\infty} \int_{-\infty}^{+\infty} y f(x, y) \, dx dy = \int_{-\infty}^{+\infty} y f_Y(y) \, dy.$$

3. 当 $Z = g(X, Y) = [X - E(X)]^2$ 时，$E[X - E(X)]^2$ 即为随机变量 X 的方差 $D(X)$

(X, Y) 是离散型随机变量：

$$E[X - E(X)]^2 = \sum_i [x_i - E(X)]^2 p_{i \cdot} = \sum_i [x_i - E(X)]^2 \sum_j p_{ij}$$

$$= \sum_i \sum_j p_{ij} [x_i - E(X)]^2 = D(X).$$

(X, Y) 是连续型随机变量：

$$E[X - E(X)]^2 = \int_{-\infty}^{+\infty} [x - E(X)]^2 f_X(x) \, dx$$

$$= \int_{-\infty}^{+\infty} [x - E(X)]^2 \left[\int_{-\infty}^{+\infty} f(x, y) \, dy \right] dx$$

$$= \int_{-\infty}^{+\infty} \int_{-\infty}^{+\infty} [x - E(X)]^2 f(x, y) \, dx dy = D(X).$$

4. 当 $Z = g(X, Y) = [Y - E(Y)]^2$ 时，$E[Y - E(Y)]^2$ 即为随机变量 Y 的方差 $D(Y)$

(X, Y) 是离散型随机变量：

$$E[Y - E(Y)]^2 = \sum_j [y_j - E(Y)]^2 p_{\cdot j} = \sum_j [y_j - E(Y)]^2 \sum_i p_{ij}$$

$$= \sum_i \sum_j p_{ij} [y_j - E(Y)]^2 = D(Y).$$

(X, Y) 是连续型随机变量：

$$E[Y - E(Y)]^2 = \int_{-\infty}^{+\infty} [y - E(Y)]^2 f_Y(y) \, dy$$

$$= \int_{-\infty}^{+\infty} [y - E(Y)]^2 \left[\int_{-\infty}^{+\infty} f(x, y) \, dx \right] dy$$

$$= \int_{-\infty}^{+\infty} \int_{-\infty}^{+\infty} [y - E(Y)]^2 f(x, y) \, dx dy = D(Y).$$

二、数学期望与方差的性质

1. $E(X + Y) = E(X) + E(Y)$

证明 离散型：

$$E(X + Y) = \sum_i \sum_j (x_i + y_j) p_{ij} = \sum_i \sum_j x_i p_{ij} + \sum_i \sum_j y_j p_{ij}$$

$$= \sum_i x_i p_{i \cdot} + \sum_j y_j p_{\cdot j} = E(X) + E(Y).$$

连续型：

$$E(X + Y) = \int_{-\infty}^{+\infty} \int_{-\infty}^{+\infty} (x + y) f(x, y) \, dx dy$$

$$= \int_{-\infty}^{+\infty} \int_{-\infty}^{+\infty} xf(x,y)\,\mathrm{d}x\mathrm{d}y + \int_{-\infty}^{+\infty} \int_{-\infty}^{+\infty} yf(x,y)\,\mathrm{d}x\mathrm{d}y$$

$$= E(X) + E(Y).$$

两个随机变量和的数学期望等于它们各自数学期望的和.

推论　对于任意的常数 a,b,c 有 $E(aX+bY+c) = aE(X)+bE(Y)+c$.

2. 若 X 与 Y 相互独立,则有 $E(XY) = E(X)E(Y)$

证明　仅就 (X,Y) 是连续型随机变量的情况给出证明:

$$E(XY) = \int_{-\infty}^{+\infty} \int_{-\infty}^{+\infty} xyf(x,y)\,\mathrm{d}x\mathrm{d}y = \int_{-\infty}^{+\infty} \int_{-\infty}^{+\infty} xyf_X(x)f_Y(y)\,\mathrm{d}x\mathrm{d}y$$

$$= \int_{-\infty}^{+\infty} xf_X(x)\,\mathrm{d}x \cdot \int_{-\infty}^{+\infty} yf_Y(y)\,\mathrm{d}y = E(X) \cdot E(Y).$$

3. $D(X+Y) = D(X)+D(Y)+2[E(XY)-E(X)E(Y)]$

证明　$D(X+Y) = E\{(X+Y)-[E(X+Y)]\}^2 = E\{[X-E(X)]+[Y-E(Y)]\}^2$

$$= E[X-E(X)]^2 + 2E\{[X-E(X)][Y-E(Y)]\} + E[Y-E(Y)]^2$$

$$= D(X)+D(Y)+2E\{[X-E(X)][Y-E(Y)]\},$$

又因为 $E\{[X-E(X)][Y-E(Y)]\} = E(XY)-E(X)E(Y)$,所以

$$D(X+Y) = D(X)+D(Y)+2[E(XY)-E(X)E(Y)].$$

特别地,若 X 与 Y 相互独立,$E(XY) = E(X)E(Y)$,则有 $D(X \pm Y) = D(X)+D(Y)$.

更一般地,若 $X_1,X_2,\cdots,X_n$ 相互独立,那么

$$D(X_1 \pm X_2 \pm \cdots \pm X_n) = D(X_1)+D(X_2)+\cdots+D(X_n).$$

例 3-5-1　某陶瓷店销售水点桃花系列餐具,每周进货的数量 X 与顾客对该餐具的需求量 Y 是相互独立的,且都服从区间 $[10,20]$ 上的均匀分布,商店每售出一套餐具可以获利 200 元,若需求量超过了进货量,商店可以从其他店调剂供应,这时每套餐具获利 100 元. 试计算此商店经销该种餐具每周所得利润的期望值.

解　设 Z 表示每周所获得的利润,则

$$Z = \begin{cases} 200Y, & Y \leqslant X \\ 200X+100(Y-X) = 100(X+Y), & Y > X \end{cases},$$

则 X 与 Y 的联合概率密度为

$$f(x,y) = \begin{cases} \dfrac{1}{100}, & 10 \leqslant x \leqslant 20, 10 \leqslant y \leqslant 20 \\ 0, & \text{其他} \end{cases}.$$

$f(x,y) \neq 0$ 的区域如图 3-5-1 中阴影部分所示,则有

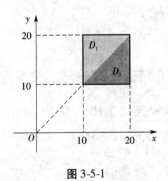

图 3-5-1

$$E(Z) = \iint\limits_{D_1} 200y \times \frac{1}{100}\,\mathrm{d}x\mathrm{d}y + \iint\limits_{D_2} 100(x+y) \times \frac{1}{100}\,\mathrm{d}x\mathrm{d}y$$

$$= 2\int_{10}^{20}\mathrm{d}y \int_y^{20} y\,\mathrm{d}x + \int_{10}^{20}\mathrm{d}y \int_{10}^y (x+y)\,\mathrm{d}x \approx 2\,833.$$

例 3-5-2　设随机变量 $X \sim B(n,p)$,则 X 可视为 n 重 Bernoulli 试验中事件 A 发生的次数,其中 $P(A) = p$,求 $E(X)$,$D(X)$.

解 定义随机变量

$$X_i = \begin{cases} 1, & \text{第 } i \text{ 次试验中事件 } A \text{ 发生} \\ 0, & \text{第 } i \text{ 次试验中事件 } A \text{ 未发生} \end{cases}, i = 1, 2, \cdots, n,$$

则

$$X = X_1 + X_2 + \cdots + X_n.$$

又 X_i 服从参数为 p 的 $(0-1)$ 分布,则

$$E(X_i) = p, i = 1, 2, \cdots, n,$$

所以

$$E(X) = E(X_1 + X_2 + \cdots + X_n) = np,$$

$$D(X) = D(X_1 + X_2 + \cdots + X_n) = npq, q = 1 - p.$$

例 3-5-3 设随机变量 X 和 Y 的联合分布在以点 $(0,1),(1,0),(1,1)$ 为顶点的三角形区域上服从均匀分布,试求 $Z = X + Y$ 的方差.

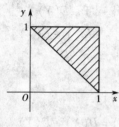

图 3-5-2

解 应用随机变量函数的期望公式,即

$$E[g(X,Y)] = \int_{-\infty}^{+\infty} \int_{-\infty}^{+\infty} g(x,y) f(x,y) \mathrm{d}x \mathrm{d}y.$$

如图 3-5-2 所示三角形区域为

$$D = \{(x,y) | 0 \leqslant y \leqslant 1, 1 - y \leqslant x \leqslant 1\},$$

则随机变量 X 和 Y 的联合概率密度为

$$f(x,y) = \begin{cases} 2, & (x,y) \in D \\ 0, & (x,y) \notin D \end{cases}.$$

所以

$$E(Z) = E(X + Y) = \int_{-\infty}^{+\infty} \int_{-\infty}^{+\infty} (x + y) f(x,y) \mathrm{d}x \mathrm{d}y$$

$$= \int_0^1 \mathrm{d}y \int_{1-y}^1 2(x + y) \mathrm{d}x = \int_0^1 (y^2 + 2y) \mathrm{d}y = \frac{4}{3},$$

$$E(Z^2) = E(X + Y)^2 = \int_{-\infty}^{+\infty} \int_{-\infty}^{+\infty} (x + y)^2 f(x,y) \mathrm{d}x \mathrm{d}y$$

$$= \int_0^1 \mathrm{d}y \int_{1-y}^1 2(x + y)^2 \mathrm{d}x = \int_0^1 \left(2y^2 + 2y + \frac{2}{3}y^3\right) \mathrm{d}y = \frac{11}{6},$$

$$D(Z) = E(Z^2) - [E(Z)]^2 = \frac{11}{6} - \frac{16}{9} = \frac{1}{18}.$$

三、协方差与相关系数

定义 3.10 称 $E\{[X - E(X)][Y - E(Y)]\} = E(XY) - E(X)E(Y)$ 为随机变量 X 与 Y 的**协方差**,记为 $\mathrm{Cov}(X,Y)$,于是 $D(X + Y) = D(X) + D(Y) + 2\mathrm{Cov}(X,Y)$.

称 $\rho_{XY} = \dfrac{\mathrm{Cov}(X,Y)}{\sqrt{D(X)} \sqrt{D(Y)}}$ 为 X 与 Y 的**相关系数**,当 $\rho_{XY} = 0$ 时,称 X 与 Y **不相关**.

若随机变量 X 与 Y 相互独立时,$\mathrm{Cov}(X,Y) = 0$,故 $\rho_{XY} = 0$,即 X 与 Y 不相关. 若 X 与 Y 不相关,能否得到 X 与 Y 相互独立呢?

1. 协方差具有的性质

(1) $\text{Cov}(X,Y) = \text{Cov}(Y,X)$.

(2) $\text{Cov}(X,X) = D(X)$.

(3) 设 a、b 是常数,则 $\text{Cov}(aX,bY) = ab\text{Cov}(X,Y)$.

(4) $\text{Cov}(X+Y,Z) = \text{Cov}(X,Z) + \text{Cov}(Y,Z)$.

2. 相关系数具有的性质

(1) $|\rho_{XY}| \leq 1$.

(2) $|\rho_{XY}| = 1$ 的充分必要条件是存在常数 a、b 使 $P\{Y = aX + b\} = 1$.

因为任意随机变量的方差都是非负数,所以对任意实数 t 有

$$D(tX+Y) = D(tX) + D(Y) + 2\text{Cov}(tX,Y) = t^2 D(X) + 2t\text{Cov}(X,Y) + D(Y) \geq 0,$$

根据判别式非正,即 $\qquad [2\text{Cov}(X,Y)]^2 - 4D(X) \cdot D(Y) \leq 0,$

可得 $\qquad\qquad |\text{Cov}(X,Y)| \leq \sqrt{D(X)} \sqrt{D(Y)},$

即知 $\qquad\qquad\qquad |\rho_{XY}| \leq 1.$

对于二次函数 $f(t) = t^2 D(X) + 2t\text{Cov}(X,Y) + D(Y)$,总有 $f(t) \geq 0$.

如果 $|\rho_{XY}| = 1$,即 $|\text{Cov}(X,Y)| = \sqrt{D(X)} \sqrt{D(Y)}$,那么 $f(t)$ 有零点 t_0,于是 $D(t_0 X + Y)$ $= 0$,记 $c = E(t_0 X + Y)$,由 $E(|t_0 X + Y - c|) = 0$ 可知 $P\{t_0 X + Y - c = 0\} = 1$.

令 $a = -t_0$,$b = c$ 就得到 $P\{Y = aX + b\} = 1$.

反之,如果有数 a、b 使 $P\{Y = aX + b\} = 1$,由 $P\{-aX + Y - b = 0\} = 1$ 可得 $E(-aX + Y$ $- b) = 0$,$E[(-aX + Y - b)^2] = 0$,$D(-aX + Y) = 0$,即 $f(-a) = 0$,又恒有 $f(t) \geq 0$,故 $f(t)$ 的判别式等于零,即 $|\text{Cov}(X,Y)| = \sqrt{D(X)} \sqrt{D(Y)}$,$|\rho_{XY}| = 1$.

相关系数是度量随机变量 X 与 Y 的线性相关程度的,当 $|\rho_{XY}|$ 较大时,X 与 Y 的线性相关程度较好;当 $|\rho_{XY}|$ 较小时,X 与 Y 的线性相关程度较差. 当 $\rho_{XY} = 0$ 时,X 与 Y 不相关,其含义是指 X 与 Y 没有线性关系,但 X 与 Y 可以有其他关系. 例如 $Y = X^2 + 1$,这时 X 与 Y 是不相互独立的;但是当 $(X,Y) \sim N(\mu_1,\mu_2,\sigma_1,\sigma_2,\rho)$,在例 3-2-5 中已经证明了 $\rho = 0$ 就是指 X 与 Y 相互独立.

四、矩、协方差矩阵

定义 3.11 设 X、Y 是随机变量,称 $E(X^k)$($k = 1,2,\cdots$) 为 X 的 k 阶**原点矩**; $E\{[X - E(X)]^k\}$($k = 2,3,\cdots$) 为 X 的 k 阶**中心矩**;$E(X^k Y^l)$($k,l = 1,2,\cdots$) 为 X 和 Y 的 $k+l$ 阶**混合矩**;$E\{[X - E(X)]^k [Y - E(Y)]^l\}$($k,l = 1,2,\cdots$) 为 X 和 Y 的 $k+l$ 阶**混合中心矩**.

随机变量 X 的数学期望 $E(X)$ 是 X 的一阶原点矩,方差 $D(X)$ 是 X 的二阶中心矩,协方差 $\text{Cov}(X,Y)$ 是 X 和 Y 的二阶混合中心矩.

随机变量 X 和 Y 共有 4 个二阶中心矩,分别是 $\text{Cov}(X,X)$、$\text{Cov}(X,Y)$、$\text{Cov}(Y,X)$ 和 $\text{Cov}(Y,Y)$,称二阶矩阵

$$\begin{pmatrix} \text{Cov}(X,X) & \text{Cov}(X,Y) \\ \text{Cov}(Y,X) & \text{Cov}(Y,Y) \end{pmatrix}$$

为随机变量 X 和 Y 的**协方差矩阵**.

例 3-5-4 设随机变量 X 和 Y 的联合概率密度 $f(x,y) = \begin{cases} \dfrac{21}{4}x^2y, & x^2 \leqslant y \leqslant 1 \\ 0, & \text{其他} \end{cases}$ ，求 $E(X)$、

$E(Y)$、$D(X)$、$D(Y)$、$\text{Cov}(X,Y)$ 和 ρ_{XY}.

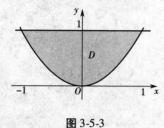

图 3-5-3

解 $D = \{(x,y) | x^2 \leqslant y \leqslant 1\} = \{(x,y) | -1 \leqslant x \leqslant 1, x^2 \leqslant y \leqslant 1\}$ ，如图 3-5-3 中阴影所示.

$$E(X) = \iint\limits_D xf(x,y)\,dxdy = \int_{-1}^1 dx \int_{x^2}^1 \frac{21}{4}x^3y\,dy$$

$$= \int_{-1}^1 \frac{21}{8}x^3(1-x^4)\,dx = 0,$$

$$E(Y) = \iint\limits_D yf(x,y)\,dxdy = \int_{-1}^1 dx \int_{x^2}^1 \frac{21}{4}x^2y^2\,dy$$

$$= \int_{-1}^1 \frac{7}{4}x^2(1-x^6)\,dx = \frac{7}{9},$$

$$E(X^2) = \iint\limits_D x^2f(x,y)\,dxdy$$

$$= \int_{-1}^1 dx \int_{x^2}^1 \frac{21}{4}x^4y\,dy = \int_{-1}^1 \frac{21}{8}x^4(1-x^4)\,dx = \frac{7}{15},$$

$$E(Y^2) = \iint\limits_D y^2f(x,y)\,dxdy$$

$$= \int_{-1}^1 dx \int_{x^2}^1 \frac{21}{4}x^2y^3\,dy = \int_{-1}^1 \frac{21}{16}x^2(1-x^8)\,dx = \frac{7}{11},$$

$$E(XY) = \iint\limits_D xyf(x,y)\,dxdy = \int_{-1}^1 dx \int_{x^2}^1 \frac{21}{4}x^3y^2\,dy = \int_{-1}^1 \frac{7}{4}x^3(1-x^6)\,dx = 0,$$

所以

$$D(X) = E(X^2) - [E(X)]^2 = \frac{7}{15}, D(Y) = E(Y^2) - [E(Y)]^2 = \frac{28}{891},$$

$$\text{Cov}(X,Y) = E(XY) - E(X)E(Y) = 0, \rho_{XY} = 0.$$

本例中，$\rho_{XY} = 0$，随机变量 X 与 Y 是不相关的.

另外，可以求得 X、Y 的概率密度分别为

$$f_X(x) = \begin{cases} \dfrac{21}{8}x^2(1-x^4), & |x| \leqslant 1 \\ 0, & \text{其他} \end{cases} ; \quad f_Y(y) = \begin{cases} \dfrac{7}{2}\sqrt{y^5}, & 0 \leqslant y \leqslant 1 \\ 0, & \text{其他} \end{cases},$$

其图形如图 3-5-4 和图 3-5-5 所示.

当 $|x| \leq 1, 0 \leq y \leq 1$ 时,因 $f(x,y) \neq f_X(x) f_Y(y)$,故 X 与 Y 是不相互独立的.

当 X 与 Y 相互独立时,有 $E(XY) = E(X)E(Y)$,但是当 $E(XY) = E(X)E(Y)$ 时,X 与 Y 不相关,却不一定相互独立."相互独立"与"不相关"的关系如图 3-5-6 所示.

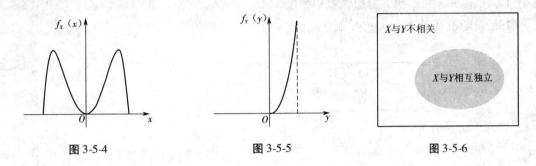

图 3-5-4　　　　　　　　　　图 3-5-5　　　　　　　　　　图 3-5-6

习 题 三

1. 一个整数 N 等可能的在 $1,2,3,\cdots,10$ 十个值中取一个,设 $D = D(N)$ 是能整除 N 的正整数的个数,$F = F(N)$ 是能整除 N 的质数的个数. 试写出 D 和 F 的联合分布律.

2. 把一枚均匀硬币抛掷三次,设 X 为三次抛掷中正面出现的次数,而 Y 为正面出现次数与反面出现次数之差的绝对值,求 (X,Y) 的联合分布律.

3. 一盒子中装有七块花卉图案盘子,其中缠枝牡丹三块,缠枝莲花两块,缠枝菊花两块. 在其中任意取四块盘子,以 X 表示取到缠枝牡丹图案的盘子数目,以 Y 表示取到缠枝莲花图案的盘子数目. 求 X 和 Y 的联合分布律.

4. 随机变量 (X,Y) 的分布律由第 2 题给出,求 $P\{0 < X \leq 1, 0 < Y \leq 2\}$,$P\{0 < X \leq 2\}$.

5. 在一只箱子中装有 12 个陶瓷杯子,其中有两个杯子图案是手绘的,其余为贴花的. 在其中取两次,考虑两种实验:(1)放回抽样;(2)不放回抽样,我们定义随机变量 X,Y 如下:

$$X = \begin{cases} 0 & \text{若第一次取到的是贴花的} \\ 1 & \text{若第一次取到的是手绘的} \end{cases}, Y = \begin{cases} 0 & \text{若第二次取到的是贴花的} \\ 1 & \text{若第二次取到的是手绘的} \end{cases},$$

试分别就(1),(2)两种情况,写出 X 和 Y 联合分布律.

6. 设随机变量 (X,Y) 的密度函数为 $f(x,y) = \begin{cases} k\mathrm{e}^{-(3x+4y)}, & x>0, y>0 \\ 0, & \text{其他} \end{cases}$

(1)确定常数 k;

(2)求 (X,Y) 的分布函数;

(3)求 $P\{0 < X \leq 1, 0 < Y \leq 2\}$.

7. 设二维随机变量 (X,Y) 的概率密度为 $f(x,y) = \begin{cases} 6x, & 0 \leq x \leq y \leq 1 \\ 0, & \text{其他} \end{cases}$,求 $P\{X+Y \leq 1\}$.

8. 求出第 1 题中 D,F 的边缘分布律.

9. 求出第 2 题中 (X,Y) 的边缘分布律.

10. 求出第 3 题中 (X,Y) 的边缘分布律.

11. 设随机变量 (X,Y) 的联合密度函数为 $f(x,y) = \begin{cases} 3x, & 0 < x < 1, 0 < y < x \\ 0, & \text{其他} \end{cases}$，求 X 和 Y 的边缘概率密度.

12. 求第 6 题中 X 和 Y 的边缘概率密度.

13. 设随机变量 X 和 Y 相互独立，其概率分布律分别为

m	-1	1
$P\{X=m\}$	$\dfrac{1}{2}$	$\dfrac{1}{2}$

m	-1	1
$P\{Y=m\}$	$\dfrac{1}{2}$	$\dfrac{1}{2}$

则下列式子正确的是(　　).

A. $X = Y$ B. $P\{X=Y\} = 0$

C. $P\{X=Y\} = 1/2$ D. $P\{X=Y\} = 1$

14. (X,Y) 的联合分布律由下表给出，则 α,β 应满足的条件是 _____，当 $\alpha =$ _____ , $\beta =$ _____ 时，X 与 Y 相互独立.

(X,Y)	$(1,1)$	$(1,2)$	$(1,3)$	$(2,1)$	$(2,2)$	$(2,3)$
P	1/6	1/9	1/18	1/3	α	β

15. 设甲到达办公室的时间均匀分布在 8:00—12:00 时，乙到达办公室的时间均匀分布在 7:00—9:00 时，且两人到达时间相互独立. 求他们到达办公室的时间相差不超过 5 分钟的概率.

16. 在 10 件陶瓷产品中，有 2 件一等品、7 件二等品和 1 件次品。从 10 件产品中取 3 件，用 X 表示其中的一等品数，Y 表示二等品数. 判别 X 与 Y 是否独立.

17. 袋中装有独立包装的红茶一包，绿茶两包，花茶三包. 现在有放回地从袋中取两次，每次取一包茶叶，以 X,Y,Z 分别表示两次所取得的红茶、绿茶与花茶的包数，求 $P\{X=1 \mid Z=0\}$.

18. 设二维随机变量 (X,Y) 的概率密度为

$$f(x,y) = \begin{cases} e^{-x}, & 0 < y < x \\ 0, & \text{其他} \end{cases}.$$

求：(1)条件概率密度 $f_{Y|X}(y|x)$；(2)条件概率 $P\{X \leq 1 \mid Y \leq 1\}$.

19. 设二维随机变量 (X,Y) 服从区域 D 上的均匀分布，其中 D 是由 $x-y=0, x+y=2$ 与 $y=0$ 所围成的三角形区域. 求：(1)X 的概率密度 $f_X(x)$；(2)条件概率密度 $f_{Y|X}(y|x)$.

20. 设二维随机变量 (X,Y) 的概率密度为 $f(x,y) = Ae^{-2x^2+2xy-y^2}$, $-\infty < x < +\infty$, $-\infty < y < +\infty$，求常数 A 及条件概率密度 $f_{Y|X}(y|x)$.

21. 已知 $P(X=k) = \dfrac{a}{k}$, $P(Y=-k) = \dfrac{b}{k^2}$ $(k=1,2,3)$，X 与 Y 相互独立.

(1)确定 a,b 的值；(2)求 X 与 Y 的联合分布律；(3)求 $X-Y$ 的概率分布.

22. 设随机变量 X 与 Y 的概率分布分别为

X	0	1
P	$\frac{1}{3}$	$\frac{2}{3}$

Y	-1	0	1
P	$\frac{1}{3}$	$\frac{1}{3}$	$\frac{1}{3}$

且 $P\{X^2 = Y^2\} = 1$,求 $Z = XY$ 的概率分布.

23. 设随机变量 X 与 Y 相互独立,X 的概率分布为 $P\{X = i\} = \frac{1}{3}(i = -1, 0, 1)$,$Y$ 的概

率密度为 $f_Y(y) = \begin{cases} 1, & 0 \leqslant y < 1 \\ 0, & 其他 \end{cases}$,记 $Z = X + Y$,求 Z 的概率密度 $f_Z(z)$.

24. 设二维随机变量 (X, Y) 在矩形 $D = \{(x, y) \mid 0 \leqslant x \leqslant 2, 0 \leqslant y \leqslant 1\}$ 上服从均匀分布,试求边长为 X 和 Y 的矩形面积 S 的概率分布密度函数 $f_S(s)$.

25. 设系统 L 由两个相互独立的子系统 L_1 与 L_2 连接而成,L_1、L_2 的寿命分别为 X、Y,已知它们的概率密度分别为

$$f_X(x) = \begin{cases} \alpha e^{-\alpha x}, & x > 0 \\ 0, & x \leqslant 0 \end{cases}, f_Y(y) = \begin{cases} \beta e^{-\beta y}, & y > 0 \\ 0, & y \leqslant 0 \end{cases}, \alpha > 0, \beta > 0.$$

分别就连接方式(1)串联,(2)并联的情形,求 L 的寿命 Z 的概率密度.

26. 在一简单电路中,两电阻 R_1 与 R_2 串联连接,设 R_1 与 R_2 相互独立,它们的概率密度

均为 $f(x) = \begin{cases} \dfrac{10 - x}{50}, & 0 < x \leqslant 10 \\ 0, & 其他 \end{cases}$,求总电阻 $R = R_1 + R_2$ 的概率密度.

27. 三人参加考试,每个人能否及格相互独立,且每个人及格的概率分别为 p_1, p_2, p_3,求及格人数的期望值.

28. 二维离散型随机变量 (X, Y) 的分布律由第 2 题给出,求 $E(X)$,$E(Y)$,$E(XY)$

29. 设二维随机变量 (X, Y) 的概率密度 $f(x, y) = \begin{cases} x + y, & 0 \leqslant x \leqslant 1, 0 \leqslant y \leqslant 1 \\ 0, & 其他 \end{cases}$,求 $E(X)$,

$E(Y)$,$D(X)$,$D(Y)$,$E(XY)$.

30. 已知二维随机变量 (X, Y) 的分布律为

Y＼X	-1	0	1
-1	0.125	0.125	0.125
0	0.125	0	0.125
1	0.125	0.125	0.125

试验证 X 和 Y 不相关,但 X 与 Y 不独立.

31. 设二维随机变量 (X, Y) 的联合概率密度为

$$f(x,y) = \begin{cases} \dfrac{x+y}{8}, & 0 \leq x \leq 2, 0 \leq y \leq 2 \\ 0, & \text{其他} \end{cases},$$

求 $E(X), E(Y), \text{Cov}(X,Y), \rho_{XY}$.

32. 设随机变量 X 和 Y 的相关系数为 $0.5, E(X) = E(Y) = 0, E(X^2) = E(Y^2) = 2$, 求 $E(X+Y)^2$.

33. 箱中有 6 个球, 其中红、白、黑球的个数分别是 1, 2, 3, 现从箱中随机地取出两个球, 记 X 为取出红球的个数, Y 为取出白球的个数, 求 $E(X), \text{Cov}(X,Y)$.

34. 设随机变量 X 的概率密度为

$$f_X(x) = \begin{cases} \dfrac{1}{2}, & -1 < x < 0 \\ \dfrac{1}{4}, & 0 \leq x < 2 \\ 0, & \text{其他} \end{cases}.$$

令 $Y = X^2$, $F(x,y)$ 为二维随机变量 (X,Y) 的分布函数. 求: (1) Y 的概率密度 $f_Y(y)$; (2) $\text{Cov}(X,Y)$; (3) $F\left(-\dfrac{1}{2}, 4\right)$.

35. 设二维连续型随机变量 (X,Y) 的联合密度函数为

$$f(x,y) = \begin{cases} \dfrac{1}{2}\sin(x+y), & 0 \leq x \leq \dfrac{\pi}{2}, 0 \leq y \leq \dfrac{\pi}{2} \\ 0, & \text{其他} \end{cases}$$

且 $Z = \cos(X+Y)$, 求 $E(Z), D(Z)$.

36. 设二维连续型随机变量 (X,Y) 的联合密度函数为

$$f(x,y) = \begin{cases} \dfrac{6}{7}\left(x^2 + \dfrac{1}{2}xy\right), & 0 < x < 1, 0 < y < 2 \\ 0, & \text{其他} \end{cases},$$

求 (X,Y) 的协方差及相关系数.

本章故事

高斯 (Carl Friedrich Gauss, 1777—1855), 人类有史以来最伟大的数学家之一, 有"数学王子"之称.

多元正态分布的边缘分布仍为正态分布, 它经任何线性变换得到的随机变量仍为多维正态分布, 特别它的线性组合为一元正态分布.

正态分布最早由 A. 棣莫佛在求二项分布的渐近公式中得到. C. F. 高斯在研究测量误差时从另一个角度导出了它. P. S. 拉普拉斯和高斯研究了它的性质. 高斯的这项工作对后世的影响极大, 因此正态分布又被称为"高斯分布". 最小二乘法的发明权多归于高斯, 也是出于这一工作.

Carl Friedrich Gauss
(1777-1855)

　　高斯是一个伟大的数学家,重要的贡献不胜枚举.在现今 10 元币值的德国马克上印有高斯的头像和正态分布曲线.这足以说明在德国人乃至整个西方数学界,高斯最大的贡献就是正态分布.

　　正态分布英文名称 Normal Distribution,直译意思是"一般分布",表示这个分布具有一般性,这是因为不论是自然界还是人类社会,绝大多数随机现象都服从正态分布,例如人的身高和体重分布、学生的成绩分布、股票组合的收益率分布、随机误差的分布、产品质量分布等都服从正态分布.另一方面,概率论中的其他分布如 Poisson 分布、t 分布、F 分布等多由正态分布推导而出,在一定的条件下,所有其他的分布都可用正态分布来近似.正态分布在概率论中具有无可置疑的基础性地位.

第四章 大数定律与中心极限定理

概率论与数理统计是研究随机现象的统计规律的科学,而随机现象的统计规律性只有在相同条件下进行大量重复试验或观察才呈现出来. 从概率的统计定义可以看出一个事件发生的频率具有稳定性,即随着试验次数的增大,事件发生的频率逐渐稳定在某个常数附近. 人们在实践中观察其他一些随机现象时,也常常会发现大量随机个体的平均效果的稳定性. 这就是说,无论个别随机个体以及它们在试验进行过程中的个别特征如何,大量随机个体的平均效果与单个个体的特征无关,且不再是随机的. 深入考虑后,人们会提出这样的问题:稳定性的确切含义是什么? 在什么条件下具有稳定性? 这就是大数定律所要研究的问题.

中心极限定理是概率论中最重要、最基本的一个定理. 中心极限定理探讨的是在什么条件下,大量随机变量之和的分布逼近于正态分布,它揭示了离散型随机变量与连续型随机变量之间的内在联系,为用连续型随机变量的分布,特别是标准正态分布对离散型随机变量进行概率计算提供了理论基础.

第一节 大数定律

一、切比雪夫不等式

第一章引入概率的时候,我们曾讲过,频率是概率的表现,随着观察次数 n 的增大,随机事件 A 发生的频率呈现出稳定性,即稳定于某个常数附近. 频率的稳定性是概率定义的客观基础. 本节我们将对概率的稳定性作出理论说明. 在介绍大数定律之前我们先叙述一个重要的不等式——**切比雪夫不等式**,我们把它写成定理的形式.

定理 4.1 设随机变量 X 的数学期望 $E(X)$ 和方差 $D(X)$ 均存在,则对任意 $\varepsilon > 0$,不等式

$$P\{|X - E(X)| \geqslant \varepsilon\} \leqslant \frac{D(X)}{\varepsilon^2} \tag{4.1.1}$$

成立.

证明 设 X 是一个连续型随机变量,概率密度为 $f(x)$,记 $\mu = E(X)$,那么

$$P\{|X - \mu| \geqslant \varepsilon\} = P(\{X \leqslant \mu - \varepsilon\} \cup \{X \geqslant \mu + \varepsilon\}) = \int_{-\infty}^{\mu - \varepsilon} f(x)\,\mathrm{d}x + \int_{\mu + \varepsilon}^{+\infty} f(x)\,\mathrm{d}x,$$

当 $x \leqslant \mu - \varepsilon$ 以及 $x \geqslant \mu + \varepsilon$ 时,$\dfrac{(x - \mu)^2}{\varepsilon^2} \geqslant 1$,所以

$$P\{|X - \mu| \geqslant \varepsilon\} \leqslant \int_{-\infty}^{\mu - \varepsilon} \frac{(x - \mu)^2}{\varepsilon^2} f(x)\,\mathrm{d}x + \int_{\mu + \varepsilon}^{+\infty} \frac{(x - \mu)^2}{\varepsilon^2} f(x)\,\mathrm{d}x$$

$$\leqslant \int_{-\infty}^{+\infty} \frac{(x-\mu)^2}{\varepsilon^2} f(x) \,\mathrm{d}x = \frac{1}{\varepsilon^2} \int_{-\infty}^{+\infty} (x-\mu)^2 f(x) \,\mathrm{d}x = \frac{D(X)}{\varepsilon^2}.$$

在上述证明中,如果把密度函数换成分布律,把积分符号换成求和符号,即得到离散型随机变量的证明.

该不等式表明:当 $D(X)$ 很小时,$P\{|X-\mu| \geqslant \varepsilon\}$ 也很小,即 X 的取值偏离 $E(X)$ 的可能性很小. 这说明方差是表征随机变量 X 取值分散程度的一个量.

切比雪夫不等式常用来估计事件 $\{|X-\mu| \geqslant \varepsilon\}$ 概率的上限,只需要知道随机变量 X 的期望和方差即可,使用起来较方便.

例 4-1-1　设 X 是掷一颗骰子所出现的点数,若给定 $\varepsilon = 1, 2$,计算 $P\{|X-E(X)| \geqslant \varepsilon\}$,并验证切比雪夫不等式成立.

解　由 $P\{X=k\} = 1/6, k = 1, 2, 3, 4, 5, 6$,得 $E(X) = \dfrac{1+2+3+4+5+6}{6} = \dfrac{7}{2}$,

$$E(X^2) = \frac{1+4+9+16+25+36}{6} = \frac{91}{6}, \quad D(X) = E(X^2) - [E(X)]^2 = \frac{91}{6} - \frac{49}{4} = \frac{35}{12},$$

则

$$P\left\{\left|X-\frac{7}{2}\right| \geqslant 1\right\} = P\{X \geqslant 4.5\} + P\{X \leqslant 2.5\} = \frac{2}{3},$$

$$P\left\{\left|X-\frac{7}{2}\right| \geqslant 2\right\} = P\{X \geqslant 5.5\} + P\{X \leqslant 1.5\} = \frac{1}{3},$$

$\varepsilon = 1$ 时,
$$\frac{D(X)}{\varepsilon^2} = \frac{35}{12} > \frac{2}{3} = P\left\{\left|X-\frac{7}{2}\right| \geqslant 1\right\};$$

$\varepsilon = 2$ 时,
$$\frac{D(X)}{\varepsilon^2} = \frac{35}{48} > \frac{1}{3} = P\left\{\left|X-\frac{7}{2}\right| \geqslant 2\right\}.$$

例 4-1-2　设有一大批瓷器,其中优良品占 1/6. 现任选 6 000 件瓷器,试利用切比雪夫不等式估计优良品所占比率与 1/6 的偏差小于 1% 的概率.

解　设 X 表示 6 000 件瓷器中的优良品件数,则 $X \sim B(6\ 000, 1/6)$,且 $E(X) = np = 6\ 000 \times \dfrac{1}{6} = 1\ 000, D(X) = np(1-p) = \dfrac{5\ 000}{6}$,则

$$P\left\{\left|\frac{X}{6\ 000} - \frac{1}{6}\right| < 0.01\right\} = P\{|X - 1\ 000| < 60\} \geqslant 1 - \frac{\dfrac{5\ 000}{6}}{60^2} = \frac{83}{108} = 0.768\ 5.$$

在例 4-1-2 中,可利用二项分布求对应事件的概率:

$$P\left\{\left|\frac{X}{6\ 000} - \frac{1}{6}\right| < 0.01\right\} = P\{940 < X < 1\ 060\} = \sum_{k=941}^{1\ 059} C_{6\ 000}^k \left(\frac{1}{6}\right)^k \left(\frac{5}{6}\right)^{6\ 000-k} \approx 0.959\ 036.$$

可以看出,利用切比雪夫不等式给出的概率估计通常比较保守,因为它没有用到随机变量的概率分布,得到的结果是比较粗糙的. 切比雪夫不等式具有重要的理论价值,常作为其他结论或定理证明的工具.

二、大数定理

我们曾指出:频率是概率的外在表象,概率是频率的内在本质. 随着观察次数 n 的增

大,频率将会逐渐稳定到概率,即当 n 很大时,频率与概率会非常"靠近". 那么,如何理解"逐渐稳定"和非常"靠近"呢? 是和极限的概念一样吗? 其实,"逐渐稳定"或非常"靠近"是一种直观的说法,下面将给出它们含义的准确数学描述.

定理 4.2(切比雪夫大数定理) 设随机变量 $X_1, X_2, \cdots, X_n, \cdots$ 相互独立,且数学期望和方差存在,若存在常数 $C > 0$,使 $D(X_i) \leqslant C, i = 1, 2, \cdots$,则对任意 $\varepsilon > 0$ 有

$$\lim_{n \to +\infty} P\left\{ \left| \frac{1}{n} \sum_{i=1}^{n} X_i - \frac{1}{n} \sum_{i=1}^{n} E(X_i) \right| < \varepsilon \right\} = 1. \tag{4.1.2}$$

证明 因为 $X_1, X_2, \cdots, X_n, \cdots$ 相互独立,可得

$$D\left(\sum_{i=1}^{n} X_i \right) = \sum_{i=1}^{n} D(X_i) \leqslant nC,$$

利用切比雪夫不等式,有

$$P\left\{ \left| \frac{1}{n} \sum_{i=1}^{n} X_i - \frac{1}{n} \sum_{i=1}^{n} E(X_i) \right| \geqslant \varepsilon \right\} \leqslant \frac{D\left(\frac{1}{n} \sum_{i=1}^{n} X_i \right)}{\varepsilon^2} = \frac{D\left(\sum_{i=1}^{n} X_i \right)}{n^2 \varepsilon^2} \leqslant \frac{C}{n\varepsilon^2},$$

在上式中令 $n \to +\infty$,即得

$$\lim_{n \to +\infty} P\left\{ \left| \frac{1}{n} \sum_{i=1}^{n} X_i - \frac{1}{n} \sum_{i=1}^{n} E(X_i) \right| \geqslant \varepsilon \right\} = 0,$$

即

$$\lim_{n \to +\infty} P\left\{ \left| \frac{1}{n} \sum_{i=1}^{n} X_i - \frac{1}{n} \sum_{i=1}^{n} E(X_i) \right| < \varepsilon \right\} = 1.$$

可以看出,在切比雪夫大数定理的证明中,是以切比雪夫不等式为基础的,所以要求随机变量具有方差. 但是进一步研究表明,方差存在这一条件并不是必要的. 下面我们不加证明地给出辛钦大数定理.

定理 4.3(辛钦大数定理) 设随机变量序列 $X_1, X_2, \cdots, X_n, \cdots$ 相互独立且服从同一分布,如果 X_k 的数学期望存在,记为 μ,则对任意 $\varepsilon > 0$ 有

$$\lim_{n \to +\infty} P\left\{ \left| \frac{1}{n} \sum_{k=1}^{n} X_k - \mu \right| < \varepsilon \right\} = 1. \tag{4.1.3}$$

上述结论表明,对于任意正数 ε,当 n 充分大时,随机事件 $\left\{ \left| \frac{1}{n} \sum_{k=1}^{n} X_k - \mu \right| < \varepsilon \right\}$ 发生的概率接近于 1,即不等式 $\left| \frac{1}{n} \sum_{k=1}^{n} X_k - \mu \right| < \varepsilon$ 成立的概率很大. 通俗地说,辛钦大数定理是说,对于独立同分布且具有均值 μ 的随机变量 $X_1, X_2, \cdots, X_n$,当 n 很大时它们的算术平均值 $\frac{1}{n} \sum_{k=1}^{n} X_k$ 很可能接近于 μ.

定义 4.1 设 $Y_1, Y_2, \cdots, Y_n, \cdots$ 是一个随机变量序列,a 是一个常数. 若对于任意正数 ε,有 $\lim_{n \to +\infty} P\{ |Y_n - a| < \varepsilon \} = 1$,则称序列 $Y_1, Y_2, \cdots, Y_n, \cdots$ **依概率收敛**于 a,记为 $Y_n \xrightarrow{P} a$.

依概率收敛的序列有以下的性质:设 $X_n \xrightarrow{P} a, Y_n \xrightarrow{P} b$,又设函数 $g(x, y)$ 在点 (a, b)

连续,则 $g(X_n, Y_n) \xrightarrow{P} g(a, b)$.(证略.)

这样,辛钦定理又可叙述如下.

定理 4.4(弱大数定理)　设随机变量 $X_1, X_2, \cdots, X_n, \cdots$ 服从同一分布且具有数学期望 $E(X_k) = \mu(k = 1, 2, \cdots)$,则序列 $\bar{X} = \dfrac{1}{n} \sum\limits_{k=1}^{n} X_k$ 依概率收敛于 μ,即 $\bar{X} \xrightarrow{P} \mu$.

这个定理有很实际的意义:人们在进行精密测量时,为了减少随机误差 ξ,往往重复测量多次,测得若干实测值 $\xi_1, \xi_2, \cdots, \xi_n$,然后用其平均值 $\dfrac{1}{n} \sum\limits_{i=1}^{n} \xi_i$ 来代替 μ.

下面介绍辛钦大数定理的一个重要推论.

定理 4.5（伯努利大数定理）　设 n 次独立重复试验中事件 A 发生的频率是 f_A,在每次试验中事件 A 发生的概率为 p,则对任意 $\varepsilon > 0$,有 $\lim\limits_{n \to \infty} P\{ |f_A - p| < \varepsilon \} = 1$.

证明　记 n 次独立重复试验中事件 A 发生的次数为 X,则 $X \sim B(n, p)$,令 $Y = X/n$,可得
$$E(Y) = E(X/n) = E(X)/n = p, \quad D(Y) = D(X/n) = D(X)/n^2 = p(1-p)/n.$$

由切比雪夫不等式,对任意 $\varepsilon > 0$, $P\{ |Y - E(Y)| \geqslant \varepsilon \} \leqslant \dfrac{D(Y)}{\varepsilon^2}$,即

$$P\left\{ \left| \frac{X}{n} - p \right| \geqslant \varepsilon \right\} \leqslant \frac{p(1-p)}{n\varepsilon^2}.$$

由于 $X = nf_A$,所以 $\lim\limits_{n \to +\infty} P\{ |f_A - p| \geqslant \varepsilon \} = 0$,即 $\lim\limits_{n \to +\infty} P\{ |f_A - p| < \varepsilon \} = 1$.

定理结果说明,当试验次数越来越多时,事件 A 发生的频率 f_A 与 A 发生的概率 p 有较大偏差的可能性越来越小,这就是本小节开始所说的"频率将会逐渐稳定到概率"的含义.注意,这并不表示较大偏差就永远不可能出现,只是说大偏差发生的概率较小,小到可以忽略不计.实际应用中,当试验次数很大时,常用事件发生的频率代替事件发生的概率.

对于抛掷一枚硬币试验,记事件 A 为"出现正面",则有 $P\left\{ \left| f_A - \dfrac{1}{2} \right| \geqslant \varepsilon \right\} \leqslant \dfrac{1}{4n\varepsilon^2}$,取 $\varepsilon = 0.1$,当 $n = 2\,500$ 时,$P\left\{ \left| f_A - \dfrac{1}{2} \right| \geqslant 0.1 \right\} \leqslant 0.01$, $P\{ 0.4 < f_A < 0.6 \} > 0.99$,即进行 2 500 次抛掷硬币试验,出现正面的频率属于区间 $(0.49, 0.51)$ 的概率超过 99%.

第二节　中心极限定理

考察薄胎瓷碗的生产,瓷碗磨具决定了碗的厚度基准,但在生产流程中,第 i 个步骤会产生微小的误差 ξ_i,其数值大小是随机的,最终碗的厚度总误差 ξ 就是许多随机小误差的总和,即

$$\xi = \sum_i \xi_i. \tag{4.2.1}$$

这些小误差 ξ_i 可以看成是相互独立的,为此需要讨论独立随机变量和的分布问题,中心极限定理要研究的正是大量的独立随机变量和的近似分布问题,其结论将告诉我们 ξ 实际上近似服从正态分布.实际应用中,许多随机现象与上面的例子类似,由此可见正态分布

的重要性.

定理 4.6（林德贝格 - 列维定理）（独立同分布的中心极限定理） 设 $X_1, X_2, \cdots, X_n, \cdots$ 是独立同分布的随机变量序列，且数学期望与方差存在，记 $\mu = E(X_k)$，$\sigma^2 = D(X_k)$（$\sigma > 0$），$k = 1, 2, \cdots$，则对任意 $x \in \mathbf{R}$ 有

$$\lim_{n \to +\infty} P\left\{ \frac{\sum\limits_{k=1}^{n} X_k - n\mu}{\sqrt{n}\,\sigma} \leqslant x \right\} = \int_{-\infty}^{x} \frac{1}{\sqrt{2\pi}} \mathrm{e}^{-\frac{t^2}{2}} \mathrm{d}t \equiv \Phi(x). \tag{4.2.2}$$

这个定理的证明需要更多的数学工具，这里就省略了. 这个中心极限定理是由林德贝格和列维分别独立地在 1920 年获得的.

定理表明，对于独立同分布的随机变量序列 $X_1, X_2, \cdots, X_n, \cdots$，记 $\mu = E(X_k)$，$\sigma^2 = D(X_k)$（$\sigma > 0$），$k = 1, 2, \cdots$，$\bar{X} = \dfrac{1}{n} \sum\limits_{k=1}^{n} X_k$，则当 n 充分大时，有

$$\frac{\sum\limits_{k=1}^{n} X_k - n\mu}{\sqrt{n}\,\sigma} \overset{\text{近似}}{\sim} N(0,1)，\text{或} \sum_{k=1}^{n} X_k \overset{\text{近似}}{\sim} N(n\mu, n\sigma^2);$$

$$\frac{\bar{X} - \mu}{\sigma/\sqrt{n}} \overset{\text{近似}}{\sim} N(0,1)，\text{或} \bar{X} \overset{\text{近似}}{\sim} N\left(\mu, \frac{\sigma^2}{n}\right).$$

作为林德贝格 - 列维中心极限定理的推论，我们给出历史上著名的棣莫佛 - 拉普拉斯中心极限定理.

定理 4.7（棣莫佛 - 拉普拉斯定理） 在 n 重伯努利试验中，事件 A 在每次试验中出现的概率为 $p(0 < p < 1)$，随机变量 X_n 为 n 次试验中 A 出现的次数，可知 $X_n \sim B(n, p)$，$n = 1, 2, \cdots$，则对任意 $x \in \mathbf{R}$ 有

$$\lim_{n \to +\infty} P\left\{ \frac{X_n - np}{\sqrt{np(1-p)}} \leqslant x \right\} = \int_{-\infty}^{x} \frac{1}{\sqrt{2\pi}} \mathrm{e}^{-\frac{t^2}{2}} \mathrm{d}t \equiv \Phi(x). \tag{4.2.3}$$

因为 $X_n \sim B(n, p)$，则 X_n 可视为 n 重伯努利试验中事件 A 发生的次数，其中 $P(A) = p$. 定义随机变量 $Y_k = \begin{cases} 1, & \text{第 } i \text{ 次试验中事件 } A \text{ 发生} \\ 0, & \text{第 } i \text{ 次试验中事件 } A \text{ 未发生} \end{cases}$，$k = 1, 2, \cdots$，则 $X_n = \sum\limits_{k=1}^{n} Y_k$，又因 Y_1，$Y_2, \cdots$ 是独立同分布的随机变量序列，应用林德贝格 - 列维定理知当 n 充分大时，X_n 近似服从正态分布，又 $E(X_n) = np$，$D(X_n) = np(1-p)$，所以结论成立.

现在我们来看看这些中心极限定理对具体的计算有什么作用呢？仍以 X_n 为例，当 n 很大的时候，要计算 $P\{a \leqslant X_n < b\} = \sum\limits_{a \leqslant k < b} \dbinom{n}{k} p^k q^{n-k}$ 结果等于多少？这个计算量是惊人的. 但是现在，我们通过棣莫佛 - 拉普拉斯定理，将二项分布的计算转化为正态分布的运算，即

$$P\{a \leqslant X_n < b\} = P\left(\frac{a - np}{\sqrt{npq}} \leqslant \frac{X_n - np}{\sqrt{npq}} < \frac{b - np}{\sqrt{npq}} \right)$$

$$\approx \Phi\left(\frac{b - np}{\sqrt{npq}} \right) - \Phi\left(\frac{a - np}{\sqrt{npq}} \right).$$

这时只需要查一下标准正态分布表,就可以得到 $P\{a \leqslant X_n < b\}$ 相当精确的近似值.

例 4-2-1　一加法器同时收到 20 个噪声电压 $V_k(k=1,2,\cdots,20)$,设它们是相互独立的随机变量,且都服从区间 $(0,10)$ 上的均匀分布,记 $V = \sum_{k=1}^{20} V_k$,求 $P\{V > 105\}$ 的近似值.

解　因为 $E(V_k) = 5, D(V_k) = \dfrac{100}{12} = \dfrac{25}{3}$,所以 $E(V) = 100, D(V) = \dfrac{500}{3}$,由林德贝格 - 列维定理知 V 近似服从 $N(100, 500/3)$ 分布,所以

$$P\{V > 105\} = P\left\{\frac{V-100}{\sqrt{500/3}} > \frac{105-100}{\sqrt{500/3}}\right\} \approx 1 - \Phi\left(\frac{5}{\sqrt{500/3}}\right) = 1 - \Phi(0.387) = 0.348.$$

例 4-2-2　设某变电站的供电网接有 10 000 盏电灯,夜晚每盏灯开的概率为 0.7,假定各灯的开关时间相互独立.(1)估计夜晚同时开着的灯的盏数不超过 7 100 的概率;(2)供电网的输出功率设计为至少承载多少盏电灯同时开启,可以 99.99% 的概率保证不会超负荷运转.

解　(1)设夜晚同时开着的灯的盏数为 X,根据题意知 $X \sim B(10\ 000, 0.7)$,由棣莫佛 - 拉普拉斯定理得

$$P\{X \leqslant 7\ 100\} = P\left\{\frac{X-7\ 000}{\sqrt{21\ 00}} \leqslant \frac{7\ 100-7\ 000}{\sqrt{2\ 100}}\right\} \approx \Phi\left(\frac{100}{\sqrt{2\ 100}}\right) = \Phi(2.18) = 0.985\ 4;$$

(2)设供至少承载 a 盏电灯同时开启,可以 99.99% 的概率保证不会超负荷运转,则

$$P\{X \leqslant a\} = P\left\{\frac{X-7\ 000}{\sqrt{2\ 100}} \leqslant \frac{a-7000}{\sqrt{2\ 100}}\right\} \approx \Phi\left(\frac{a-7000}{\sqrt{2\ 100}}\right) \geqslant 0.999\ 9,$$

由于 $\Phi(3.8) = 0.999\ 928$,故

$$a \geqslant 7\ 000 + 3.8 \times \sqrt{2\ 100} = 7\ 000 + 3.8 \times 45.825\ 8 = 7\ 174.1,$$

即供电网的输出功率设计为至少承载 7 175 盏电灯同时开启,可以 99.99% 的概率保证不会超负荷运转.

例 4-2-3　青年陶瓷艺术家协会作品展中,每名艺术家参展的作品数是一个随机变量,设一个艺术家无作品、有 1 件作品、有 2 件作品来参展的概率分别为 0.05、0.8、0.15. 若协会共有 400 名会员,设各艺术家参展的作品数是相互独立,且服从同一分布. 求:(1)展会中至少有 400 件作品的概率;(2)带一件作品参展的艺术家多于 320 名的概率.

解　(1)设 400 名艺术家中第 k 个艺术家的作品数为 $X_k, k=1,2,\cdots,400$,则 $X_1, X_2, \cdots, X_{400}$ 是独立同分布的随机变量,且

$$E(X_k) = 0 \times 0.05 + 1 \times 0.8 + 2 \times 0.15 = 1.1,$$
$$D(X_k) = 0^2 \times 0.05 + 1^2 \times 0.8 + 2^2 \times 0.15 - 1.1^2 = 0.19.$$

记 $X = \sum_{k=1}^{400} X_k$,X 是总参展作品数,由林德贝格 - 列维定理得

$$P\{X \geqslant 400\} = P\left\{\frac{X-1.1 \times 400}{\sqrt{0.19 \times 400}} > \frac{450-1.1 \times 400}{\sqrt{0.19 \times 400}}\right\}$$

$$\approx 1 - \Phi\left(\frac{10}{\sqrt{76}}\right) = 1 - \Phi(1.150) = 1 - 0.874\ 9 = 0.125\ 1;$$

（2）设 Y 表示带一件作品参展的艺术家的人数，则 $Y \sim B(400, 0.8)$，根据棣莫佛－拉普拉斯定理得

$$P\{Y > 320\} = P\left\{\frac{Y - 320}{\sqrt{64}} > \frac{320 - 320}{\sqrt{64}}\right\} \approx 1 - \Phi(0) = 0.5.$$

例 4-2-4 某古陶瓷研究所利用"能量色散 X 射线荧光分析法"对古陶瓷进行鉴定，初步预测：这种鉴定方法对清代祭红釉瓷的年代鉴定准确率为 0.8。现任意抽查 100 件祭红釉瓷，若其中多于 75 件瓷器年代判断准确，就接受此结论，否则拒绝此结论。（1）若实际上该鉴定方法的准确率是 0.8，问接受该断言的概率是多少？（2）若实际上该鉴定方法的准确率是 0.7，问接受该断言的概率是多少？

解 设该鉴定方法的准确率是 p，100 件瓷器中有 X 件判断正确，则 $X \sim B(100, p)$，根据棣莫佛－拉普拉斯定理得接受该结论的概率是

$$P\{X > 75\} = P\left\{\frac{X - 100p}{\sqrt{100p(1-p)}} > \frac{75 - 100p}{\sqrt{100p(1-p)}}\right\} \approx 1 - \Phi\left(\frac{75 - 100p}{\sqrt{100p(1-p)}}\right).$$

（1）当 $p = 0.8$ 时，$P\{X > 75\} \approx 1 - \Phi\left(\frac{-5}{4}\right) = \Phi(1.25) = 0.8944$；

（2）当 $p = 0.7$ 时，$P\{X > 75\} \approx 1 - \Phi\left(\frac{5}{\sqrt{21}}\right) = 1 - \Phi(1.09) = 0.1379$.

习 题 四

1. 已知随机变量 X 的期望为 1，方差为 0.04，利用切比雪夫不等式给出概率 $P\{|X - 1| \geq 0.5\}$ 的上界。

2. 已知随机变量 X 的期望为 10，方差为 9，利用切比雪夫不等式给出概率 $P\{1 < X < 19\}$ 的下界。

3. 利用切比雪夫不等式可以证明如下结论：随机变量 ξ 的方差 $D(\xi) = 0$ 的充要条件是 ξ 取某个常数值的概率为 1，即 $P\{\xi = a\} = 1$。

4. 设随机变量 X, Y 的数学期望分别为 -2 和 2，方差分别为 1 和 4，而相关系数为 -0.5，则根据切比雪夫不等式求 $P\{|X + Y| \geq 6\}$ 的上界。

5. 设 X 是非负的连续型随机变量，证明：对 $x > 0$，有 $P\{X < x\} \geq 1 - \frac{E(X)}{x}$。

6. 设 $\{X_n\}$ 为独立同分布的随机变量序列，若 X_i 服从参数为 2 的指数分布，利用辛钦大数定理判断当 $n \to +\infty$ 时，$Y_n = \frac{1}{n}\sum_{i=1}^{n} X_i^2$ 依概率收敛于什么数值。

7. 一枚均匀硬币要抛多少次才能使正面出现的概率与 0.5 之间的偏差不小于 0.04 的概率不超过 0.01？

8. 射手打靶得十分的概率为 0.5，得九分的概率为 0.3，得八分、七分和六分的概率分别是 0.1、0.05 和 0.05。若此射手进行 100 次射击，至少可得 950 分的概率是多少？

9. 某微机系统有 120 个终端，每个终端有 5% 时间在使用。若各终端使用与否是相互独

立的,试求有不少于 10 个终端同时使用该系统的概率.

10. 一保险公司有 10 000 人投保,每人每年付 12 元保险费. 已知一年内投保人死亡率为 0.006,若死亡,公司付给死者家属 1 000 元,求保险公司年利润不少于 60 000 元的概率.

11. 计算机做加法时,先对加法取整(取最靠近该数的整数),设所有的取整误差是相互独立的随机变量,且都在区间 $[-0.5, 0.5]$ 上服从均匀分布. 求:(1)若将 1 500 个数相加,总误差超过 15 的概率;(2)最多多少个数相加能使绝对误差总和不超过 10 的概率不小于0.90.

12. 某陶瓷厂生产线生产的餐具按箱包装,每箱的重量是随机的,假设每箱平均重 50 千克,标准差为 5 千克,若用最大载重为 5 吨的汽车承运,试用中心极限定理说明每辆车最多可以装多少箱才能保证不超载的概率大于 0.977?

13. 某陶瓷厂生产的碗的不合格品率为 0.01,问一箱中应装多少个碗才能使箱中含有100 个合格品的概率不小于 0.95?

14. 一陶瓷商店有三种茶具出售,由于售出哪一套茶具是随机的,因而售出一套茶具的价格是一个随机变量,取 100 元、120 元、150 元各个值的概率分别是 0.3、0.5、0.2. 若售出400 套茶具. 求:(1)收入至少 48 000 元的概率;(2)售出价格为 120 元的茶具多于 212 套的概率.

本章故事

一、切比雪夫的故事

切比雪夫(1821.5.26—1894.12.8) 俄国数学家、力学家. 切比雪夫出身于贵族家庭,他的祖辈中有许多人立过战功. 父亲列夫·帕夫洛维奇·切比雪夫参加过抵抗拿破仑入侵的卫国战争,母亲阿格拉费娜·伊万诺夫娜·切比雪娃也出身名门,他们共生育了五男四女,切比雪夫排行第二. 他的一个弟弟弗拉季米尔·利沃维奇·切比雪夫后来成了炮兵将军和彼得堡炮兵科学院的教授,在机械制造与微震动理论方面颇有建树. 切比雪夫的左脚生来有残疾,因而童年时代的他经常独坐家中,养成了在孤寂中思索的习惯. 他有一个富有同情心的表姐,当其余的孩子们在庄园里嬉戏时,表姐就教他唱歌、读法文和做算术. 一直到临终,切比雪夫都把这位表姐的相片珍藏在身边. 1837 年,年方 16 岁的切比雪夫进入莫斯科大学,成为哲学系下属的物理数学专业的学生. 在大学阶段,摩拉维亚出生的数学家 H. Д. 布拉什曼对他有较大的影响. 1865 年 9 月 30 日,切比雪夫曾在莫斯科数学会上宣读了一封信,信中把自己应用连分数理论于级数展开式的工作归因于布拉什曼的启发. 在大学的最后一个学年,切比雪夫递交了一篇题为"方程根的计算"的论文,在其中提出了一种建立在反函数的级数展开式基础之上的方程近似解法,因此获得该年度系里颁发的银质奖章.

　　大学毕业之后,切比雪夫一面在莫斯科大学当助教,一面攻读硕士学位.大约在此同时,他们家在卡卢加省的庄园因为灾荒而破产了.切比雪夫不仅失去了父母方面的经济支持,而且还要负担两个未成年的弟弟的部分教育费用.1843 年,切比雪夫通过了硕士课程的考试,并在 J.刘维尔的《纯粹与应用数学杂志》上发表了一篇关于多重积分的文章.1844 年,他又在 L.格列尔的同名杂志上发表了一篇讨论泰勒级数收敛性的文章.1845 年,他完成了硕士论文"试论概率论的基础分析",并于次年夏天通过了答辩.

　　1846 年,切比雪夫接受了彼得堡大学的助教职务,从此开始了在这所大学教书与研究的生涯.他的数学才干很快就得到在这里工作的 В.Я.布尼亚科夫斯基和 М.В.奥斯特罗格拉茨基这两位数学前辈的赏识.1847 年春天,在题为"关于用对数积分"的晋职报告中,切比雪夫彻底解决了奥斯特罗格拉茨基不久前才提出的一类代数无理函数的积分问题,他因此被提升为高等代数与数论讲师.他在文章中提出的一个关于二项微分式积分的方法,今天可以在任何一本微积分教程之中找到.1849 年 5 月 27 日,他的博士论文"论同余式"在彼得堡大学通过了答辩,数天之后,他被告知荣获彼得堡科学院的最高数学荣誉奖.他于 1850 年升为副教授,1860 年升为教授.1872 年,在他到彼得堡大学任教 25 周年之际,学校授予他功勋教授的称号.1882 年,切比雪夫在彼得堡大学执教 35 年之后光荣退休.

　　19 世纪以前,俄国的数学是相当落后的.在彼得大帝去世那年建立起来的科学院中,早期数学方面的院士都是外国人,其中著名的有 L.欧拉、尼古拉·伯努利、丹尼尔·伯努利和 C.哥德巴赫等.俄国没有自己的数学家,没有大学,甚至没有一部像样的初等数学教科书.19 世纪上半叶,俄国才开始出现了像 Н.И.罗巴切夫斯基、布尼亚科夫斯基和奥斯特罗格拉茨基这样优秀的数学家;但是除了罗巴切夫斯基之外,他们中的大多数人都是在外国(特别是法国)接受训练的,而且他们的成果在当时还不足以引起西欧同行们的充分重视.切比雪夫就是在这种历史背景下从事他的数学创造的.切比雪夫是在概率论门庭冷落的年代从事这门学问的.他一开始就抓住了古典概率论中具有基本意义的问题,即那些"几乎一定要发生的事件"的规律——大数定律.历史上的第一个大数定律是由雅格布·伯努利提出来的,后来 S.D.泊松又提出了一个条件更宽的陈述,除此之外在这方面没有什么进展.相反,由于有些数学家过分强调概率论在伦理科学中的作用甚至企图以此来阐明"隐蔽着的神的秩序",又加上理论工具的不充分和古典概率定义自身的缺陷,当时欧洲一些正统的数学家往往把它排除在精密科学之外.

　　1845 年,切比雪夫在其硕士论文中借助十分初等的工具——$\ln(1+x)$ 的麦克劳林展开式,对雅格布·伯努利大数定律做了精细的分析和严格的证明.一年之后,他又在格列尔的杂志上发表了"概率论中基本定理的初步证明"一文,文中继而给出了泊松形式的大数定律的证明.1866 年,切比雪夫发表了"论平均数"一文,进一步讨论了作为大数定律极限值的平均数问题.1887 年,他发表了更为重要的"关于概率的两个定理"一文,开始对随机变量和收敛到正态分布的条件,即中心极限定理进行讨论.

　　切比雪夫引出的一系列概念和研究题材为俄国以及后来苏联的数学家所继承和发展.A.A.马尔科夫对"矩方法"做了补充,圆满地解决了随机变量的和按正态收敛的条件问题.李雅普诺夫则发展了特征函数方法,从而引起中心极限定理研究向现代化方向上的转变.

以20世纪30年代A. H. 柯尔莫哥洛夫建立概率论的公理体系为标志,苏联在这一领域取得了无可争辩的领先地位. 近代极限理论——无穷可分分布律的研究也经C. H. 伯恩斯坦、辛钦等人之手而臻于完善,成为切比雪夫所开拓的古典极限理论在20世纪抽枝发芽的繁茂大树. 关于切比雪夫在概率论中所引进的方法论变革的伟大意义,苏联著名数学家柯尔莫哥洛夫在"俄罗斯概率科学的发展"一文中写道:"从方法论的观点来看,切比雪夫所带来的根本变革的主要意义不在于他是第一个在极限理论中坚持绝对精确的数学家(A. 棣莫佛、P – S. 拉普拉斯(Laplace)和泊松的证明与形式逻辑的背景是不协调的,他们不同于雅格布·伯努利,后者用详尽的算术精确性证明了他的极限定理). 切比雪夫的工作的主要意义在于他总是渴望从极限规律中精确地估计任何次试验中的可能偏差并以有效的不等式表达出来. 此外,切比雪夫是清楚地预见到诸如"随机变量"及其"期望(平均)值"等概念的价值,并将它们加以应用的第一个人. 这些概念在他之前就有了,它们可以从"事件"和"概率"这样的基本概念导出,但是随机变量及其期望值是能够带来更合适与更灵活的算法的课题.

二、辛钦的故事

辛钦(1894.7.19—1959.11.8)苏联数学家、数学教育家、现代概率论的奠基人之一,莫斯科概率学派的开创者. 1939年当选为苏联科学院通讯院士,1944年当选为俄罗斯教育科学院院士. 1941年获苏联国家奖金,并多次获列宁勋章、劳动红旗勋章、荣誉勋章等奖章. 辛钦共发表150多篇数学及数学史论著,在函数的度量理论、数论、概率论、信息论等方面都有重要的研究成果. 在数学中以他的名字命名的有辛钦定理、辛钦不等式、辛钦积分、辛钦条件、辛钦可积函数、辛钦转换原理、辛钦单峰性准则等. 辛钦的《数学分析八讲》已成为理解数学分析的一部名著. 这部名著虽是给那些想提高自己数学分析水平的工程师写的,但对于经济学家、数学教师、数学系的学生等,都具有非凡意义.

三、林德贝格的故事

林德贝格(1876.8.4—1932.12.12)芬兰数学家. 因其在中心极限定理方面的成就而著名. 林德贝格从小就表现出数学方面的天赋和兴趣. 他的父亲是赫尔辛基技术学院的一位老师,家庭富裕,后来林德贝格宁愿作一个读者而不是一个正教授. 林德贝格的职业生涯主要在赫尔辛基大学度过. 他早期的兴趣在偏微分方程和积分变换,但是从1920年他的兴趣开始转向概率和数理统计. 1920年,他发表了他的中心极限定理的第一篇论文. 其结果与早些时候李雅普诺夫所做的工作相似,但他当时并不知情. 况且他们的研究方法并不相同:林德贝格是基于卷积定理,而李雅普诺夫用的是特征函数. 两年后林德贝格用自己的方法又获得了更稳定的结果,即所谓的Lindeberg条件. 他在概率方面的工作开始让他参与到应用领域. 他发展了众所周知的肯德尔系数(Kendall's tau),并发现了其抽样分布的两个一阶统计矩. 林德贝格还将抽样法用于林业,并在 1926 年确定了获得足够精确的置信区间的样条数,他似乎重新发现了 Student 的 t 分布.

四、棣莫佛的故事

棣莫佛(1667.5.26—1754.11.27)法国数学家. 棣莫佛对数学最著名的贡献是棣莫佛公式和棣莫佛 – 拉普拉斯中心极限定理以及他对正态分布和概率理论的研究. 棣莫佛还写了一本概率理论的教科书《The Doctrine of Chances》,据说这本书被投机主义者(gambler)高度赞扬. 棣莫佛是解析几何和概率理论的先驱者之一,他还最早发现了一个二项分布的近似公式,这一公式被认为是正态分布的首次露面.

五、拉普拉斯的故事

拉普拉斯(1749—1827)法国分析学家、概率论学家和物理学家和法国科学院院士. 1749 年 3 月 23 日生于法国西北部卡尔瓦多斯的博蒙昂诺日,1827 年 3 月 5 日卒于巴黎. 1816 年被选为法兰西学院院士,1817 年任该院院长. 1812 年出版了重要的《概率分析理论》一书,在该书中总结了当时整个概率论的研究,论述了概率在选举审判调查、气象等方面的应用,导入"拉普拉斯变换"等.

第五章 样本及抽样分布

数理统计与前四章所学概率论都是研究和揭示随机现象统计规律性的一门数学学科,它们之间既有区别又有联系.在概率论中,我们假设随机变量的分布是已知的,便可求出随机变量的数字特征、函数的分布等;在数理统计中,我们研究的随机变量的分布是未知的,或者是不完全知道的,通过对随机变量进行重复独立的观察,得到许多观测值,对这些观测值进行分析,从而对随机变量的分布作出某些推断.

数理统计是以概率论为理论基础,内容包括如何有效地搜集、整理随机性数据,对所获得的数据进行分析和研究,并据此研究对象以作出统计推断的理论和方法.

数理统计方法在工农业生产、自然科学和技术科学以及社会经济领域中都有广泛的应用,例如陶瓷餐具的质量控制和检验、气象(地震)预报、自动控制等.

本章介绍总体、随机样本及统计量的概念以及几个常见的统计量及其分布.

第一节 随机样本

一、总体与个体

在数理统计中,研究对象常常是相关对象的某一项数量指标.例如,研究某陶瓷学院陶艺班 30 个同学身高的分布特征,需要测量每个同学的身高,测量班级某个同学的身高的过程称为对身高的一次试验或观察,所获得数据称为观测值.我们将试验的全部可能的观测值称为**总体**,每个可能的观测值称为**个体**,总体中包含的个体数量称为**容量**.容量为有限的总体称为**有限总体**,容量为无限的总体称为**无限总体**.上面 30 个身高数值就是一个有限总体,再如测量某公园内的人工湖任一点的深度,所得总体是一个无限总体.

总体中的每一个个体都是随机试验的一个观测值,因此它可以是某一随机变量的值.比如全班同学的身高数据这一总体,从全班同学中随机选出一个人,以 X 表示该同学的身高,则 X 是一个随机变量,总体就是随机变量 X 的值域.对总体的研究可以转换为对随机变量 X 的研究,X 的分布函数和数字特征称为总体的分布函数和数字特征,我们将总体与其对应的随机变量 X 笼统称为总体 X.

例如,某瓷厂的生产线 4 小时生产了 2 000 个瓷杯的坯体,要检验坯体是正品还是次品.为方便起见,我们将检验的结果数值化,以 1 表示产品是正品,以 0 表示产品是次品,那么总体就是由 2 000 个 1 或者 0 组成的数据集合.任意取出一件产品,用 X 表示检验结果,总体就对应于随机变量 X,设产品的合格率为 p,则 X 服从参数为 p 的 $(0-1)$ 分布.我们就称该总体服从参数为 p 的 $(0-1)$ 分布,也称该总体是 $(0-1)$ 分布总体.通常,我们称总体服从某个分布,是指总体中的个体是服从该分布的随机变量的值.

二、随机样本

在实际中,总体的分布一般是未知的,或者知道它的类型但不知道某些参数. 人们是通过从总体中抽取一部分个体,分析观察个体的值来对总体的分布作出推断的. 从总体中取得的这部分个体叫作总体的一个**样本**,取得样本的过程称为**抽样**,样本中的每一个个体称为**样品**,样本中的个体的数量称为**样本容量**.

如何来抽取样本是一个关键的过程,为此我们对这一过程有以下要求.

首先是独立性,每次观察结果不受其他观察结果影响也不影响其他观察结果. 即从总体中抽取一个个体,就是对总体 X 进行一次观察并记录其结果. 在相同的条件下,对总体 X 进行 n 次观察,将 n 次观察结果按试验的次序记为 $X_1, X_2, \cdots, X_n$,随机变量 $X_1, X_2, \cdots, X_n$ 相互独立.

其次是代表性,抽取的样本尽可能代表总体. 即每个随机变量 $X_1, X_2, \cdots, X_n$ 都与总体 X 服从同一种分布.

满足以上要求抽取的样本我们称为简单随机样本.

当 n 次观察完成后,我们就得到一组实数 $x_1, x_2, \cdots, x_n$,它们依次是随机变量 $X_1, X_2, \cdots, X_n$ 的观测值.

对于有限总体,采用放回抽样就能得到简单随机样本;当总体容量 N 比要得到的样本容量 n 大得多时,实际应用中可将不放回抽样近似当作放回抽样. 对于无限总体,因抽取一个个体不影响它的分布,所以总是采用不放回抽样.

综上所述,我们对样本作以下定义.

定义 5.1 设总体 X 具有分布函数 $F(x)$,若 $X_1, X_2, \cdots, X_n$ 是相互独立的随机变量且分布函数同为 $F(x)$,则称 $X_1, X_2, \cdots, X_n$ 为来自总体 X (或分布函数 $F(x)$)的容量为 n 的**简单随机样本**,简称**样本**,它们的观测值 $x_1, x_2, \cdots, x_n$ 称为**样本值**,又称为 X 的 n 个独立的观测值.

设总体 X 的分布函数是 $F(x)$,$X_1, X_2, \cdots, X_n$ 是来自 X 的一个样本,则 $(X_1, X_2, \cdots, X_n)$ 的分布函数为

$$F^*(x_1, x_2, \cdots, x_n) = P\{X_1 \leqslant x_1, X_2 \leqslant x_2, \cdots, X_n \leqslant x_n\} = \prod_{i=1}^{n} P\{X_i \leqslant x_i\} = \prod_{i=1}^{n} F(x_i).$$

如果总体 X 的概率密度为 $f(x)$,那么 $(X_1, X_2, \cdots, X_n)$ 的概率密度为

$$f^*(x_1, x_2, \cdots, x_n) = \prod_{i=1}^{n} f(x_i).$$

如果总体 X 的分布律为 $P\{X = x_k\} = p_k, k = 1, 2, \cdots$,那么 $(X_1, X_2, \cdots, X_n)$ 的分布律为

$$P\{X_1 = x_1, X_2 = x_2, \cdots, X_n = x_n\} = \prod_{i=1}^{n} P\{X_i = x_i\} = \prod_{i=1}^{n} p_i.$$

第二节　直方图和箱线图

样本数据的整理是数理统计研究的基础,通过试验得到的许多观测值往往都是杂乱无

章的,要对这些数据进行统计研究,就需将这些数据加以有效整理,通常可以通过表格或图形来对它们加以描述,最常用的方法有频率直方图和箱线图.

一、直方图

例 5-2-1　为研究某陶瓷贴花厂工人贴花速度,我们随机调查了 20 位工人某天一小时贴花的数量,数据如下.

$$60 \quad 63 \quad 69 \quad 78 \quad 71 \quad 70 \quad 76 \quad 64 \quad 66 \quad 61$$
$$68 \quad 72 \quad 81 \quad 69 \quad 60 \quad 67 \quad 65 \quad 70 \quad 73 \quad 69$$

试画出这些数据的频率直方图.

解　对这 20 个样本进行整理,具体步骤如下.

(1)对样本进行分组. 这些数据的最小值、最大值分别为 60、81,即所有数据均落在 [60,81] 上,现取区间 [58.5,82.5] 能覆盖 [60,81],再将区间 [58.5,82.5] 等分为 6 个小区间(左闭右开),小区间的长度记为 Δ,$\Delta = (82.5 - 58.5)/6 = 4$,$\Delta$ 称为组距;小区间的端点称为组限. (作直方图时关于区间个数 k 的取法:通常当数据 n 较大时,k 取 10~20;当 $n < 50$ 时,则 k 取 5~6.)

(2)列出频数、频率分布表. 数出落在每个小区间内的数据的个数即频数,再算出频率,具体见表 5-2-1.

表 5-2-1　频数、频率分布表

组限	频数	频率
58.5~62.5	3	0.15
62.5~66.5	4	0.20
66.5~70.5	7	0.35
70.5~74.5	3	0.15
74.5~78.5	2	0.10
78.5~82.5	1	0.05

(3)绘制频率直方图. 在图形上,横坐标表示变量的取值区间,纵坐标表示频率,从左往右在各个区间上作出以频率为高的小矩形,就得到了频率直方图,如图 5-2-1 所示.

在频率直方图中,每个小区间上矩形面积等于数据落在该区间的频率. 沿直方图的外廓作出曲线,该面积接近曲线之下该小区间上的曲边梯形的面积,由于 n 充分大时,频率接近于概率,于是直方图的外廓曲线接近于总体的概率密度曲线. 从本例的曲线直观上看,可以估计它来自正态总体的样本.

在介绍箱线图之前,我们先介绍样本分位数.

二、样本分位数

定义 5.2　设有容量为 n 的样本观测值 $x_1, x_2, \cdots, x_n$,样本 p 分位数($0 < p < 1$)记为 x_p,

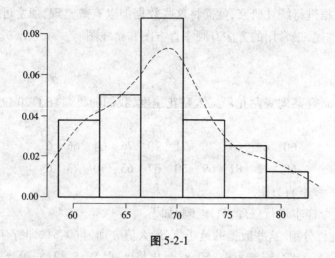

图 5-2-1

它具有以下的性质：

(1)至少有 np 个观测值小于或等于 x_p；

(2)至少有 $n(1-p)$ 个观测值大于或等于 x_p。

样本 p 分位数可按以下法则计算，将 $x_1,x_2,\cdots,x_n$ 按自小到大的次序排列成 $x_{(1)} \leqslant x_{(2)} \leqslant \cdots \leqslant x_{(n)}$。

(1)若 np 不是整数，则只有一个数据满足定义中的要求，这一数据位于大于 np 的最小整数处，即为位于 $[np]+1$ 处的数。

(2)若 np 是整数，则位于 np 处和位于 $np+1$ 处的数据均符合要求，于是取这两个数的平均值。

综上，

$$x_p = \begin{cases} x_{([np]+1)}, & np \text{ 不是整数} \\ \dfrac{1}{2}\big[x_{(np)}+x_{(np+1)}\big], & np \text{ 是整数} \end{cases}.$$

特别地，当 $p=0.5$ 时，0.5 分位数 $x_{0.5}$ 也记为 Q_2 或 M，称为**样本中位数**，即有

$$x_{0.5} = \begin{cases} x_{\left(\left[\frac{n}{2}\right]+1\right)}, & n \text{ 是奇数} \\ \dfrac{1}{2}\big[x_{\left(\frac{n}{2}\right)}+x_{\left(\frac{n}{2}+1\right)}\big], & n \text{ 是偶数} \end{cases}.$$

0.25 分位数 $x_{0.25}$ 称为**第一四分位数**，又记为 Q_1；0.75 分位数 $x_{0.75}$ 称为**第三四分位数**，又记为 Q_3。Q_1,M,Q_3 是一种把所有数值由小到大排列并分成四等份，处于三个分割点位置的数值，应用于统计学中箱线图的绘制。

例 5-2-2 日用瓷的斑点问题直接影响产品的外形质量。在一批日用瓷杯中随机地检查了 10 个，发现每个杯子上斑点的个数为(已排序)

$$0\ \ 0\ \ 1\ \ 1\ \ 1\ \ 2\ \ 2\ \ 3\ \ 3\ \ 4$$

求样本分位数 $x_{0.25},x_{0.5},x_{0.75}$。

解　(1) $np = 10 \times 0.25 = 2.5$, $x_{0.25}$ 位于第 $[2.5] + 1 = 3$ 处, 即有 $x_{0.25} = x_{(3)} = 1$;

(2) $np = 10 \times 0.5 = 5$, $x_{0.5}$ 为位于第 5, 6 处的数的平均值, 即有

$$x_{0.5} = \frac{1}{2}(1 + 2) = \frac{3}{2};$$

(3) $np = 10 \times 0.75 = 7.5$, $x_{0.75}$ 位于第 $[7.5] + 1 = 8$ 处, 即有 $x_{0.75} = x_{(8)} = 3$.

三、箱线图

1. 箱线图的绘制

箱线图是由箱子和直线组成的图形, 是基于以下 5 个数的图形概括: 最小值 Min, 第一四分位数 Q_1, 中位数 M, 第三四分位数 Q_3 和最大值 Max. 其具体做法如下.

(1) 画一水平数轴, 在轴上标出最小值 Min, Q_1, M, Q_3, 最大值 Max. 在数轴上方画一个平行于数轴的矩形箱子, 其两侧恰为 Q_1, Q_3, 在 M 的上方画一竖线于箱子内部.

(2) 在箱子的左右两侧各引一条水平线, 分别至 Min 和 Max.

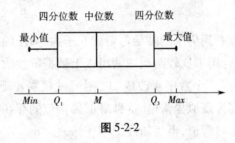

图 5-2-2

2. 箱线图数据的性质

(1) 区间概率平均化: 由四分位数的特点可知, 箱线图中所使用的五个点所分四个区间数据落在其中的概率均为 $\frac{1}{4}$. 若区间较短, 表示落在该区间的点较集中, 反之较分散.

(2) 对称性: 中位数处于数据集正中心. 若 Min 离 M 的距离较 Max 离 M 的距离大, 则表示数据分布向左倾斜, 反之表示数据向右倾斜.

例 5-2-3　对例 5-2-2 作箱线图.

解　可知 $Min = 0$, $Q_1 = 1$, $M = 1.5$, $Q_3 = 3$, $Max = 4$. 作出箱线图如图 5-2-3 所示.

例 5-2-4　下面分别给出了 25 个男子和 25 个女子的肺活量(以升计, 数据已经排过序).

女子组

2.7　2.8　2.9　3.1　3.1　3.1　3.2　3.4　3.4　3.4　3.4　3.4　3.5

3.5　3.5　3.6　3.7　3.7　3.7　3.8　3.8　4.0　4.1　4.2　4.2

男子组

4.1　4.1　4.3　4.3　4.5　4.6　4.7　4.8　4.8　5.1　5.3　5.3　5.3

5.4　5.4　5.5　5.6　5.7　5.8　5.8　6.0　6.1　6.3　6.7　6.7

试分别画出这两组数据的箱线图.

解 女子组:

$$Min = 2.7, Max = 4.2, M = 3.5.$$

因 $np = 25 \times 0.25 = 6.25, Q_1 = 3.2$;因 $np = 25 \times 0.75 = 18.75, Q_3 = 3.7.$

男子组:

$$Min = 4.1, Max = 6.7, M = 5.3.$$

因 $np = 25 \times 0.25 = 6.25, Q_1 = 4.7$;因 $np = 25 \times 0.75 = 18.75, Q_3 = 5.8.$

作出两组数据的箱线图如图5-2-4所示.

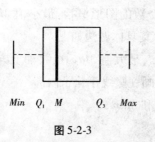

图 5-2-3

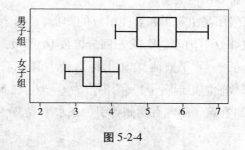

图 5-2-4

注意:从该例题中可以看到男子的肺活量要比女子大,男子的肺活量较女子的肺活量要分散.所以,箱线图特别适合用于比较两组或两组以上数据的性质.

若在例5-2-2中,将最后一个数字4改成20,则通过观察发现20不同寻常的大于该数据集中其他数据,我们称其为**疑似异常值**.这种疑似异常值的存在会对随后的结果产生不当的影响,于是需先找出疑似异常值,再对箱线图稍作修改.

3. 修正箱线图

1)疑似异常值

第一四分位数 Q_1 与第三四分位数 Q_3 之间的距离 $Q_3 - Q_1$(记为 IQR),称为**四分位数间距**.若数据小于 $Q_1 - 1.5IQR$ 或大于 $Q_3 + 1.5IQR$,就认为它是疑似异常值.

2)修正箱线图的绘制

(1)同箱线图绘制的第一步.

(2)计算四分位数间距 IQR,若数据小于 $Q_1 - 1.5IQR$ 或大于 $Q_3 + 1.5IQR$,就认为它是疑似异常值,将疑似异常值画在箱子的两侧,用"$*$"表示.

(3)自箱子左右两侧分别引一水平线段直至除去疑似异常值后数据的最大值、最小值.

例5-2-5 在例5-2-2中最后一个数字4改成20后画出修正箱线图.

解 $Min = 0, Q_1 = 1, M = 1.5, Q_3 = 3, Max = 20$,则

$$IQR = 3 - 1 = 2, Q_3 + 1.5IQR = 6, Q_1 - 1.5IQR = -2.$$

观测值 $20 > 6$ 为疑似异常值,作出修正箱线图如图5-2-5所示.

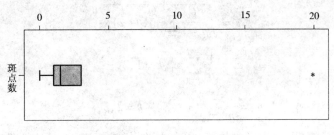

图 5-2-5

第三节　抽样分布

样本是进行统计推断的依据,但在应用中,并不能直接利用样本进行推断,需要针对不同的问题构造合适的样本函数,利用样本函数来进行统计推断.

一、统计量

1. 统计量定义

定义 5.3　设 $X_1, X_2, \cdots, X_n$ 是来自总体 X 的一个样本,$g(X_1, X_2, \cdots, X_n)$ 是 $X_1, X_2, \cdots, X_n$ 的函数,如果 g 中不含未知参数,称随机变量 $g(X_1, X_2, \cdots, X_n)$ 是一个**统计量**. 设 $x_1, x_2, \cdots, x_n$ 是对应样本 $X_1, X_2, \cdots, X_n$ 的样本值,则称 $g(x_1, x_2, \cdots, x_n)$ 是统计量 $g(X_1, X_2, \cdots, X_n)$ 的观测值.

2. 常用的统计量

设 $X_1, X_2, \cdots, X_n$ 是来自总体 X 的一个样本,$x_1, x_2, \cdots, x_n$ 是对应的样本值.

样本均值

$$\bar{X} = \frac{1}{n} \sum_{i=1}^{n} X_i;$$

样本方差

$$S^2 = \frac{1}{n-1} \sum_{i=1}^{n} (X_i - \bar{X})^2 = \frac{1}{n-1} \Big(\sum_{i=1}^{n} X_i^2 - n\bar{X}^2 \Big);$$

样本标准差

$$S = \sqrt{\frac{1}{n-1} \sum_{i=1}^{n} (X_i - \bar{X})^2};$$

样本 k 阶(原点)矩

$$A_k = \frac{1}{n} \sum_{i=1}^{n} X_i^k, k = 1, 2, \cdots;$$

样本 k 阶中心矩

$$B_k = \frac{1}{n} \sum_{i=1}^{n} (X_i - \bar{X})^k, k = 2, 3, \cdots.$$

它们的观测值分别为

$$\bar{x} = \frac{1}{n} \sum_{i=1}^{n} x_i;$$

$$s^2 = \frac{1}{n-1} \sum_{i=1}^{n} (x_i - \bar{x})^2 = \frac{1}{n-1} \Big(\sum_{i=1}^{n} x_i^2 - n\bar{x}^2 \Big);$$

$$s = \sqrt{\frac{1}{n-1} \sum_{i=1}^{n} (x_i - \bar{x})^2};$$

$$a_k = \frac{1}{n} \sum_{i=1}^{n} x_i^k, k = 1, 2, \cdots;$$

$$b_k = \frac{1}{n} \sum_{i=1}^{n} (x_i - \bar{x})^k, k = 2, 3, \cdots.$$

这些观测值仍然分别称为样本均值、样本方差、样本标准差、样本 k 阶(原点)矩及样本 k 阶中心矩.

统计量是把样本中有关总体的信息汇集起来,用于对数据进行分析、检验的变量. 比如样本 k 阶矩在下一章参数估计的矩估计法中非常重要,简单来说,样本 k 阶矩代替总体的 k 阶矩.

记总体 X 的 k 阶矩为 μ_k,即 $\mu_k = E(X^k)$,则当 $n \to \infty$ 时,$A_k \xrightarrow{P} \mu_k$,$g(A_1, A_2, \cdots, A_k)$ $\xrightarrow{P} g(\mu_1, \mu_2, \cdots, \mu_k)$,$k = 1, 2, \cdots$,其中 g 为连续函数. 事实上,因为 $X_1, X_2, \cdots, X_n$ 独立且与 X 同分布,所以 $X_1^k, X_2^k, \cdots, X_n^k$ 独立且与 X^k 同分布,故有

$$E(X_1^k) = E(X_2^k) = \cdots = E(X_n^k) = \mu_k.$$

从而由辛钦大数定理知

$$A_k = \frac{1}{n} \sum_{i=1}^{n} X_i^k \xrightarrow{P} \mu_k, k = 1, 2, \cdots,$$

进而 $g(A_1, A_2, \cdots, A_k) \xrightarrow{P} g(\mu_1, \mu_2, \cdots, \mu_k)$,其中 g 为连续函数.

3. 经验分布函数

接下来从样本出发讨论描述总体的统计规律性的分布函数 $F(x) = P\{X \leqslant x\}$,我们知道在某种意义上频率趋于概率,于是我们先来考虑抽样后 $\{X \leqslant x\}$ 的频率.

例 5-3-1 某陶瓷厂生产青花瓷碗,现从生产线上随机抽取 5 个瓷碗,测得碗口直径为(单位:cm)

$$9.8 \quad 9.9 \quad 9.7 \quad 10.0 \quad 9.9$$

解 这是一个容量为 5 的样本,经排序可得有序样本:

$$x_{(1)} = 9.7, x_{(2)} = 9.8, x_{(3)} = 9.9, x_{(4)} = 9.9, x_{(5)} = 10.0.$$

用上述样本值把 $(-\infty, +\infty)$ 分成左闭右开的区间,在各个区间内计算样本值的个数,再除以容量便得到

$$F_5(x) = \begin{cases} 0, & x < 9.7 \\ 0.2, & 9.7 \leqslant x < 9.8 \\ 0.4, & 9.8 \leqslant x < 9.9 \\ 0.8, & 9.9 \leqslant x < 10.0 \\ 1, & x \geqslant 10.0 \end{cases}$$

我们把由此得到的函数称为**经验分布函数**.

定义 5.4 设总体 X 的分布函数是 $F(x)$,$X_1, X_2, \cdots, X_n$ 是来自 X 的一个样本,对于实

数 x，用 $S(x)$ 表示 $X_1, X_2, \cdots, X_n$ 中不大于 x 的随机变量的个数，函数

$$F_n(x) = \frac{1}{n}S(x), \ x \in \mathbf{R},$$

称为**经验分布函数**．给定样本值后，可以得到经验分布函数 $F_n(x)$ 的观测值.

一般地，设 $x_1, x_2, \cdots, x_n$ 是总体 X 的一个容量为 n 的样本值．将 $x_1, x_2, \cdots, x_n$ 按从小到大的次序排列，并重新编号，记为

$$x_{(1)} \leqslant x_{(2)} \leqslant \cdots \leqslant x_{(n)},$$

那么经验分布函数 $F_n(x)$ 的观测值为

$$F_n(x) = \begin{cases} 0, & x < x_{(1)} \\ k/n, & x_{(k)} \leqslant x < x_{(k+1)}. \\ 1, & x \geqslant x_{(n)} \end{cases}$$

1933 年，格里汶科证明 $P\left\{\lim\limits_{n\to\infty} \sup\limits_{x} |F_n(x) - F(x)| = 0\right\} = 1$. 因此，对于任意实数 x，当 n 充分大时，经验分布函数 $F_n(x)$ 的任一个观测值可以近似当作 $F(x)$ 来使用，这也是利用样本的性质推断总体具有相应性质的理论依据.

二、抽样分布

统计量的分布称为抽样分布.

下面介绍统计学的三大抽样分布：χ^2 分布、t 分布、F 分布.

1. χ^2 分布

设随机变量 $X_1, X_2, \cdots, X_n$ 相互独立且都服从标准正态分布，则称随机变量 $X_1^2 + X_2^2 + \cdots + X_n^2$ 所服从的分布是自由度为 n 的 χ^2 分布，记为 $X_1^2 + X_2^2 + \cdots + X_n^2 \sim \chi^2(n)$. 自由度是指上式包含的独立变量的个数，记为 df.

1）概率密度

如果随机变量 $X \sim \chi^2(n)$，那么 X 的概率密度为

$$f(x) = \begin{cases} \dfrac{1}{2^{n/2}\Gamma(n/2)} x^{\frac{n}{2}-1} \mathrm{e}^{-\frac{x}{2}}, & x > 0 \\ 0, & x \leqslant 0 \end{cases},$$

其中 $\Gamma(\alpha) = \displaystyle\int_0^{+\infty} x^{\alpha-1} \mathrm{e}^{-x} \mathrm{d}x \ (\alpha > 0)$.

χ^2 分布概率密度的图形见图 5-3-1.

2）χ^2 分布的性质

（1）可加性：设随机变量 $X \sim \chi^2(n)$，$Y \sim \chi^2(m)$，且 X 与 Y 相互独立，则

$$X + Y \sim \chi^2(m+n).$$

（2）数学期望和方差：设随机变量 $X \sim \chi^2(n)$，则

$$E(X) = n, \ D(X) = 2n.$$

事实上，因 $X_i \sim N(0,1)$，故

$$E(X_i^2) = D(X_i) = 1,$$

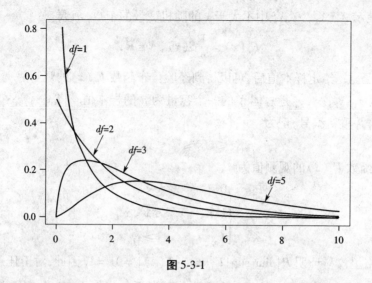

图 5-3-1

$$E(X_i^4) = \int_{-\infty}^{\infty} \frac{1}{\sqrt{2\pi}} x^4 e^{-\frac{x^2}{2}} dx = \frac{1}{\sqrt{2\pi}} \left(-x^3 e^{-\frac{x^2}{2}} \Big|_{-\infty}^{\infty} + \int_{-\infty}^{\infty} 3x^2 e^{-\frac{x^2}{2}} dx \right) = 3,$$

$$D(X_i^2) = E(X_i^4) - [E(X_i^2)]^2 = 3 - 1 = 2, i = 1, 2, \cdots, n,$$

于是

$$E(\chi^2) = E\left(\sum_{i=1}^{n} X_i^2 \right) = \sum_{i=1}^{n} E(X_i^2) = n,$$

$$D(\chi^2) = D\left(\sum_{i=1}^{n} X_i^2 \right) = \sum_{i=1}^{n} D(X_i^2) = 2n.$$

3)χ^2 分布的分位点

对于给定的正数 $\alpha, 0 < \alpha < 1$,称满足条件

$$P\{\chi^2 > \chi_\alpha^2(n)\} = \alpha$$

的点 $\chi_\alpha^2(n)$ 为 $\chi^2(n)$ 分布的上 α 分布点.

例如:$n = 10, \alpha = 0.05$,查附表五得 $\chi_{0.05}^2(10) = 18.307$.

附表五中列到 $n = 40$ 为止,费希尔曾证明,当 n 充分大时,近似地有

$$\chi_\alpha^2(n) \approx \frac{1}{2}(z_\alpha + \sqrt{2n-1})^2,$$

其中 z_α 是标准正态分布的上 α 分位点.

2.t 分布

设随机变量 $X \sim N(0,1), Y \sim \chi^2(n)$,且 X 与 Y 相互独立,则称随机变量 $\dfrac{X}{\sqrt{Y/n}}$ 服从自由度为 n 的 t 分布,记为 $\dfrac{X}{\sqrt{Y/n}} \sim t(n)$.

1)概率密度

如果随机变量 $X \sim t(n)$,那么 X 的概率密度为

$$f(x) = \frac{\Gamma\left(\dfrac{n+1}{2}\right)}{\sqrt{n\pi}\,\Gamma\left(\dfrac{n}{2}\right)}\left(1 + \frac{x^2}{n}\right)^{-\frac{n+1}{2}}, x \in \mathbf{R},$$

它是偶函数,其图形见图 5-3-2.

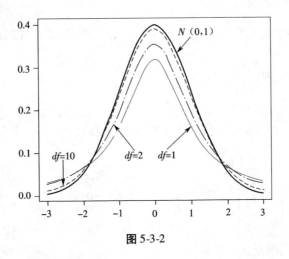

图 5-3-2

2)性质

(1)当 n 足够大时,t 分布近似于 $N(0,1)$ 分布;但对于较小的 n,t 分布与 $N(0,1)$ 分布相差较大.

(2)数学期望与方差:$E(X) = 0, D(X) = \dfrac{n}{n-2}, n > 2.$

3)t 分布的分位点

对于给定的正数 $\alpha, 0 < \alpha < 1$,称满足条件

$$P\{t > t_\alpha(n)\} = \alpha$$

的点 $t_\alpha(n)$ 为 $t(n)$ 分布的上 α 分位点.

由概率密度函数的对称性可得

$$t_{1-\alpha}(n) = -t_\alpha(n).$$

例如,$n = 15, \alpha = 0.025$,查附表四得 $t_{0.025}(15) = 2.131\,4.$ 当 $n > 45$ 时,$t_\alpha(n) \approx z_\alpha.$

例 5-3-2　设 X_1, X_2, X_3, X_4 来自总体 $N(0, \sigma^2)$,则统计量 $T = \dfrac{X_1 + X_2}{\sqrt{X_3^2 + X_4^2}}$ 服从什么分布.

解　$X_1 + X_2 \sim N(0, 2\sigma^2)$,所以 $\dfrac{X_1 + X_2}{\sqrt{2\sigma^2}} \sim N(0,1)$;

又 $\dfrac{X_3}{\sqrt{\sigma^2}}$ 与 $\dfrac{X_4}{\sqrt{\sigma^2}}$ 独立同分布于 $N(0,1)$,于是 $\dfrac{X_3^2}{\sigma^2} + \dfrac{X_4^2}{\sigma^2} \sim \chi^2(2)$,则

$$T = \frac{X_1 + X_2}{\sqrt{X_3^2 + X_4^2}} = \frac{\dfrac{X_1 + X_2}{\sqrt{2\sigma^2}}}{\sqrt{\dfrac{X_3^2 + X_4^2}{\sigma^2}/2}} \sim t(2).$$

3. F 分布

设随机变量 $X \sim \chi^2(n_1)$，$Y \sim \chi^2(n_2)$，且 X 与 Y 相互独立，则称随机变量 $\dfrac{X/n_1}{Y/n_2}$ 服从自由度为 (n_1, n_2) 的 F 分布，记为 $\dfrac{X/n_1}{Y/n_2} \sim F(n_1, n_2)$.

1）概率密度

如果随机变量 $X \sim F(n_1, n_2)$，那么 X 的概率密度为

$$f(x) = \begin{cases} \dfrac{\Gamma\left(\dfrac{n_1 + n_2}{2}\right)}{\Gamma\left(\dfrac{n_1}{2}\right)\Gamma\left(\dfrac{n_2}{2}\right)} n_1^{\frac{n_1}{2}} n_2^{\frac{n_2}{2}} \dfrac{x^{\frac{n_1}{2}-1}}{(n_1 x + n_2)^{\frac{n_1+n_2}{2}}}, & x > 0 \\ 0, & x \leqslant 0 \end{cases}.$$

F 分布概率密度的图形见图 5-3-3.

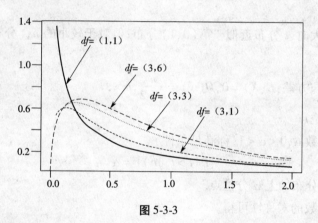

图 5-3-3

2）F 分布的性质

（1）若随机变量 $X \sim F(n_1, n_2)$，则 $\dfrac{1}{X} \sim F(n_2, n_1)$.

（2）数学期望与方差：$E(F) = \dfrac{n_2}{n_2 - 2}$，$n_2 > 2$；$D(F) = \dfrac{2n_2^2(n_1 + n_2 - 2)}{n_1(n_2 - 2)(n_2 - 4)}$，$n_2 > 4$.

3）F 分布的分位点

对于给定的正数 α，$0 < \alpha < 1$，称满足条件

$$P\{F > F_\alpha(n_1, n_2)\} = \alpha$$

的点 $F_\alpha(n_1, n_2)$ 为 $F(n_1, n_2)$ 分布的上 α 分位点.

由 F 分布的性质，可得 $F_{1-\alpha}(n_1, n_2) = \dfrac{1}{F_\alpha(n_2, n_1)}$. 事实上，按定义有

$$1 - \alpha = P\{F > F_{1-\alpha}(n_1, n_2)\} = P\left\{\frac{1}{F} < \frac{1}{F_{1-\alpha}(n_1, n_2)}\right\}$$

$$= 1 - P\left\{\frac{1}{F} \geqslant \frac{1}{F_{1-\alpha}(n_1, n_2)}\right\} = 1 - P\left\{\frac{1}{F} > \frac{1}{F_{1-\alpha}(n_1, n_2)}\right\},$$

于是 $P\left\{\dfrac{1}{F} > \dfrac{1}{F_{1-\alpha}(n_1, n_2)}\right\} = \alpha$，再由 $\dfrac{1}{F} \sim F(n_2, n_1)$ 知 $P\left\{\dfrac{1}{F} > F_\alpha(n_2, n_1)\right\} = \alpha$，所以

$$F_{1-\alpha}(n_1, n_2) = \frac{1}{F_\alpha(n_2, n_1)}.$$

例如，$n_1 = 10, n_2 = 5, \alpha = 0.05$，查附表六得 $F_{0.05}(10, 5) = 4.74$.

利用 F 分布的性质可得到

$$F_{0.95}(5, 10) = \frac{1}{F_{0.05}(10, 5)} = \frac{1}{4.74} = 0.21.$$

例 5-3-3 设 $X \sim F(n, n)$，证明 $P\{X < 1\} = 0.5$.

证明 $X \sim F(n, n)$，则 $\dfrac{1}{X} \sim F(n, n)$，所以

$$P\{X < 1\} = P\left\{\frac{1}{X} > 1\right\} = P\{X > 1\},$$

又由 $P\{X < 1\} + P\{X > 1\} = 1$，知 $P\{X < 1\} = 0.5$.

三、正态总体的样本均值与样本方差的分布

定理 5.1 设总体 X 服从 $N(\mu, \sigma^2)$ 分布，$X_1, X_2, \cdots, X_n$ 为来自总体的一个样本，$\bar{X}$ 是样本均值，则

$$\bar{X} \sim N(\mu, \sigma^2/n).$$

证明 根据定理 3.3 可知 $\bar{X}$ 服从正态分布，又

$$E(\bar{X}) = E\left(\frac{1}{n} \sum_{i=1}^n X_i\right) = \frac{1}{n} \sum_{i=1}^n E(X_i) = \frac{1}{n} \sum_{i=1}^n \mu = \mu,$$

$$D(\bar{X}) = D\left(\frac{1}{n} \sum_{i=1}^n X_i\right) = \frac{1}{n^2} \sum_{i=1}^n D(X_i) = \frac{1}{n} \sum_{i=1}^n \sigma^2 = \frac{\sigma^2}{n},$$

可得结论成立.

事实上，不管总体 X 服从什么分布，只要均值和方差存在，分别记为 μ 和 σ^2，$X_1, X_2, \cdots, X_n$ 为来自总体 X 的一个样本，$\bar{X}$、S^2 分别是样本均值、样本方差，都有

$$E(\bar{X}) = \mu, D(\bar{X}) = \frac{\sigma^2}{n},$$

及

$$E(S^2) = E\left[\frac{1}{n-1}\left(\sum_{i=1}^n X_i^2 - n\bar{X}^2\right)\right] = \frac{1}{n-1}\left[\sum_{i=1}^n E(X_i^2) - nE(\bar{X}^2)\right]$$

$$= \frac{1}{n-1}\left[\sum_{i=1}^n (\sigma^2 + \mu^2) - n(\sigma^2/n + \mu^2)\right] = \sigma^2.$$

例 5-3-4 在总体 $N(52, 6.3^2)$ 中随机地抽取一个容量为 36 的样本，求样本均值 $\bar{X}$ 落在

50.8 ~ 53.8 的概率.

解 由定理 5.1 知 $\bar{X} \sim N\left(52, \frac{6.3^2}{36}\right)$,故

$$P\{50.8 < \bar{X} < 53.8\} = P\left\{\frac{50.8 - 52}{\sqrt{\frac{6.3^2}{36}}} < \frac{\bar{X} - 52}{\sqrt{\frac{6.3^2}{36}}} < \frac{53.8 - 52}{\sqrt{\frac{6.3^2}{36}}}\right\}$$

$$= \Phi\left(\frac{53.8 - 52}{\frac{6.3}{6}}\right) - \Phi\left(\frac{50.8 - 52}{\frac{6.3}{6}}\right)$$

$$\approx \Phi(1.71) - \Phi(-1.14) \text{ (查附表二)}$$

$$= 0.9564 + 0.8729 - 1 = 0.8293.$$

定理 5.2 设总体 X 服从 $N(\mu, \sigma^2)$ 分布,$X_1, X_2, \cdots, X_n$ 为来自总体的一个样本,$\bar{X}$、S^2 分别是样本均值、样本方差,则

(1) $\dfrac{(n-1)S^2}{\sigma^2} \sim \chi^2(n-1)$;

(2) $\bar{X}$ 与 S^2 相互独立.

由于该定理证明用到正交矩阵,过于复杂,故证明略.

定理 5.3 设总体 X 服从 $N(\mu, \sigma^2)$ 分布,$X_1, X_2, \cdots, X_n$ 为来自总体的一个样本,$\bar{X}$、S^2 分别是样本均值、样本方差,则

$$\frac{\bar{X} - \mu}{S/\sqrt{n}} \sim t(n-1).$$

证明 因 $\dfrac{\bar{X} - \mu}{\sigma/\sqrt{n}} \sim N(0,1)$,$\dfrac{(n-1)S^2}{\sigma^2} \sim \chi^2(n-1)$ 且两者独立,由 t 分布的定义知

$$\frac{\bar{X} - \mu}{\sigma/\sqrt{n}} \bigg/ \sqrt{\frac{(n-1)S^2}{\sigma^2(n-1)}} \sim t(n-1),$$

化简上式,即得证.

定理 5.4 设 $X_1, X_2, \cdots, X_{n_1}$ 为来自总体 $N(\mu_1, \sigma_1^2)$ 的一个样本,$Y_1, Y_2, \cdots, Y_{n_2}$ 为来自总体 $N(\mu_2, \sigma_2^2)$ 的一个样本,且两个样本相互独立. 设 $\bar{X} = \dfrac{1}{n_1}\sum\limits_{i=1}^{n_1} X_i$、$\bar{Y} = \dfrac{1}{n_2}\sum\limits_{i=1}^{n_2} Y_i$ 是两个样本的样本均值,$S_1^2 = \dfrac{1}{n_1-1}\sum\limits_{i=1}^{n_1}(X_i - \bar{X})^2$,$S_2^2 = \dfrac{1}{n_2-1}\sum\limits_{i=1}^{n_2}(Y_i - \bar{Y})^2$ 是两个样本的样本方差,则

(1) $\dfrac{S_1^2}{\sigma_1^2} \bigg/ \dfrac{S_2^2}{\sigma_2^2} = \dfrac{S_1^2/S_2^2}{\sigma_1^2/\sigma_2^2} \sim F(n_1-1, n_2-1)$;

(2) 当 $\sigma_1^2 = \sigma_2^2$ 时,$\dfrac{(\bar{X} - \bar{Y}) - (\mu_1 - \mu_2)}{\sqrt{\dfrac{1}{n_1} + \dfrac{1}{n_2}}\sqrt{\dfrac{(n_1-1)S_1^2 + (n_2-1)S_2^2}{n_1 + n_2 - 2}}} \sim t(n_1 + n_2 - 2).$

证明 (1) 因为 $\dfrac{(n_1-1)S_1^2}{\sigma_1^2} \sim \chi^2(n_1-1)$,$\dfrac{(n_2-1)S_2^2}{\sigma_2^2} \sim \chi^2(n_2-1)$,且 S_1^2 与 S_2^2 相互独立,

所以

$$\frac{\dfrac{(n_1-1)S_1^2}{\sigma_1^2}/n_1-1}{\dfrac{(n_2-1)S_2^2}{\sigma_2^2}/n_2-1} = \frac{S_1^2/\sigma_1^2}{S_2^2/\sigma_2^2} \sim F(n_1-1,n_2-1);$$

(2) 根据 χ^2 分布的可加性, 知 $\dfrac{(n_1-1)S_1^2}{\sigma_1^2} + \dfrac{(n_2-1)S_2^2}{\sigma_2^2} \sim \chi^2(n_1+n_2-2)$. 又 $\bar{X} \sim$

$N\left(\mu_1,\dfrac{\sigma_1^2}{n_1}\right)$, $\bar{Y} \sim N\left(\mu_2,\dfrac{\sigma_2^2}{n_2}\right)$, 所以 $\dfrac{(\bar{X}-\bar{Y})-(\mu_1-\mu_2)}{\sqrt{\dfrac{\sigma_1^2}{n_1}+\dfrac{\sigma_2^2}{n_2}}} \sim N(0,1)$, 于是

$$\frac{\dfrac{(\bar{X}-\bar{Y})-(\mu_1-\mu_2)}{\sqrt{\dfrac{\sigma_1^2}{n_1}+\dfrac{\sigma_2^2}{n_2}}}}{\sqrt{\dfrac{\dfrac{(n_1-1)S_1^2}{\sigma_1^2}+\dfrac{(n_2-1)S_2^2}{\sigma_2^2}}{n_1+n_2-2}}} \sim t(n_1+n_2-2).$$

若 $\sigma_1^2=\sigma_2^2$, 即得 $\dfrac{(\bar{X}-\bar{Y})-(\mu_1-\mu_2)}{\sqrt{\dfrac{1}{n_1}+\dfrac{1}{n_2}}\sqrt{\dfrac{(n_1-1)S_1^2+(n_2-1)S_2^2}{n_1+n_2-2}}} \sim t(n_1+n_2-2).$

习 题 五

1. 考察台北故宫博物院收藏的 25 423 件陶瓷的年代这一试验, 总体是什么? 个体是什么? 容量是多少?

2. 什么是简单随机样本?

3. 某陶瓷店 25 种功能款式不一的杯子的月销售量统计如下 (单位:个):

87 60 90 75 120 85 77 90 100 104 79 73 69

99 108 110 96 95 96 100 88 110 108 100 96

绘制频率直方图.

4. 关于第 3 题杯子月销售量统计试验, 求第一及第三分位数和中位数, 并画出箱线图.

5. 设 $X_1,X_2,\cdots,X_8$ 为来自总体 X 的样本, 它们所对应的观测值分别为

$$4\ \ 5\ \ 6\ \ 0\ \ 1\ \ 3\ \ 6\ \ 2$$

试计算其样本均值、样本方差.

6. 设样本 $X_1,X_2,\cdots,X_6$ 来自总体 $N(0,1)$, $Y=(X_1+X_2+X_3)^2+(X_4+X_5+X_6)^2$, 试确定常数 C 使 CY 服从 χ^2 分布.

7. 设随机变量 $X \sim t(n)$, $n>1$, 则 $Y=\dfrac{1}{X^2}$ 服从什么分布?

8. 设总体 $X \sim B(1,p)$, $X_1,X_2,\cdots,X_n$ 是来自 X 的一个样本.

(1)求$(X_1,X_2,\cdots,X_n)$的分布律;

(2)求$\sum_{i=1}^{n}X_i$的分布律;

(3)求$E(\bar{X}),D(\bar{X}),E(S^2)$.

9. 设随机变量X服从t分布,对给定的$\alpha(0<\alpha<1)$,数t_α满足$P\{X>t_\alpha\}=\alpha$. 若$P\{|X|<x\}=\alpha$,则x为多少?

10. 设总体$X\sim N(1,9)$,X_1,X_2,X_3,X_4是它的一个样本,试问:

(1)$Y=\dfrac{1}{3}(X_1+X_2)+X_3-X_4$服从什么分布;

(2)$P\{-0.5\leqslant\bar{X}\leqslant0.25\}$.

11. 设$X_1,X_2,\cdots,X_{10}$是来自总体$X\sim N(0,4)$的一个样本. 求:

(1)$E\left(\dfrac{1}{10}\sum_{i=1}^{10}X_i^2\right),D\left(\dfrac{1}{10}\sum_{i=1}^{10}X_i^2\right)$;

(2)$P\left\{1.946\leqslant\dfrac{1}{10}\sum_{i=1}^{10}X_i^2\leqslant10.075\right\}$.

12. 设总体X服从正态分布$N(\mu,\sigma^2)$($\sigma>0$),从该总体中抽取简单随机样本$X_1,X_2,\cdots,X_{2n}$($n\geqslant2$),其样本均值$\bar{X}=\dfrac{1}{2n}\sum_{i=1}^{2n}X_i$,求统计量$Y=\sum_{i=1}^{n}(X_i+X_{n+i}-2\bar{X})^2$的数学期望.

13. 设X_1,X_2是来自总体X的一个样本,试求$X_1-\bar{X}$与$X_2-\bar{X}$的相关系数.

本章故事

格里汶科 1912 年 1 月 1 日出生于俄罗斯的乌里扬诺夫斯克. 1927 年进入萨拉托夫大学学习;1930 年到位于伊凡诺沃的纺织学院教书;1934 年到莫斯科大学数学学院学习,成为柯尔莫哥洛夫和辛钦的学生,正式走入概率统计研究之路;1942 年获得博士学位;1949 年担任乌克兰科学院的物理、数学和化学部的领导,直到 1960 年回到莫斯科大学. 格里汶科的主要代表作之一是 1950 年发表的《概率论教程》.

第六章　参数估计

前面指出,总体可作为某随机变量 X 的值域,X 的分布函数和数字特征就是总体的分布函数和数字特征. 在概率论中,计算 X 生成的事件发生的概率以及 X 的数字特征,都是在 X 的概率分布已知的情况下进行的. 然而在实际问题中,经常遇到的情况是分布函数的类型已知,而其中的若干参数未知;或者分布函数类型未知,所关心的只是总体中的某些数字特征. 对此,只能通过对总体进行随机抽样,得到由能代表总体特征的部分个体组成的样本,用样本的信息推断总体的分布类型或分布中的数字特征,这一过程称为**统计推断**. 统计推断是数理统计的核心内容.

在统计推断中,我们常常会遇到这样一些问题. 例如,陶瓷产品的某项质量指标 X 服从正态分布 $N(\mu,\sigma^2)$,但参数 μ,σ^2 未知,需要估计 μ,σ^2. 再比如,某网上商城晚上 7 点到 9 点的访问量 X 是随机变量,并不需要知道它服从何种分布,我们只关心平均访问量及其波动情况,即只需估计 X 的数学期望 $E(X)$ 和方差 $D(X)$. 诸如此类的问题,就需要根据样本对总体分布中包含的未知参数进行估计,这类问题称为**参数估计**. 参数估计通常包括**点估计**和**区间估计**两类,本章首先介绍两种求点估计的方法,然后讨论估计量的评选标准,最后介绍区间估计的方法.

第一节　点估计

先看一个实例.

例 6-1-1　用一个仪器去测量某种材料的重量,假定测量到的重量服从正态分布 $N(\mu,\sigma^2)$. 现在进行 5 次测量,测量值为 $60.2,59.9,60.3,59.8,59.5$(单位:克). 我们知道参数 μ,σ^2 分别是正态总体的均值和方差,很自然会想到用样本均值和样本方差的数值分别去估计,容易计算得到 $\bar{x}=59.94$,$s^2=0.0824$. 用 $\hat{\mu},\hat{\sigma}^2$ 分别表示 μ,σ^2 的估计值,故

$$\hat{\mu}=59.94,\hat{\sigma}^2=0.0824.$$

这是对参数 μ,σ^2 分别作定值估计,也称为参数的点估计.

设总体 X 的分布函数为 $F(x,\theta)$,其中 x 为随机变量 X 的观测值,θ 为总体 X 中的未知参数,θ 的取值范围记为 Θ,称 Θ 为 θ 的参数空间.

定义 6.1　设 $X_1,X_2,\cdots,X_n$ 是来自总体 X 的样本,θ 为总体的未知参数,构造统计量 $\theta(X_1,X_2,\cdots,X_n)$,对于样本观测值 $(x_1,x_2,\cdots,x_n)$,若将统计量的观测值 $\theta(x_1,x_2,\cdots,x_n)$ 作为未知参数 θ 的值,则称 $\theta(x_1,x_2,\cdots,x_n)$ 为 θ 的**估计值**,而统计量 $\theta(X_1,X_2,\cdots,X_n)$ 称为参数 θ 的**估计量**,参数 θ 的估计量与估计值统记为 $\hat{\theta}$.

于是,寻找一个作为待估计参数 θ 的估计量 $\theta(X_1,X_2,\cdots,X_n)$,用估计量代替所关心的参数的问题就是点估计问题. 应当注意的是,估计量可以看作样本的函数,其估计值随着所

抽取样本的观测值的不同而不同,带有随机性.

下面介绍两种构造点估计的最常用的方法:**矩估计法**和**最大似然估计法**.

一、矩估计法

矩是反映随机变量的最简单的数字特征.样本取自总体,根据大数定律,样本的矩在一定程度上反映了总体矩的特征.于是,1900 年英国统计学家 K. Pearson 提出了一个替换原则,其原理是样本的 k 阶矩依概率收敛于总体的 k 阶矩,由此产生的方法就是矩估计法.

矩估计法可简单地表述为如下的原则:

(1)用样本的原点矩估计总体相应的原点矩;

(2)对总体矩的函数用样本矩的同一函数去估计;

(3)尽量使用低阶矩.

根据以上原则,矩估计法的具体做法是:设总体 X 的分布函数为 $F(x;\theta_1,\theta_2,\cdots,\theta_l)$,其中 $\theta_1,\theta_2,\cdots,\theta_l$ 是待估计的 l 个未知参数,若 X 存在 l 阶矩,则总体的 k 阶原点矩为

$$\mu_k(\theta_1,\theta_2,\cdots,\theta_l)=\int_{-\infty}^{+\infty}x^k\mathrm{d}F(x;\theta_1,\theta_2,\cdots,\theta_l)\triangleq f_k(\theta_1,\theta_2,\cdots,\theta_l),1\leqslant k\leqslant l,$$

于是得到方程组

$$\begin{cases}\mu_1=f_1(\theta_1,\theta_2,\cdots,\theta_l)\\\mu_2=f_2(\theta_1,\theta_2,\cdots,\theta_l)\\\vdots\\\mu_l=f_l(\theta_1,\theta_2,\cdots,\theta_l)\end{cases},$$

可以解出 $\theta_1,\theta_2,\cdots,\theta_l$ 为

$$\begin{cases}\theta_1=\theta_1(\mu_1,\mu_2,\cdots,\mu_k)\\\theta_2=\theta_2(\mu_1,\mu_2,\cdots,\mu_k)\\\vdots\\\theta_l=\theta_l(\mu_1,\mu_2,\cdots,\mu_k)\end{cases}.$$

对于样本 $X_1,X_2,\cdots,X_n$,其 k 阶原点矩为 $A_k=\dfrac{1}{n}\sum_{i=1}^{n}X_i^k,1\leqslant k\leqslant l$,由替换原则,$\theta_1,\theta_2,\cdots,$ θ_l 的估计量取

$$\begin{cases}\hat\theta_1=\theta_1(A_1,A_2,\cdots,A_k)\\\hat\theta_2=\theta_2(A_1,A_2,\cdots,A_k)\\\vdots\\\hat\theta_l=\theta_l(A_1,A_2,\cdots,A_k)\end{cases}.$$

此方法得到的估计量称为**矩估计量**.由矩估计法可进一步验证:当总体 X 的 k 阶中心矩存在时,它的矩估计量为相应样本的 k 阶中心矩.

例 6-1-2 某拍卖公司一年中组织了 12 次艺术品拍卖会,拍卖会的参与人数依次如下:159,173,157,147,153,141,144,147,153,144,152,155.如果每次拍卖会的人数相互独立,且都服从泊松分布 $P(\lambda)$,试估计参数 λ.

解 用 X 表示拍卖会参与人数,则 $X \sim P(\lambda)$,总体矩 $\mu_1 = E(X) = \lambda$,而样本矩 $A_1 = \frac{1}{n}\sum_{i=1}^{n} X_i = \bar{X}$,故 λ 的矩估计是 $\bar{X}$,将上述数据带入计算得到 λ 的估计值

$$\hat{\lambda} = \bar{x} = \frac{1}{12}\sum_{i=1}^{12} x_i = 152.08$$

正是这 12 次拍卖会的平均参与人数.

注意到,对于泊松分布来说,$D(X) = \lambda$,即 $\hat{\lambda} = \frac{1}{n}\sum_{i=1}^{n}(X_i - \bar{X})^2$ 也是 λ 的矩估计量,这表明矩估计量不是唯一的.

例 6-1-3 单晶硅太阳能电池以高纯度单晶硅棒为原料,制作时需要将单晶硅棒进行切片,每片的厚度在 0.3 mm 左右. 现在用随机抽样的方法测量某厂家的 n 片单晶硅的厚度 X,得到的测量数据为 $X_1, X_2, \cdots, X_n$. 假设这批单晶硅厚度的总体分布是正态分布,试估计这批单晶硅厚度 X 的总体均值和总体方差.

解 设样本 $X_1, X_2, \cdots, X_n$ 来自总体 X,则 $X \sim N(\mu, \sigma^2)$,现要估计的参数有 μ 和 σ^2 两个. 根据矩估计法得到方程组

$$\begin{cases} \mu_1 = E(X) = \mu \\ \mu_2 = E(X^2) = \mu^2 + \sigma^2 \end{cases},$$

即得

$$\begin{cases} \mu = \mu_1 \\ \sigma^2 = \mu_2 - \mu_1^2 \end{cases}.$$

分别以 A_1, A_2 代替 μ_1, μ_2 得到 μ 和 σ^2 的矩估计量分别为

$$\begin{cases} \hat{\mu} = A_1 = \bar{X} \\ \hat{\sigma}^2 = A_2 - A_1^2 = \frac{1}{n}\sum_{i=1}^{n} X_i^2 - \bar{X}^2 = \frac{1}{n}\sum_{i=1}^{n}(X_i - \bar{X})^2 \end{cases},$$

可以看到 μ 的矩估计量 $\hat{\mu}$ 就是样本均值 $\bar{X}$,而 σ^2 的矩估计量 $\hat{\sigma}^2$ 比样本方差 s^2 略小.

例 6-1-4 设 $X_1, X_2, \cdots, X_n$ 是来自总体 $U[a, b]$ 的样本,其中 a, b 是未知参数. 求 a, b 的矩估计.

解 设 $X \sim U[a, b]$,现要估计的两个参数是 a, b. 根据矩估计法得到方程组

$$\begin{cases} \mu_1 = E(X) = (a+b)/2 \\ \mu_2 = E(X^2) = D(X) + [E(X)]^2 = (b-a)^2/12 + (a+b)^2/4 \end{cases},$$

即

$$\begin{cases} a + b = 2\mu_1 \\ b - a = \sqrt{12(\mu_2 - \mu_1^2)} \end{cases},$$

解方程组得

$$a = \mu_1 - \sqrt{3(\mu_2 - \mu_1^2)}, b = \mu_1 + \sqrt{3(\mu_2 - \mu_1^2)}.$$

分别以 A_1, A_2 代替 μ_1, μ_2 得到 a 和 b 的矩估计量分别为

$$\hat{a} = A_1 - \sqrt{3(A_2 - A_1^2)} = \bar{X} - \sqrt{\frac{3}{n}\sum_{i=1}^{n}(X_i - \bar{X})^2},$$

$$\hat{b} = A_1 + \sqrt{3(A_2 - A_1^2)} = \bar{X} + \sqrt{\frac{3}{n}\sum_{i=1}^{n}(X_i - \bar{X})^2}.$$

为了验证本例中矩估计的表现,我们引用文献[2]中的做法,可以用计算机产生 10^7 个独立同分布的都在 $[0.8,5.2]$ 上均匀分布的随机变量的观测值,利用前 n 个观测数据和本例的结论可以计算得到 a,b 的矩估计值如表 6-1-1 所示,可以看出 $\hat{a} \to a, \hat{b} \to b$.

表 6-1-1　矩估计值模拟值

n	10	10^2	10^3	10^4	10^5	10^6	10^7
$\hat{a}$	1.033 6	0.989 1	0.805 3	0.812 4	0.800 1	0.801 6	0.800 1
$\hat{b}$	5.454 7	5.262 3	5.213 2	5.233 0	5.206 7	5.201 8	5.199 7

矩估计法计算直观而简便,应用矩估计法时,特别是在对总体的数学期望及方差等数字特征作估计时,一般不要求知道总体分布的具体形式,所以适用范围较广.然而运用矩估计法时必须假定总体的各阶矩均存在,有些情况下,如 Cauchy 分布的原点矩不存在时,就不能使用矩估计法.另外,矩估计没有充分利用总体分布的信息,所得到的估计值一般精度较差,在已知总体的分布信息的情况下,矩估计一般不如下面给出的最大似然估计好.

二、最大似然估计法

先考察一个简单的例子:如果一车上装有两箱瓷器,第一箱中 70% 是青花瓷、30% 是粉彩瓷,第二箱中 70% 是粉彩瓷、30% 是青花瓷.随机从车上选出一件瓷器,发现它是青花瓷,此时你估计它是从哪个箱子里选出来的呢?很自然地你会认为它是从第一箱里选出来的可能性大,因为青花瓷在第一箱中所占的比例为 70%,高于第二箱的 30%.这种思考问题的方式称为最大似然法.

例 6-1-5　设有一大批产品,其废品率为 $p(0 < p < 1)$.现在从中随机选出 100 个,发现其中有 10 个废品,试估计废品率 p 的值.

让我们把这个问题数学化:若正品用"0"表示,废品用"1"表示,随机变量 X 的分布为 $P\{X=1\} = p, P\{X=0\} = 1-p$,即

$$P\{X=x\} = p^x (1-p)^{1-x}, x = 0, 1.$$

取得的样本记为 $(x_1, x_2, \cdots, x_{100})$,其中 10 个是"1",90 个是"0".这样出现这个样本的概率为

$$\begin{aligned}
P\{X_1 = x_1, X_2 = x_2, \cdots, X_n = x_n\} &= P\{X_1 = x_1\} P\{X_2 = x_2\} \cdots P\{X_n = x_n\} \\
&= p^{x_1}(1-p)^{1-x_1} p^{x_2}(1-p)^{1-x_2} \cdots p^{x_n}(1-p)^{1-x_n} \\
&= p^{10}(1-p)^{90}.
\end{aligned}$$

这个概率随着 p 的变化而变化.很自然地选择使这个概率达到最大的 p 值作为真正废品率的估计值.记 $L(p) = p^{10}(1-p)^{90}$,求极值得到 $\hat{p} = \dfrac{10}{100}$ 即为 p 的估计值.

此例所用估计参数的方法是基于以下思想:选择参数 p 的值使抽得的样本值出现的可能性最大,用这个值作为未知参数 p 的估计值.这种求估计量的方法称为最大似然估计法.最大似然估计法是参数估计中最常用的方法之一,最早是由 Gauss 在 1821 年提出的,Fisher

在 1922 年再次提出了这种想法并证明了它的一些性质,从而使得最大似然估计法得到了更广泛的应用.

定义 6.2 设 $p(x;\theta_1,\theta_2,\cdots,\theta_l)$ 是总体 X 的概率密度函数,其中 $\theta = (\theta_1,\theta_2,\cdots,\theta_l)$ 为未知参数,参数空间 Θ 为 l 维,$X_1,X_2,\cdots,X_n$ 为来自该总体的一个样本,则由概率论的知识可知,随机变量 $(X_1,X_2,\cdots,X_n)$ 的联合概率密度函数

$$L(\theta_1,\theta_2,\cdots,\theta_l) = \prod_{i=1}^{n} p(x_i;\theta_1,\theta_2,\cdots,\theta_l)$$

称为 $\theta_1,\theta_2,\cdots,\theta_l$ 的**似然函数**,有时简记为 $L(\theta)$.

若总体 X 是离散型总体,则样本观测值 $x_1,x_2,\cdots,x_n$ 出现的概率就是似然函数 $L(\theta_1,\theta_2,\cdots,\theta_l)$. 而对于连续型总体,样本观测值 $x_1,x_2,\cdots,x_n$ 出现的概率总是 0,但是联合概率密度(即似然函数)$L(\theta_1,\theta_2,\cdots,\theta_l)$ 表示了样本 $X_1,X_2,\cdots,X_n$ 在其观测值 $x_1,x_2,\cdots,x_n$ 附近出现的可能性大小.

定义 6.3 若存在 $\phi_1(x_1,x_2,\cdots,x_n),\phi_2(x_1,x_2,\cdots,x_n),\cdots,\phi_l(x_1,x_2,\cdots,x_n)$,使得下式

$$L(x_1,x_2,\cdots,x_n;\phi_1,\phi_2,\cdots,\phi_l) = \max_{\theta \in \Theta} L(x_1,x_2,\cdots,x_n;\theta_1,\theta_2,\cdots,\theta_l) \qquad (6.1.1)$$

成立,则称 $\phi_k(x_1,x_2,\cdots,x_n)$ 为 θ_k 的**最大似然估计值**,称 $\phi_k(X_1,X_2,\cdots,X_n)$ 为 θ_k 的**最大似然估计量**,统记为 $\hat{\theta}_k,k=1,2,\cdots,l$.

由定义 6.3 可知,求参数的最大似然估计的问题,实际上就是求似然函数 $L(\theta)$ 的最大值问题.

注意:(1)在定义 6.2 中,$x_1,x_2,\cdots,x_n$ 是给定的样本观测值,不再变动,所以似然函数是关于参数 $\theta_1,\theta_2,\cdots,\theta_l$ 的函数;

(2)由于对数函数 $\ln x$ 是严格单调的增函数,$l(\theta) = \ln L(\theta)$ 和 $L(\theta)$ 有相同的最大值点,许多情况下只需求 $l(\theta)$ 的最大值点即可,这样会给计算带来很大方便,通常称 $l(\theta)$ 为**对数似然函数**.

通过上述的讨论可知,求解最大似然估计实际上转化为求似然函数的最大值问题,为此将求解最大似然估计的步骤总结归纳如下.

(1)求出未知参数的似然函数

$$L(\theta_1,\theta_2,\cdots,\theta_l) = \prod_{i=1}^{n} p(x_i;\theta_1,\theta_2,\cdots,\theta_l).$$

(2)对似然函数取对数,得到对数似然函数

$$\ln L(\theta_1,\theta_2,\cdots,\theta_l) = \sum_{i=1}^{n} \ln p(x_i;\theta_1,\theta_2,\cdots,\theta_l).$$

(3)若在参数空间中,对数似然函数的导函数存在且可以为 0,则可以通过解方程(组)

$$\frac{\partial \ln L(\theta_1,\theta_2,\cdots,\theta_l)}{\partial \theta_k} = \sum_{i=1}^{n} \frac{\partial \ln p(x_i;\theta_1,\theta_2,\cdots,\theta_l)}{\partial \theta_k} = 0, k=1,2,\cdots,l$$

得到式(6.1.1)的解. 此方程(组)也称为**似然方程(组)**.

注意:似然方程组的解仅为驻点,不一定是最大值点,还需要进一步验证. 另外,在参数空间内似然方程组的解不一定存在.

例 6-1-6 某医院每天前来就诊的病人数 X 服从泊松分布 $P(\lambda)$,$X_1,X_2,\cdots,X_{12}$ 是取自

总体的一个独立同分布的样本,现给定 $X_1,X_2,\cdots,X_{12}$ 的观测值:

$$169,167,157,196,163,151,154,157,163,154,162,165.$$

试计算参数 λ 的最大似然估计值.

解 λ 的似然函数为

$$L(\lambda) = P\{X_1 = x_1, X_2 = x_2, \cdots, X_{12} = x_{12}\} = \frac{\lambda^{x_1}}{x_1!}e^{-\lambda}\frac{\lambda^{x_2}}{x_2!}e^{-\lambda}\cdots\frac{\lambda^{x_{12}}}{x_{12}!}e^{-\lambda} = \frac{\lambda^{(x_1+x_2+\cdots+x_{12})}}{x_1!\ x_2!\ \cdots x_{12}!}e^{-12\lambda},$$

对数似然函数为

$$l(\lambda) = \ln L(\lambda) = (x_1 + x_2 + \cdots + x_{12})\ln\lambda - 12\lambda - c_0,$$

其中 c_0 与参数 λ 无关. 解似然方程 $\dfrac{\mathrm{d}l(\lambda)}{\mathrm{d}\lambda} = 0$,得到 λ 的最大似然估计值为

$$\hat{\lambda} = \bar{x} = \frac{x_1 + x_2 + \cdots + x_{12}}{12} = 163.167.$$

通过例 6-1-2 和例 6-1-6 比较可以看出,对于泊松分布总体来讲,参数 λ 的矩估计和最大似然估计是一致的.

例 6-1-7 某电子管的使用寿命 X 服从指数分布,其密度函数为

$$f(x;\theta) = \begin{cases} \dfrac{1}{\theta}e^{-\frac{x}{\theta}}, & x > 0, \theta > 0 \\ 0, & \text{其他} \end{cases}.$$

今测得一组样本观测值,具体数据如下(单位:小时):

$$16\quad 29\quad 50\quad 68\quad 100\quad 130\quad 140\quad 270\quad 280$$
$$340\quad 410\quad 450\quad 520\quad 620\quad 190\quad 210\quad 800\quad 1\,100$$

试求参数 θ 的最大似然估计值.

解 参数 θ 的似然函数为

$$L(x_1,x_2,\cdots,x_{18};\theta) = \prod_{i=1}^{18}\left(\frac{1}{\theta}e^{-x_i/\theta}\right) = \frac{1}{\theta^{18}}\exp\left[-\frac{1}{\theta}\left(\sum_{i=1}^{18}x_i\right)\right],$$

$$\ln L(x_1,x_2,\cdots,x_{18};\theta) = -18\ln\theta - \frac{1}{\theta}\sum_{i=1}^{18}x_i.$$

令

$$\frac{\mathrm{d}}{\mathrm{d}\theta}\ln L(x_1,x_2,\cdots,x_{18};\theta) = -\frac{18}{\theta} + \frac{1}{\theta^2}\sum_{i=1}^{18}x_i = 0,$$

解似然方程得到 θ 的最大似然估计值为 $\hat{\theta} = \dfrac{1}{18}\sum_{i=1}^{18}x_i = \bar{x} = 318$(小时),故 $\bar{X} = \dfrac{1}{18}\sum_{i=1}^{18}X_i$ 就是参数 θ 的最大似然估计量.

例 6-1-8 设 $X \sim N(\mu,\sigma^2)$,μ,σ^2 为未知参数,$x_1,x_2,\cdots,x_n$ 是来自 X 的一个样本值,求参数 μ,σ^2 的最大似然估计量.

解 似然函数为

$$L(x_1,x_2,\cdots,x_n;\mu,\sigma^2) = \prod_{i=1}^{n}\left\{\frac{1}{\sqrt{2\pi}\sigma}\exp\left[-\frac{1}{2\sigma^2}(x_i-\mu)^2\right]\right\}$$

$$= \left(\frac{1}{2\pi\sigma^2}\right)^{n/2}\exp\left[-\frac{1}{2\sigma^2}\sum_{i=1}^{n}(x_i-\mu)^2\right],$$

$$\ln L = \ln L(x_1, x_2, \cdots, x_n; \mu, \sigma^2) = -\frac{n}{2}\ln(2\pi\sigma^2) - \frac{1}{2\sigma^2}\sum_{i=1}^{n}(x_i - \mu)^2.$$

解似然方程组

$$\begin{cases} \dfrac{\partial}{\partial\mu}\ln L = \dfrac{1}{\sigma^2}\sum_{i=1}^{n}(x_i - \mu) = 0 \\ \dfrac{\partial}{\partial\sigma^2}\ln L = -\dfrac{n}{2}\dfrac{1}{\sigma^2} + \dfrac{1}{2\sigma^4}\sum_{i=1}^{n}(x_i - \mu)^2 = 0 \end{cases},$$

得到 μ, σ^2 的最大似然估计量为

$$\begin{cases} \hat{\mu} = \bar{X} \\ \hat{\sigma}^2 = \dfrac{1}{n}\sum_{i=1}^{n}(X_i - \bar{X})^2. \end{cases}$$

与它们的矩估计量相同.

虽然利用求对数似然函数驻点的方法是求最大似然估计量最常用的方法,但并不是在所有场合都有效,请看下面的例子.

例 6-1-9 设总体 X 的 $[a,b]$ 上服从均匀分布,a,b 未知,$x_1, x_2, \cdots, x_n$ 是一个样本值。试求 a,b 的最大似然估计量.

解 均匀总体 $U[a,b]$ 的概率密度可以写作

$$f(x;a,b) = \frac{1}{b-a}I_A(x),$$

其中 $I_A(x)$ 是集合 A 的示性函数,有

$$I_A(x) = \begin{cases} 1, & x \in A \\ 0, & x \notin A \end{cases}$$

给定观测数据 $x_1, x_2, \cdots, x_n$,定义

$$x_{(1)} = \min\{x_1, x_2, \cdots, x_n\}, \quad x_{(n)} = \max\{x_1, x_2, \cdots, x_n\},$$

可以把 a,b 的似然函数写成

$$L(a,b) = \frac{1}{(b-a)^n}\prod_{i=1}^{n}I_{[a,b]}(x_i) = \frac{1}{(b-a)^n}I_{[a,b]}(x_{(1)})I_{[a,b]}(x_{(n)}).$$

可以看出,当 $a \le x_{(1)}$,$b \ge x_{(n)}$ 时,$I_{[a,b]}(x_{(1)})I_{[a,b]}(x_{(n)}) = 1$,且当 $a = x_{(1)}$,$b = x_{(n)}$ 时,$\dfrac{1}{(b-a)^n}$ 取最大值,这时 $L(a,b)$ 最大,所以 a,b 的最大似然估计值是 $\hat{a} = x_{(1)}$,$\hat{b} = x_{(n)}$.

与例 6-1-4 比较后发现,对于均匀分布来讲,矩估计和最大似然估计不同. 同样,我们引用文献[2]中的做法,可以用计算机产生 10^7 个来自均匀分布 $[0.8, 5.2]$ 的样本观测值,利用前 n 个观测数据和本例的结论可以计算得到 a,b 的最大似然估计值如表 6-1-2 所示.

表 6-1-2 **最大似然估计值**

n	10	10^2	10^3	10^4	10^5	10^6	10^7
$\hat{a}$	0.881 4	0.843 4	0.801 0	0.800 1	0.800 0	0.800 0	0.800 0
$\hat{b}$	4.980 6	5.148 7	5.197 9	5.199 1	5.200 0	5.200 0	5.200 0

从计算结果可以看出 $\hat{a} \to 0.8$,$\hat{b} \to 5.2$. 通过表 6-1-1 和表 6-1-2 的数据对比,可知最大似

然估计比矩估计表现得好,但由于观测数据带有随机性,所以不能得出最大似然估计比矩估计好的一般结论. 然而,最大似然估计法要求已知总体的分布类型,充分利用了总体分布所包含的信息,最大似然估计的估计精度一般不低于矩估计的估计精度,同时最大似然估计量有许多优良的性质,具有某些理论上的优点.

第二节 估计量的评选标准

对于同一个未知参数,用不同的估计方法可能会得到不同的估计量. 那么到底哪一个估计会更好呢? 这就涉及评价估计量优良性的标准,本节将就这一问题展开讨论.

一、无偏性

估计量作为样本的函数(即统计量),对于不同的样本观测值,它有不同的估计值,我们希望这些估计值最好在待估参数真值附近摆动,而判定这种性质的一种有效办法就是计算估计量的数学期望是否等于被估计的参数本身,这就产生了无偏性的概念.

定义6.4 设总体 X 的分布函数为 $F(x;\theta)$,θ 为未知参数,Θ 是参数空间,$X_1,X_2,\cdots,X_n$ 为来自总体 X 的样本,$\hat{\theta}=T(X_1,X_2,\cdots,X_n)$ 为 θ 的一个估计量,若数学期望 $E(\hat{\theta})$ 存在且有

$$E(\hat{\theta})=\theta, \forall \theta \in \Theta,$$

则称 $\hat{\theta}=T(X_1,X_2,\cdots,X_n)$ 为 θ 的**无偏估计量**,否则称为**有偏估计量**.

无偏估计量的意义在于:当这个估计量经常地使用时,它给出了在多次重复的平均意义下,趋近于真值的估计. 无偏性是点估计的基本要求,保证了 $\hat{\theta}$ 对 θ 的估计只有随机误差,而没有系统误差,即用 $\hat{\theta}$ 估计 θ 时,可以有偏差,但偏差是随机的,有时大于0,有时小于0,在大量重复时偏差平均为0.

举一个实际例子说明一下:设一商家每日从一工厂中取瓷器一批,每次取货时,从这批产品中随机抽取一些以对其次品率 p 作估计,设每批有 N 件,每件单价为 a 元. 双方约定若某日次品率 p 的估计值为 $\hat{p}$,则商家付给工厂 $N(1-\hat{p})a$ 元. 这样,对一日的情况而言,$\hat{p}$ 可能偏高或偏低,因而有一方要吃一点儿亏;但从长远看,只要 $\hat{p}$ 是 p 的无偏估计,则平均来说哪一方都不吃亏. 由此可见,无偏性无疑是一个很有用且合理的准则.

例6-2-1 $X_1,X_2,\cdots,X_n$ 为来自总体 X 的样本,若 $E(X)=\mu,D(X)=\sigma^2$,试证明样本均值 $\bar{X}$ 及样本方差 S^2 分别是 μ 和 σ^2 的无偏估计量.

证明 因为

$$E(\bar{X})=E\left(\sum_{i=1}^{n}X_i\right)=\frac{1}{n}\sum_{i=1}^{n}E(X_i)=\frac{1}{n}n\mu=\mu,$$

$$E(S^2)=E\left[\frac{1}{n-1}\sum_{i=1}^{n}(X_i-\bar{X})^2\right]=\frac{1}{n-1}\left[\sum_{i=1}^{n}E(X_i^2)-nE(\bar{X}^2)\right]$$

$$=\frac{1}{n-1}\left\{n[D(X)+E(X)^2]-n\left[\frac{D(X)}{n}+E(X)^2\right]\right\}=D(X)=\sigma^2,$$

所以,$\bar{X}$ 和 S^2 分别是 μ 和 σ^2 的无偏估计量.

而 σ^2 的矩估计 $\hat{\sigma}^2 = \dfrac{1}{n}\sum_{i=1}^{n}(X_i - \bar{X})^2$ 是有偏的,因为

$$E(\sigma^2) = E\left[\frac{1}{n}\sum_{i=1}^{n}(X_i - \bar{X})^2\right] = E\left(\frac{n-1}{n}S^2\right) = \frac{n-1}{n}E(S^2) = \frac{n-1}{n}\sigma^2 \neq \sigma^2.$$

例 6-2-2　设 X 服从区间 $[0, \theta]$ 上的均匀分布,$X_1, X_2, \cdots, X_n$ 为来自 X 的样本,判断参数 θ 的矩估计 $\hat{\theta}_1 = 2\bar{X}$ 和最大似然估计 $\hat{\theta}_2 = \max\limits_{1 \leqslant i \leqslant n} X_i$ 是否为 θ 的无偏估计.

解　由于

$$E(\hat{\theta}) = E(2\bar{X}) = \frac{2}{n}\sum_{i=1}^{n}E(X_i) = \frac{2}{n}n\frac{\theta}{2} = \theta.$$

设 X 的分布函数为 $F(x)$,而 θ 的最大似然估计 $\hat{\theta}_2 = \max\limits_{1 \leqslant i \leqslant n} X_i$ 的分布函数为 $F_n(x)$,密度函数为 $f_n(x)$,则

$$F_n(x) = P\{\hat{\theta}_2 \leqslant x\} = P\{\max_{1 \leqslant i \leqslant n} X_i \leqslant x\}$$

$$= P\{X_1 \leqslant x, X_2 \leqslant x, \cdots, X_n \leqslant x\} = P\{X_1 \leqslant x\}P\{X_2 \leqslant x\}\cdots P\{X_n \leqslant x\} = [F(x)]^n,$$

则 $f_n(x) = n[F(x)]^{n-1}F'(x)$,从而

$$E(\hat{\theta}_2) = \int_0^{\theta} x n \frac{x^{n-1}}{\theta^n}\mathrm{d}x = \frac{n}{n+1}\theta.$$

故 $\hat{\theta}_1 = 2\bar{X}$ 是 θ 的无偏估计,而 $\hat{\theta}_2 = \max\limits_{1 \leqslant i \leqslant n} X_i$ 是有偏的.

需要注意的是,有时得到的估计可能不是无偏的,如例 6-2-2 中的 $\hat{\theta}_2$ 不是无偏估计量,这时往往可对估计量进行修正,只要令 $\tilde{\theta} = \dfrac{n+1}{n}\hat{\theta}_2$ 就是 θ 的无偏估计量了,因此无偏估计一般不唯一.

二、有效性

既然无偏估计不是唯一的,就存在一个从其中挑选的问题,为此必须引进一定的准则作为挑选的根据. 对于两个无偏估计量 $\hat{\theta}_1$ 和 $\hat{\theta}_2$ 来说,如果 $\hat{\theta}_1$ 的取值较 $\hat{\theta}_2$ 的取值更集中在 θ 的真值附近,显然就应认为 $\hat{\theta}_1$ 较 $\hat{\theta}_2$ 更为理想. 估计量 $\hat{\theta}$ 在其数学期望 $E(\hat{\theta})$ 附近取值的集中程度,通常是用方差 $D(\hat{\theta})$ 来衡量的,这样就产生了有效性的概念.

定义 6.5　设 $\hat{\theta}_1$、$\hat{\theta}_2$ 是未知参数 θ 的两个无偏估计量,如果

$$D(\hat{\theta}_1) < D(\hat{\theta}_2),$$

则称 $\hat{\theta}_1$ 较 $\hat{\theta}_2$ 有效.

例如,设 $X_1, X_2, \cdots, X_n$ 是来自总体 $N(\mu, \sigma^2)$ 的样本,则 $\hat{\mu}_1 = X_1$、$\hat{\mu}_2 = \bar{X}$ 都是 μ 的无偏估计,但

$$D(\hat{\mu}_1) = \sigma^2, D(\hat{\mu}_2) = \frac{\sigma^2}{n},$$

所以 $\hat{\mu}_2$ 较 $\hat{\mu}_1$ 有效.

例 6-2-3　设 X 服从区间 $[0, \theta]$ 上的均匀分布,$X_1, X_2, \cdots, X_n$ 为来自 X 的样本,判断参数 θ 的两个无偏估计量,矩估计量 $\hat{\theta}_1 = 2\bar{X}$ 和最大似然估计量的修正量 $\tilde{\theta} = \dfrac{n+1}{n}\max\limits_{1 \leqslant i \leqslant n} X_i$,试比较

它们的有效性.

解 由于

$$D(\bar{X}) = D\left(\frac{1}{n}\sum_{i=1}^{n}X_i\right) = \frac{1}{n^2}\sum_{i=1}^{n}D(X_i) = \frac{1}{n^2}\sum_{i=1}^{n}\frac{\theta^2}{12} = \frac{\theta^2}{12n},$$

所以

$$D(\hat{\theta}_1) = D(2\bar{X}) = 4D(\bar{X}) = \frac{\theta^2}{3n}.$$

由于

$$E\left[\left(\max_{1\leqslant i\leqslant n}X_i\right)^2\right] = \int_0^{\theta}x^2\frac{nx^{n-1}}{\theta^n}\mathrm{d}x = \frac{n}{n+2}\theta^2,$$

故

$$D(\tilde{\theta}) = \left(\frac{n+1}{n}\right)^2 D\left(\max_{1\leqslant i\leqslant n}X_i\right) = \frac{(n+2)^2}{n^2}\left[\frac{n}{n+2} - \left(\frac{n}{n+1}\right)^2\right]\theta^2 = \frac{\theta^2}{n(n+2)}.$$

显然

$$\frac{D(\tilde{\theta})}{D(\hat{\theta}_1)} = \frac{3}{n+2},$$

故当 $n > 1$ 时,$\tilde{\theta}$ 较 $\hat{\theta}_1$ 有效.

三、相合性

无偏性和有效性都是在固定样本容量时估计量所表现的性质. 那么,随着样本容量 n 不断增大,自然希望估计值 $\hat{\theta}$ 在某种意义下收敛于待估参数 θ 的真值,由此产生了估计量的相合性的概念.

定义 6.6 设 $\hat{\theta}_n = \hat{\theta}(X_1, X_2, \cdots, X_n)$ 为未知参数 θ 的估计量,若 $\hat{\theta}_n$ 依概率收敛于 θ,即对任意 $\varepsilon > 0$,有

$$\lim_{n\to\infty}P\{|\hat{\theta}_n - \theta| < \varepsilon\} = 1,$$

记 $\hat{\theta}_n \stackrel{P}{\longrightarrow}\theta$,则称 $\hat{\theta}_n$ 为 θ 的相合(一致)估计量,或者称估计量 $\hat{\theta}_n$ 具有相合性(一致性).

相合性可以说是对估计量的一个最基本而合理的要求. 试想如果对一个估计量来说,无论做多少次试验(即增大样本容量),它都不能将待估参数估计到任意指定的精确程度,那这个估计量是否"相合"是值得怀疑的.

关于估计量的相合性,应用大数定律或直接利用定义,可得到一些重要性质,证明略.

定理 6.1 样本原点矩是相应的总体原点矩的相合估计量.

定理 6.2 $\hat{\theta}_k = \hat{\theta}_k(X_1, X_2, \cdots, X_n)$,$1 \leqslant k \leqslant l$,是未知参数 θ_k 的相合估计量,若有函数 $g(x_1, x_2, \cdots, x_l)$ 在点 $(\theta_1, \theta_2, \cdots, \theta_l)$ 连续,则 $g(\hat{\theta}_1, \hat{\theta}_2, \cdots, \hat{\theta}_l)$ 也是 $g(\theta_1, \theta_2, \cdots, \theta_l)$ 的相合估计量.

推论 样本中心矩是相应的总体中心矩的相合估计量.

由上述性质可得出一些常见估计量的相合性. 例如,正态总体 $N(\mu, \sigma^2)$ 中用样本均值 $\bar{X}$ 及样本方差 S^2 分别估计 μ 和 σ^2,它们都是相合估计量. 另外,例 6-1-4 和例 6-1-9 中对均匀分布 $U[a,b]$ 的参数 a,b 的矩估计和最大似然估计都是相合估计,从数据模拟的结果也看出这一点.

第三节 区间估计

对于总体的某一个样本观测值,我们可以通过参数点估计的方法得到未知参数 θ 的一个估计值,但是它仅仅是参数 θ 的一个近似值. 由于估计量 $\hat{\theta}$ 是一个随机变量,它会随着样本的抽取而随机变化,不会总是与 θ 相等,而存在着或大、或小,或正、或负的误差. 即便点估计量具备了很好的性质,但是它本身无法反映这种近似的精确度,且无法给出误差的范围. 另外,在有些实际问题中,人们关心的只是参数 θ 的一个近似范围或在某一方向的界限,同时指出其可靠性. 例如专家估计某一艺术品的成交价 90% 可能在 30 万至 35 万;或者对一种新材料的强度,我们关心它以 95% 的可能性最低不小于多少.

为了解决上述问题,我们希望对参数 θ 估计出一个范围,并知道该范围包含 θ 真实值的可靠程度. 这样的范围通常以区间的形式给出,同时还要给出该区间包含参数 θ 真实值的可靠程度,这种形式的估计称为**区间估计**.

一、置信区间的概念

定义 6.7 设总体 X 的分布函数为 $F(x,\theta)$,θ 为未知参数,$X_1,X_2,\cdots,X_n$ 为来自总体 X 的一个样本,若对事先给定的 α,$0<\alpha<1$,存在两个统计量 $\underline{\theta}(X_1,X_2,\cdots,X_n)$ 和 $\bar{\theta}(X_1,X_2,\cdots,X_n)$,使得

$$P\{\underline{\theta}(X_1,X_2,\cdots,X_n)\leqslant\theta\leqslant\bar{\theta}(X_1,X_2,\cdots,X_n)\}=1-\alpha,$$

则称区间 $[\underline{\theta},\bar{\theta}]$ 为未知参数 θ 的置信度为 $1-\alpha$ 的**置信区间**,$\underline{\theta}$ 和 $\bar{\theta}$ 分别称为置信度 $1-\alpha$ 下的**置信下限**和**置信上限**,$1-\alpha$ 称为**置信度**或**置信水平**.

例如上面讲到的,$[30,35]$ 就是艺术品成交价的置信区间,30 是置信下限,35 是置信上限,90% 就是置信度或置信水平.

理解上述定义时,有几点需要注意.

(1)对于参数 θ 的区间估计的意义可以解释为:随机区间 $[\underline{\theta}(X_1,X_2,\cdots,X_n),\bar{\theta}(X_1,X_2,\cdots,X_n)]$ 包含参数 θ 的真值的概率为 $1-\alpha$,因此若认为"区间 $[\underline{\theta},\bar{\theta}]$ 包含着参数 θ 的真值",则犯错误的概率为 α. 要注意未知参数 θ 不是随机变量,所以不能说参数 θ 以 $1-\alpha$ 的概率落入随机区间 $[\underline{\theta},\bar{\theta}]$,而只能说区间 $[\underline{\theta},\bar{\theta}]$ 以 $1-\alpha$ 的概率包含 θ.

(2)由于每次得到的样本观测值是不同的,每次得到的区间估计也是不一样的. 对一次具体的观测值而言,得到的区间 $[\underline{\theta},\bar{\theta}]$ 可能包含 θ,也可能不包含,但在大量重复取样下,将得到许多不同的估计区间,在这些区间中,至少有 $100(1-\alpha)\%$ 的区间包含 θ.

例如,设 $(x_1,x_2,\cdots,x_{10})$ 是来自 $N(\mu,\sigma^2)$ 的样本,则 μ 的置信水平为 $1-\alpha$ 的置信区间为 $[\bar{x}-t_{1-\alpha/2}(9)s/\sqrt{10},\bar{x}+t_{1-\alpha/2}(9)s/\sqrt{10}]$,其中 $\bar{x},s$ 分别为样本均值和样本标准差. 这个置信区间的由来在本节后面会说明,这里用它来说明置信区间的含义.

若取 $\alpha=0.10$,则 $t_{0.95}(9)=1.8331$,置信区间化为 $[\bar{x}-0.5797s,\bar{x}+0.5797s]$. 现假定 $\mu=15,\sigma^2=4$,则我们可以用随机模拟方法由 $N(15,4)$ 产生一个容量为 10 的样本,如

14. 85,13. 01,13. 50,14. 93,16. 97,13. 80,17. 95,13. 37,16. 29,12. 38,由该样本可以算得 $\bar{x}$ = 14.705 3,s = 1.843 8,从而得到 μ 的一个区间估计为 [14.705 3 − 0.579 7 × 1.843 8, 14.705 3 + 0.579 7 × 1.843 8] = [13.636 4,15.774 2],显然这个区间包含 μ 的真值 15. 现在重复上述过程 100 次,得到 100 个样本,就得到 100 个估计区间,如图 6-3-1 所示. 从图中可以看出,这 100 个区间中有 91 个包含参数真值 15,此时 μ 的置信度为 $1 − \alpha = 0.90$. 作为对照,我们也可以取 $1 − \alpha = 0.50$,同样的方法产生 100 个样本,得到 100 个估计区间,如图 6-3-2 所示. 从图中可以看出,这 100 个区间中只有 50 个包含参数真值 15.

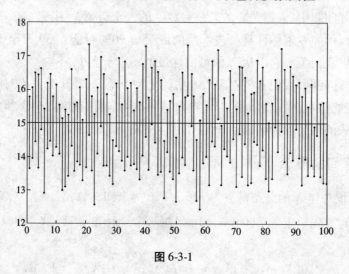

图 6-3-1

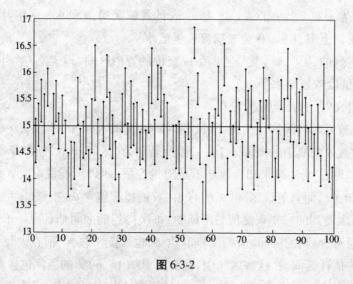

图 6-3-2

（3）评价一个置信区间的好坏有两个要素：一是精度,显然这可以用区间的长度来刻划,长度越大,精度越低；另一个是置信度 $1 − \alpha$,在样本容量 n 固定时,当置信度 $1 − \alpha$ 增大,此时置信区间的长度变大. 也就是说,置信区间的置信度越高,则精度越低；反之,精度越高,则置信度越低. 也就是说,可靠性和精度两者不可能同时增大. 为此,美国统计学家 J. Neyman 在 20 世纪 30 年代就提出并被现代广泛接受的原则：先保证可靠性,在保证足够可

130

靠性的基础上尽量提高精度. 后面我们会讲到, 对于给定的 α, 我们可以取适当大的样本容量 n, 从而保证置信区间的长度具有预先给定的较小的长度.

对于给定的置信度 $1-\alpha$, 怎样根据样本确定未知参数 θ 的置信区间 $[\underline{\theta}, \bar{\theta}]$, 就是参数 θ 的区间估计问题. 求未知参数 θ 的置信区间的步骤如下.

(1)构造一个含有未知参数 θ 的样本函数(随机变量) $W = W(X_1, X_2, \cdots, X_n, \theta)$, W 的分布要求已知, 且不依赖于未知参数 θ, 称函数变量 W 为**枢轴变量**.

(2)对给定的置信度 $1-\alpha$, 根据 W 的分布定出分位点 a 和 b, 使得

$$P\{a \leq W(X_1, X_2, \cdots, X_n, \theta) \leq b\} = 1-\alpha.$$

(3)从不等式 $a \leq W(X_1, X_2, \cdots, X_n, \theta) \leq b$ 中解出 θ, 得到其等价形式 $\underline{\theta}(X_1, X_2, \cdots, X_n)$ $\leq \theta \leq \bar{\theta}(X_1, X_2, \cdots, X_n)$, 则有

$$P\{\underline{\theta}(X_1, X_2, \cdots, X_n) \leq \theta \leq \bar{\theta}(X_1, X_2, \cdots, X_n)\} = 1-\alpha,$$

这表明 $[\underline{\theta}, \bar{\theta}]$ 即为 θ 的置信度为 $1-\alpha$ 的置信区间.

下面给出一些常用参数的区间估计.

二、单个正态总体未知参数的区间估计

1. σ^2 已知, 求 μ 的置信区间

例 6-3-1　为调查景德镇某陶瓷商城顾客的平均消费额, 随机访问了 100 名顾客, 计算得到平均消费额 $\bar{x} = 180$. 根据经验, 已知顾客消费额 X 服从正态分布, 且标准差 $\sigma = 15$. 那么该陶瓷商城顾客平均消费额 μ 的置信度为 95% 的置信区间是多少? (这就是一个已知 σ^2, 求 μ 的置信区间的问题.)

解　设 $X_1, X_2, \cdots, X_n$ 为来自总体的样本, 要推断总体数学期望 μ, 自然想到其无偏估计 $\bar{X}$, 依抽样分布知 $\bar{X} \sim N\left(\mu, \dfrac{\sigma^2}{n}\right)$, 标准化后可以得到枢轴变量

$$Z = \frac{\bar{X}-\mu}{\sqrt{\dfrac{\sigma^2}{n}}} = \frac{\bar{X}-\mu}{\dfrac{\sigma}{\sqrt{n}}} \sim N(0,1).$$

在置信度为 $1-\alpha$ 下, 由于 $P\{|Z| \leq z_{\alpha/2}\} = 1-\alpha$, 解不等式 $|Z| \leq z_{\alpha/2}$, 即得

$$\bar{X} - \frac{\sigma}{\sqrt{n}} z_{\alpha/2} \leq \mu \leq \bar{X} + \frac{\sigma}{\sqrt{n}} z_{\alpha/2}.$$

故置信度为 $1-\alpha$ 下, μ 的置信区间为 $\left[\bar{X} - \dfrac{\sigma}{\sqrt{n}} z_{\alpha/2}, \bar{X} + \dfrac{\sigma}{\sqrt{n}} z_{\alpha/2}\right]$.

在例 6-3-1 中, $1-\alpha = 0.95$, 得 $z_{\alpha/2} = z_{0.025} = 1.96$, 又 $\bar{x} = 180$, $\sigma = 15$, $n = 100$, 计算得到

$$\bar{x} - \frac{\sigma}{\sqrt{n}} z_{\alpha/2} = 180 - 1.96 \times \frac{15}{\sqrt{100}} = 177.06, \bar{x} + \frac{\sigma}{\sqrt{n}} z_{\alpha/2} = 180 + 1.96 \times \frac{15}{\sqrt{100}} = 182.94,$$

所以在已知 σ^2 的情况下, μ 的一个置信度为 95% 的置信区间为 $[177.06, 182.94]$.

需要注意的是, 正态分布具有对称性, 取对称的分位点来计算未知参数的 $1-\alpha$ 置信区间的长度为 $2z_{\alpha/2}\sigma/\sqrt{n}$, 一般比用其他方式(如取不对称的分位点计算)得到的区间长度要

短,也就是说取对称分位点计算的置信区间精度更高. 另外,由于区间长度 $2z_{\alpha/2}\sigma/\sqrt{n}$ 与 $z_{\alpha/2}$ 和样本容量 n 有关,要提高估计的精度,即缩短区间长度,只能减小 $z_{\alpha/2}$ 或者增大 n. 然而,减小 $z_{\alpha/2}$,就意味着增大 α,即减小 $1-\alpha$,这样就降低了可靠性. 因此,要提高估计的精度,又不改变估计的可靠性,就只有增大样本容量 n.

例 6-3-2 已知某天平的称量结果服从正态分布,其标准差为 0.1 克,现用该天平称量某物体的质量,为了能以 95% 的置信度相信称量的误差不超过 0.05 克,问至少需要称量几次?

解 由题意知,$\alpha = 0.05$,$\sigma = 0.1$,$|\bar{X} - \mu| \leqslant 0.05$,得 $z_{0.025} = 1.96$,由于

$$P\left\{|\bar{X} - \mu| \leqslant z_{\alpha/2}\frac{\sigma}{\sqrt{n}}\right\} = 1 - \alpha,$$

所以

$$z_{\alpha/2}\frac{\sigma}{\sqrt{n}} = 1.96 \times \frac{0.1}{\sqrt{n}} = 0.05,$$

$$n = \left(\frac{1.96 \times 0.1}{0.05}\right)^2 \approx 15.37,$$

故至少需要称量 16 次.

2. σ^2 未知,求 μ 的置信区间

在一些问题中,往往 σ^2 是未知的,因此不能再选用统计量 Z 作为枢轴变量,我们自然想到用 σ^2 的无偏估计(即样本方差 S^2)来代替 σ^2,且由于 $\dfrac{(\bar{X} - \mu)\sqrt{n}}{S} \sim t(n-1)$,得到新的枢轴变量

$$T = \frac{\bar{X} - \mu}{\sqrt{S^2/n}} = \frac{\bar{X} - \mu}{S/\sqrt{n}} \sim t(n-1).$$

于是对给定的 α,由 $P\{|T| \leqslant t_{\alpha/2}(n-1)\} = 1 - \alpha$,解不等式 $|T| \leqslant t_{\alpha/2}(n-1)$,即得

$$\bar{X} - \frac{S}{\sqrt{n}}t_{\alpha/2}(n-1) \leqslant \mu \leqslant \bar{X} + \frac{S}{\sqrt{n}}t_{\alpha/2}(n-1),$$

故置信度为 $1-\alpha$ 下,μ 的置信区间为 $\left[\bar{X} - \dfrac{S}{\sqrt{n}}t_{\alpha/2}(n-1), \bar{X} + \dfrac{S}{\sqrt{n}}t_{\alpha/2}(n-1)\right]$.

例 6-3-3 为调查景德镇某陶瓷商城顾客的平均消费额,随机访问了 36 名顾客,计算得到平均消费额 $\bar{x} = 180$,样本标准差 $s = 15$. 根据经验,已知顾客消费额 X 服从正态分布. 那么该陶瓷商城顾客平均消费额 μ 的置信度为 95% 的置信区间是多少?

解 由题意知 $1 - \alpha = 0.95$,$s = 15$ 是样本标准差,总体方差 σ^2 是未知的,用样本方差 S^2 代替 σ^2,又有 $\bar{x} = 180$,$n = 36$,查附表四可知 $t_{\alpha/2}(n-1) = t_{0.025}(35) = 2.0301$,经计算得到置信区间为

$$\left[180 \pm \frac{15}{\sqrt{36}} \times 2.0301\right],\text{即}[174.92, 185.08]$$

所以在 σ^2 未知的情况下,μ 的一个置信度为 95% 的置信区间为 $[174.92, 185.08]$.

对比例 6-3-1 和例 6-3-3 的结果,未知 σ^2 的情况下,μ 的置信区间长度为 185.08 - 174.92 = 10.16,要大于已知 σ^2 下的区间长度 182.94 - 177.06 = 5.88,也就是说在同一可靠度下,精确度下降了. 这正是因为样本容量 n 减小了,而且用 S^2 代替 σ^2 也不如已知 σ^2 来得精确.

3. μ 已知,求 σ^2 的置信区间

我们知道总体方差 σ^2 的无偏估计为 $\hat{\sigma}^2 = \dfrac{1}{n} \sum\limits_{i=1}^{n} (X_i - \mu)^2$,所以可以选择这样的枢轴变量

$$Q = \frac{n\hat{\sigma}^2}{\sigma^2} \sim \chi^2(n),$$

则对于给定的 α,由

$$P\{\chi^2_{1-\alpha/2}(n) \leqslant Q \leqslant \chi^2_{\alpha/2}(n)\} = 1 - \alpha,$$

解不等式 $\chi^2_{1-\alpha/2}(n) \leqslant Q \leqslant \chi^2_{\alpha/2}(n)$ 可得 μ 已知时,σ^2 的置信度为 $1 - \alpha$ 的置信区间为

$$\left[\frac{\sum\limits_{i=1}^{n} (X_i - \mu)^2}{\chi^2_{\alpha/2}(n)}, \frac{\sum\limits_{i=1}^{n} (X_i - \mu)^2}{\chi^2_{1-\alpha/2}(n)} \right].$$

4. μ 未知,求 σ^2 的置信区间

这时总体方差 σ^2 的无偏估计为样本方差 S^2,则可选择枢轴变量

$$Q = \frac{(n-1)S^2}{\sigma^2} \sim \chi^2(n-1),$$

类似 μ 已知的情况可得 σ^2 的置信度为 $1 - \alpha$ 的置信区间为

$$\left[\frac{(n-1)S^2}{\chi^2_{\alpha/2}(n-1)}, \frac{(n-1)S^2}{\chi^2_{1-\alpha/2}(n-1)} \right] \text{或} \left[\frac{\sum\limits_{i=1}^{n} (X_i - \bar{X})^2}{\chi^2_{\alpha/2}(n-1)}, \frac{\sum\limits_{i=1}^{n} (X_i - \bar{X})^2}{\chi^2_{1-\alpha/2}(n-1)} \right].$$

例 6-3-4 设某机床加工的零件长度 $X \sim N(\mu, \sigma^2)$,今抽查 16 个零件,测得长度(单位:mm)如下:

> 12.15　12.12　12.01　12.08　12.09　12.16　12.03　12.01
>
> 12.06　12.13　12.07　12.11　12.08　12.01　12.03　12.06

在置信度为 95% 时,试求总体方差 σ^2 的置信区间.

解 由题意知 $1 - \alpha = 0.95$,$n = 16$,由样本值可算得 $s^2 = 0.002\,44$,查附表五可知 $\chi^2_{0.025}(15) = 27.5$,$\chi^2_{0.975}(15) = 6.26$,经计算得到置信区间为

$$\left[\frac{15 \times 0.002\,44}{27.5}, \frac{15 \times 0.002\,44}{6.26} \right],$$

所以在 μ 未知的情况下,σ^2 的一个置信度为 95% 的置信区间为 $[0.001\,3, 0.005\,8]$.

二、两个正态总体未知参数的区间估计

有时需要对两个正态总体的参数进行比较. 例如,某产品的生产工艺进行了改进,为了考察工艺改进带来的影响,就必须对改进前后该产品某项指标的变化范围和变化波动幅度

进行估计,假定指标服从正态分布,即需要对两个正态总体均值差 $\mu_2 - \mu_1$ 与方差比 $\dfrac{\sigma_1^2}{\sigma_2^2}$ 进行区间估计.

设有两个正态总体 $X \sim N(\mu_1, \sigma_1^2)$,$Y \sim N(\mu_2, \sigma_2^2)$,$(X_1, X_2, \cdots, X_{n_1})$ 和 $(Y_1, Y_2, \cdots, Y_{n_2})$ 是分别来自两个总体的独立样本,其样本均值和样本方差分别为 $\bar{X} = \dfrac{1}{n_1}\sum\limits_{i=1}^{n_1} X_i$,$S_1^2 = \dfrac{1}{n_1 - 1}$
$\sum\limits_{i=1}^{n_1}(X_i - \bar{X})^2$,$\bar{Y} = \dfrac{1}{n_2}\sum\limits_{j=1}^{n_2} Y_j$,$S_2^2 = \dfrac{1}{n_2 - 1}\sum\limits_{j=1}^{n_2}(Y_j - \bar{Y})^2$.

1. 两个正态总体均值差的区间估计

1) σ_1^2、σ_2^2 都已知

容易证明,$\bar{X} - \bar{Y}$ 是一个正态随机变量,就是 $\mu_2 - \mu_1$ 的无偏估计,且有 $(\bar{X} - \bar{Y}) \sim$
$N\left(\mu_1 - \mu_2, \dfrac{\sigma_1^2}{n_1} + \dfrac{\sigma_2^2}{n_2}\right)$,所以可以选择枢轴变量

$$U = \frac{(\bar{X} - \bar{Y}) - (\mu_1 - \mu_2)}{\sqrt{\dfrac{\sigma_1^2}{n_1} + \dfrac{\sigma_2^2}{n_2}}} \sim N(0,1).$$

对于给定的置信度 $1 - \alpha$,存在 $z_{\alpha/2}$,使得 $P\{|U| \leqslant z_{\alpha/2}\} = 1 - \alpha$,由此可解出 $\mu_1 - \mu_2$ 的置信度 $1 - \alpha$ 下的置信区间为

$$\left[(\bar{X} - \bar{Y}) \pm z_{\alpha/2}\sqrt{\frac{\sigma_1^2}{n_1} + \frac{\sigma_2^2}{n_2}}\right].$$

2) $\sigma_1^2 = \sigma_2^2 = \sigma^2$,但 σ^2 未知

由于 $T = \dfrac{(\bar{X} - \bar{Y}) - (\mu_1 - \mu_2)}{S_w\sqrt{\dfrac{1}{n_1} + \dfrac{1}{n_2}}} \sim t(n_1 + n_2 - 2)$,其中 $S_w^2 = \dfrac{(n_1 - 1)S_1^2 + (n_2 - 1)S_2^2}{n_1 + n_2 - 2}$,给定的置信度 $1 - \alpha$ 下,有 $P\{|T| < t_{\alpha/2}(n_1 + n_2 - 2)\} = 1 - \alpha$,故 $\mu_2 - \mu_1$ 的置信度 $1 - \alpha$ 下的置信区间为

$$\left[(\bar{X} - \bar{Y}) \pm t_{\alpha/2}(n_1 + n_2 - 2)S_w\sqrt{\frac{1}{n_1} + \frac{1}{n_2}}\right].$$

特别地,当 $n_1 = n_2 = n$ 时,由 $\dfrac{(\bar{X} - \bar{Y}) - (\mu_1 - \mu_2)}{\sqrt{\dfrac{S_1^2 + S_2^2}{n}}} \sim t(2n - 2)$,$\mu_2 - \mu_1$ 的置信度 $1 - \alpha$ 下的置信区间为

$$\left[(\bar{X} - \bar{Y}) \pm t_{\alpha/2}(2n - 2)\sqrt{\frac{S_1^2 + S_2^2}{n}}\right].$$

例 6-3-5 设对某产品的生产工艺进行了改进,改进前后分别独立测得了若干件产品的某项指标,其结果如下:

改进前 21.6 22.8 22.1 21.2 20.5 21.9 21.4

改进后 24.1 23.8 24.7 24.0 23.7 24.3 24.5 23.9

试估计工艺改进后,该项指标的平均值变化的范围,置信度取为 0.95,假定产品的该项指标服从正态分布,方差 σ^2 未知且在工艺改进前后保持不变.

解　设工艺改进后产品的指标总体为 $N(\mu_1,\sigma_1^2)$,改进前总体为 $N(\mu_2,\sigma_2^2)$.

由题意,$1-\alpha=0.95$,用 $n_1=8,n_2=7,n_1+n_2-2=13,\sigma_1^2=\sigma_2^2=\sigma^2$,查附表四可知 $t_{\alpha/2}(n-1)=t_{0.025}(13)=2.16$,经计算得到

$$\bar{x}_1=24.12,s_1^2=0.122,\bar{x}_2=21.36,s_2^2=0.329,$$

$$s_w^2=\frac{1}{13}\big[(8-1)\times0.122+(7-1)\times0.329\big]=0.218,s_w=\sqrt{0.218}=0.467,$$

得到置信区间是

$$\left[(\bar{x}_1-\bar{x}_2)\pm t_{0.025}(13)s_w\sqrt{\frac{1}{8}+\frac{1}{7}}\right],$$

即 $[2.238,3.282]$.

所以在 σ^2 未知的情况下,μ 的一个置信度为 95% 的置信区间为 $[2.238,3.282]$.这说明产品的指标平均值之差,即改进后的增加量以 95% 的可靠度估计在 $2.238\sim3.282$,由于置信下限 2.238 大于零,故我们以 95% 的可靠度认为 $\mu_1-\mu_2>0$,即改进后的指标要比改进前好.

进一步地,若要考察工艺改进前后产品指标的稳定情况,就要做方差比 σ_1^2/σ_2^2 的区间估计.

2. 两个正态总体方差比的区间估计

设有两个总体 $X\sim N(\mu_1,\sigma_1^2)$,$Y\sim N(\mu_2,\sigma_2^2)$,$S_1^2,S_2^2$ 分别是两个总体的样本方差,μ_1,μ_2,σ_1^2,σ_2^2 均未知,由于 S_1^2,S_2^2 分别是 σ_1^2,σ_2^2 的无偏估计,又有

$$\frac{(n_1-1)S_1^2}{\sigma_1^2}\sim\chi^2(n_1-1),\frac{(n_2-1)S_2^2}{\sigma_2^2}\sim\chi^2(n_2-1),$$

故可以选择枢轴变量

$$F=\frac{\dfrac{(n_1-1)S_1^2}{\sigma_1^2}/(n_1-1)}{\dfrac{(n_2-1)S_2^2}{\sigma_2^2}/(n_2-1)}=\frac{S_1^2/\sigma_1^2}{S_2^2/\sigma_2^2}\sim F(n_1-1,n_2-1).$$

给定的置信度 $1-\alpha$,存在 $F_{\alpha/2}(n_1-1,n_2-1)$ 和 $F_{1-\alpha/2}(n_1-1,n_2-1)$,使得

$$P\{F_{1-\alpha/2}(n_1-1,n_2-1)\leqslant F\leqslant F_{\alpha/2}(n_1-1,n_2-1)\}=1-\alpha,$$

解不等式,可得到 σ_1^2/σ_2^2 的置信度 $1-\alpha$ 下的置信区间为

$$\left[\frac{S_1^2/S_2^2}{F_{\alpha/2}(n_1-1,n_2-1)},\frac{S_1^2/S_2^2}{F_{1-\alpha/2}(n_1-1,n_2-1)}\right].$$

例6-3-6　若例6-3-5中工艺改进前后总体方差 σ^2 有所改变,试计算工艺改进后的总体方差 σ_1^2 与改进前的总体方差 σ_2^2 之比的 95% 置信区间.

解　由题意,$n_1=8,n_2=7,1-\alpha=0.95,\alpha=0.05,1-\alpha/2=0.975$,查附表六可得 $F_{0.025}(7,6)=5.7,F_{0.025}(6,7)=5.12$,且有

$$F_{1-\alpha/2}(n_1-1,n_2-1)=\frac{1}{F_{\alpha/2}(n_2-1,n_1-1)},$$

所以 $F_{0.975}(7,6) = \dfrac{1}{5.12}$. 经计算得到 $s_1^2 = 0.122, s_2^2 = 0.329$, 故得到 σ_1^2/σ_2^2 的 95% 置信区间为

$$\left[\frac{0.122}{0.329} \times \frac{1}{5.7}, \frac{0.122}{0.329} \times 5.12\right] = [0.065, 1.899].$$

因为置信区间 $[0.065, 1.899]$ 中含有 1, 所以不能判定工艺改变前后产品指标稳定状况在 95% 可靠度下显著改变.

对于总体均值差或总体方差比的置信区间, 在实际中通常有以下结论.

(1) 若 $\mu_1 - \mu_2$ 的置信下限大于零, 则可以认为 $\mu_1 > \mu_2$; 若 $\mu_1 - \mu_2$ 的置信上限小于零, 则可以认为 $\mu_1 < \mu_2$; 若 $\mu_1 - \mu_2$ 的置信区间包含零, 则可以认为 $\mu_1 = \mu_2$.

(2) 若 σ_1^2/σ_2^2 的置信区间的下限大于 1, 则可以认为 $\sigma_1^2 > \sigma_2^2$; 若 σ_1^2/σ_2^2 的置信区间的上限小于 1, 则可以认为 $\sigma_1^2 < \sigma_2^2$; 若 σ_1^2/σ_2^2 的置信区间包含 1, 则可以认为 $\sigma_1^2 = \sigma_2^2$.

习题六

1. 从一批电子元件中抽取 8 个进行寿命测试, 得到如下数据 (单位: h),

    1 050   1 100   1 130   1 040   1 250   1 300   1 200   1 080

试对这批元件的平均寿命以及分布的标准差给出矩估计.

2. 设总体 $X \sim U(0, \theta)$, 现从该总体中抽取容量为 10 的样本, 样本值为

    0.5   1.3   0.6   1.7   2.2   1.2   0.8   1.5   2.0   1.6

试对参数 θ 给出矩估计.

3. 设总体分布律为

$$P\{X = k\} = (k-1)\theta^2(1-\theta)^{k-2}, \quad k = 2, 3, \cdots, 0 < \theta < 1,$$

$x_1, x_2, \cdots, x_n$ 是样本, 试求未知参数的矩估计.

4. 设总体密度函数如下, $x_1, x_2, \cdots, x_n$ 是样本, 试求未知参数的矩估计.

(1) $p(x;\theta) = \dfrac{2}{\theta^2}(\theta - x), 0 < x < \theta, \theta > 0$;

(2) $p(x;\theta) = \theta e^{-\theta x}, x > 0$;

(3) $p(x;\theta) = \sqrt{\theta} x^{\sqrt{\theta}-1}, 0 < x < 1, \theta > 0$.

5. 设总体概率函数如下, $x_1, x_2, \cdots, x_n$ 是样本, 试求未知参数的最大似然估计.

(1) $p(x;\theta) = \sqrt{\theta} x^{\sqrt{\theta}-1}, 0 < x < 1, \theta > 0$;

(2) $p(x;\theta) = \theta c^{\theta} x^{-(\theta+1)}, x > c, c > 0$, 已知 $\theta > 1$;

(3) $p(x;\theta) = c\theta^c x^{-(c+1)}, x > \theta, \theta > 0$, 已知 $c > 0$.

6. 一地质学家为研究密歇根湖的湖滩地区的岩石成分, 随机地自该地区取 100 个样品, 每个样品有 10 块石子, 记录每个样品中属石灰石的石子数. 假设这 100 次观察相互独立, 求该地区石子中石灰石的比例的最大似然估计. 该地质学家所得的数据如下.

样本中的石子数	0	1	2	3	4	5	6	7	8	9	10
样品个数	0	1	6	7	23	26	21	12	3	1	0

7. 已知在文学家萧伯纳的 *An Intelligent Woman's Guide To Socialism* 一书中,一个句子的单词数 X 近似地服从对数正态分布,即 $Z = \ln X \sim N(\mu, \sigma^2)$. 今从该书中随机地取 20 个句子,这些句子中的单词数分别为

$$52 \quad 24 \quad 15 \quad 67 \quad 15 \quad 22 \quad 63 \quad 26 \quad 16 \quad 32$$
$$7 \quad 33 \quad 28 \quad 14 \quad 7 \quad 29 \quad 10 \quad 6 \quad 59 \quad 30$$

求该书中一个句子单词数均值 $E(X) = e^{\mu + \frac{\sigma^2}{2}}$ 的最大似然估计.

8. 设 $x_1, x_2, \cdots, x_n$ 为总体的样本,有

$$f(x) = \begin{cases} (\alpha+1) x^\alpha, & 0 \leqslant x \leqslant 1 \\ 0, & \text{其他} \end{cases}.$$

求未知参数 α 的最大似然估计量和矩估计量

9. 总体 $X \sim U(\theta, 2\theta)$,其中 $\theta > 0$ 是未知参数,又 $x_1, x_2, \cdots, x_n$ 为取自该总体的样本,$\hat{x}$ 为样本均值.

(1)证明 $\hat{\theta} = \dfrac{2}{3} \bar{x}$ 是参数 θ 的无偏估计;

(2)求 θ 的最大似然估计,判断它是否是无偏估计.

10. 设总体 $X \sim N(\mu, \sigma^2)$,$x_1, x_2, \cdots, x_n$ 是来自该总体的一个样本. 试确定常数 C,使

$$C \sum_{i=1}^{n-1} (x_{i+1} - x_i)^2$$

为 σ^2 的无偏估计.

11. 设 x_1, x_2, x_3 是取自某总体的容量为 3 的样本,试证下列统计量都是该总体均值 μ 的无偏估计,在方差存在时指出哪一个估计的有效性最差?

(1)$\hat{\mu}_1 = \dfrac{1}{2} x_1 + \dfrac{1}{3} x_2 + \dfrac{1}{6} x_3$;(2)$\hat{\mu}_2 = \dfrac{1}{3} x_1 + \dfrac{1}{3} x_2 + \dfrac{1}{3} x_3$;(3)$\hat{\mu}_3 = \dfrac{1}{6} x_1 + \dfrac{1}{6} x_2 + \dfrac{2}{3} x_3$.

12. 设 $\hat{\theta}$ 是参数 θ 的无偏估计,且有 $\mathrm{Var}(\hat{\theta}) > 0$,试证 $\hat{\theta}^2$ 不是参数 θ^2 的无偏估计.

13. 设总体 $X \sim U(\theta - 1/2, \theta + 1/2)$,$x_1, x_2, \cdots, x_n$ 为样本,证明样本均值 $\bar{x}$ 是 θ 的无偏估计.

14. 设 $x_1, x_2, \cdots, x_n$ 是来自正态总体 $N(\mu, \sigma^2)$ 的一个样本,对 σ^2 考虑如下三个估计:

$$\hat{\sigma}_1^2 = \frac{1}{n-1} \sum_{i=1}^{n} (x_i - \bar{x})^2, \hat{\sigma}_2^2 = \frac{1}{n} \sum_{i=1}^{n} (x_i - \bar{x})^2, \hat{\sigma}_3^2 = \frac{1}{n+1} \sum_{i=1}^{n} (x_i - \bar{x})^2.$$

判断哪一个是 σ^2 的无偏估计?

15. 做 n 次独立重复试验,观察到事件 A 发生了 m 次,试证明 $P(A) = p$ 的矩估计和极大似然估计均为 m/n.

16. 某厂生产的化纤强度服从正态分布,长期以来其标准差稳定在 $\sigma = 0.85$,现抽取了一个容量为 $n = 25$ 的样本,测定其强度,算得样本均值为 $\bar{x} = 2.25$,试求这批化纤平均强度

的置信水平为 0.95 的置信区间.

17. 假设钢珠的直径服从正态分布,现从钢珠的生产线中抽取容量为 9 的样本(单位:mm),测得直径的平均值 $\bar{x} = 31.05$, $s^2 = 0.25^2$,试求总体 μ 和 σ^2 的双侧置信区间($\alpha = 0.05$).

18. 设总体 X 容量为 4 的样本为 $0.5, 1.25, 0.8, 2.0$,已知 $Y = \ln X$ 服从正态分布 $N(\mu, 1)$. 求:(1)总体 X 的数学期望;(2)μ 的置信度为 95% 的置信区间.

19. 用一个仪表测量某一物理量 9 次,得样本均值 $\bar{x} = 56.32$,样本标准差 $s = 0.22$.

(1)测量标准差 σ 大小反映了测量仪表的精度,试求 σ 的置信水平为 0.95 的置信区间;

(2)求该物理量真值的置信水平为 0.99 的置信区间.

20. 设样本 $X_1, X_2, \cdots, X_n$ 来自总体 $X \sim N(u, 0.25)$,如果要以 99.7% 的概率保证 $|\bar{X} - u| < 0.1$,试问样本容量 n 应取多大?

21. 为了检验一种杂交作物的两种新处理方案,在同一地区随机地选择 8 块地段. 在各试验地段,按两种方案处理作物,这 8 块地段的单位面积产量(单位:kg)如下:

一号方案产量　86　87　56　93　84　93　75　79

二号方案产量　80　79　58　91　77　82　74　66

假设两种产量都服从正态分布,分别为 $N(\mu_1, \sigma^2)$, $N(\mu_2, \sigma^2)$, σ^2 未知,求 $\mu_1 - \mu_2$ 的置信度为 95% 的置信区间.

22. 为了比较两种型号步枪的枪口速度,随机地取甲型子弹 10 发,测得枪口子弹速度的平均值 $\bar{x} = 500(\text{m/s})$,标准差 $s_1 = 1.10(\text{m/s})$;随机地取乙型子弹 20 发,测得枪口子弹速度的平均值 $\bar{y} = 496(\text{m/s})$,标准差 $s_2 = 1.20(\text{m/s})$. 设两总体近似地服从正态分布,并且方差相等,求两总体均值之差的置信水平为 95% 的置信区间.

23. 假设人体身高服从正态分布,今抽测甲、乙两地区 18 至 25 岁女青年身高数据如下:甲地区抽取 10 名,样本均值 1.64 m,样本标准差 0.2 m;乙地区抽取 10 名,样本均值 1.62 m,样本标准差 0.4 m. 求:(1)两正态总体方差比的置信水平为 95% 的置信区间;(2)两正态总体均值差的置信水平为 95% 的置信区间.

第七章　假设检验

第六章我们已经讨论了统计推断中的参数估计,即利用来自总体的样本的信息对总体未知参数进行点估计和区间估计的问题.然而,在科学研究和日常工作的实际问题中,我们需要知道总体的未知参数有无明显变化,或是否达到既定要求,或多个总体的某个参数有无明显差异等.诸如此类的问题,就是将要介绍的统计推断的另一类问题——假设检验问题.本章介绍假设检验的基本概念以及正态总体参数检验的主要方法.

第一节　假设检验概述

一、假设检验的基本概念

假设检验是推断统计中的一项重要内容.所谓统计假设检验,就是对总体的分布类型或分布中某些未知参数作某种假设,然后由抽取的样本所提供的信息对假设的正确性进行判断的过程.为了对假设检验有更直观的认识,不妨先看下面的例子.

例 7-1-1　某企业生产一种零件,过去的大量资料表明,零件的平均长度为 4 厘米,标准差为 0.1 厘米.改进工艺后,抽取了 100 个零件,测得样本平均长度为 3.94 厘米.现问工艺改进前后零件的长度是否发生了显著的变化?

解　从直观上看,改进后零件的长度略短,但这种差异可能是由于抽样的随机性带来的,而事实上工艺改进前后零件的长度也许并没有显著差异.究竟是否存在显著差异,可以先设立一个假设,不妨为"假设工艺改进前后零件长度没有显著差异",然后检验这个假设能否成立.如果工艺改进前后之间的差异不大,未超出抽样误差范围,则假设成立,认为没有显著差异;反之,如果工艺改进前后之间的差异超出了抽样误差范围,则假设不成立,认为工艺改进前后零件长度发生了显著的变化.这就是一个**假设检验**问题.

在实践中,类似的问题还有许多.统计学上,首先对问题发表"看法"——称为"**假设**",然后依据样本用一定的方法验证这一"假设"是否成立——称为"**检验**".一般地,对于总体提出的各种判断称为**统计假设**,简称假设,用 H 表示.对每个假设检验问题,一般同时提出两个相反的假设:原假设和备择假设.**原假设**又称基本假设或零假设,是正待检验的假设,记为 H_0;拒绝原假设后可供选择的假设称为**备择假设**(或备选假设、对立假设),记为 H_1.原假设和备择假设是相互对立的,检验结果二者必取其一.如例 7-1-1 中,可设 $H_0:\mu = 4$,$H_1:\mu \neq 4$,可以看出这两个假设包含了试验或研究的所有可能结果.

需要注意的是,这里的"假设"就是一个其正确性需要通过样本去判断的陈述,不能与数学上常说的"假设……"之类的话混淆,后者常常是对一个所讨论的问题中已被承认的前提或条件;而"检验"就是对"假设"正确与否的"判断".

下面我们从讨论例 7-1-1 出发,来讨论假设检验的思想及步骤.

二、假设检验的基本思想和步骤

一个完整的假设检验过程,通常包括以下四个步骤.

1. 提出原假设和备择假设

原假设和备择假设不是随意提出的,应根据所检验问题的具体背景而定. 原假设通常为不变情况的假设. 比如,原假设 H_0 声明两个群体某些性状间没有差异,即两个群体的平均数和方差相同;备择假设 H_1 则通常声明一种改变的状态,如两个群体间存在差异. 通常情况下,备择假设比原假设还重要,这要由实际问题来确定,一般把期望出现的结论作为备择假设,因此原假设常与研究者的期望相反. 因为证明一个假设是错误的比证明其是正确的容易,因此研究者通常试图拒绝原假设.

一般地,假设有以下三种形式.

(1) $H_0 : \mu = \mu_0$;$H_1 : \mu \neq \mu_0$,这种形式的假设检验称为双侧检验.

(2) $H_0 : \mu \geq \mu_0$;$H_1 : \mu < \mu_0$,这种形式的假设检验称为左侧检验.

(3) $H_0 : \mu \leq \mu_0$;$H_1 : \mu > \mu_0$,这种形式的假设检验称为右侧检验.

左侧检验和右侧检验统称为单侧检验. 采用哪种假设,要根据所研究的实际问题而定. 如果对所研究问题只需判断有无显著差异或要求同时注意总体参数偏大或偏小的情况,则采用双侧检验. 如果所关心的是总体参数是否比某个值偏大(或偏小),则宜采用单侧检验. 如例 7-1-1 中可提出假设:$H_0 : \mu = 4$ 厘米;$H_1 : \mu \neq 4$ 厘米.

2. 构造一个适当的检验统计量

对于假设 $H_0 : \mu = 4$ 厘米;$H_1 : \mu \neq 4$ 厘米. 直接利用所取的样本来推断 H_0 是否为真比较困难,必须对样本进行加工,把样本中包含未知参数 μ 的信息集中起来,即构造一个适用于检验 H_0 的统计量. 很自然地想到选用 μ 的无偏估计量 $\bar{X}$ 比较合适,根据已知 $\bar{X}$ 的观测值为 $\bar{x} = 3.94 < 4$,造成这种差异有两种可能:一种可能是工艺改进后,确实有 $\mu < \mu_0$;另一种可能是由随机抽样引起的误差,属随机误差. 若是后者,$|\bar{x} - \mu_0|$ 不应太大,如果 $|\bar{x} - \mu_0|$ 大到一定程度,就应怀疑 H_0 不成立,即认为改进前后零件长度有显著差异. 也就是说,根据 $|\bar{x} - \mu_0|$ 的大小就能对 H_0 作检验. 在数理统计中,就是要按一定的原则找一个常数 k 作为界,如果 H_0 成立,则意味着事件"$|\bar{x} - \mu_0| < k$"发生的概率较大,即事件"$|\bar{x} - \mu_0| \geq k$"发生的概率较小;否则就认为 H_0 不真,而接受 H_1,这就是**假设检验的基本思想**.

那么又如何确定 k 呢? 由于 $\bar{x}$ 是 $\bar{X}$ 的观测值. 自然想到应由 $\bar{X}$ 的分布来确定 k,若 H_0 成立,则 $\bar{X} \sim N(\mu_0, \sigma^2/n)$,将其标准化,所得的统计量记为

$$U = \frac{\bar{X} - \mu_0}{\sigma} \sqrt{n} \overset{H_0 \text{为真时}}{\sim} N(0,1).$$

U 统计量可用来检验 H_0,常称它为检验统计量. 在具体问题里,选择什么统计量作为检验统计量,需要考虑的因素与参数估计相同. 例如,用于进行检验的样本是大样本还是小样本,总体方差已知还是未知等,在不同的条件下应选择不同的检验统计量.

3. 给定显著性水平 α,确定临界值

根据上面的分析,在 H_0 成立的条件下,事件"$|\bar{X} - \mu_0| \geq k$"出现的概率应该很小——称为(条件)小概率事件,而根据**小概率原理**(或**实际推断原理**),小概率事件在一次试验(或一次抽样)中是几乎不可能出现的. 若在一次抽样中,小概率事件"$|\bar{x} - \mu_0| \geq k$"出现了,则违背了小概率原理,而违背原理的原因是因为假设 H_0 成立,从而从反面认为应否定 H_0,即 H_0 不成立. 此时备择假设 H_1 成立,在例 7-1-1 中则意味着改进后的长度应该"显著"地低于 4 厘米;这里的"显著"是一个统计学概念,指的是这时 H_0 发生是一个小概率事件. 统计上用来确定或否定原假设为小概率事件的概率标准叫**显著性水平**或**检验水平**,记作 α,故假设检验有时也被称为**显著性检验**. 由此可见,**假设检验的基本原理是小概率原理**,它是一种概率意义上的反证法.

再回到例 7-1-1 中,对给定的 $\alpha = 0.05$,由于 $\bar{X} \sim N\left(\mu, \dfrac{0.1^2}{100}\right)$,则当 H_0 成立时,就有

$$U = \frac{\bar{X} - \mu_0}{\sqrt{0.1^2/100}} = 100(\bar{X} - \mu_0) \sim N(0,1),$$

$$\alpha = P\{|U| \geq z_{\alpha/2}\} = P\{100|\bar{X} - \mu_0| \geq z_{\alpha/2}\} = P\left\{|\bar{X} - \mu_0| \geq \frac{1}{100}z_{\alpha/2}\right\} = 0.05,$$

其中 $z_{\alpha/2}$ 是标准正态分布的分位点,查附表二可得 $z_{\alpha/2} = 1.96$,我们称 $z_{\alpha/2}$ 为该处的**临界值**. 由显著性水平 α 确定出临界值 $z_{\alpha/2}$ 后,实际上把检验统计量 U 可能取的观测值划分成两个部分:

$$C = \{|U| \geq z_{\alpha/2}\} \text{ 和 } \bar{C} = \{|U| < z_{\alpha/2}\}.$$

显然当 U 的观测值落入 C,则拒绝 H_0,所以我们称 C 为**拒绝域**. 如图 7-1-1 所示,阴影部分即为拒绝域.

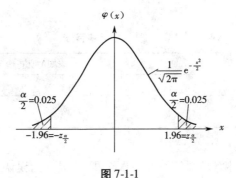

图 7-1-1

4. 作出统计决策

由样本观测值计算出检验统计量 U 的值 u,与临界值 $z_{\alpha/2}$ 进行比较,即视其是否落入 C,而作出拒绝或接受 H_0 的判断. 对于例 7-1-1 而言,

$$|U| = \left|\frac{3.94 - 4}{\sqrt{0.1^2/100}}\right| = 6 \geq z_{\alpha/2} = z_{0.025} = 1.96,$$

故拒绝原假设 H_0,即根据这次所得样本均值的观测值,拒绝总体均值为 4 厘米的假设,也就

是说工艺改进前后,零件的长度发生了显著的变化.

需要注意的是,对于不同形式的假设,H_0的拒绝域也有所不同. 双侧检验的拒绝区位于统计量分布曲线的两侧;左侧检验的拒绝域位于统计量分布曲线的左侧;右侧检验的拒绝域位于统计量分布曲线的右侧,如图 7-1-2 所示.

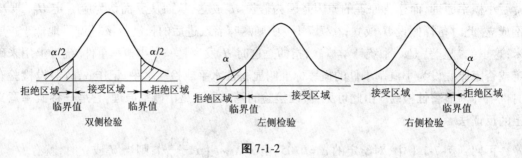

图 7-1-2

三、假设检验的两类错误

从前面的叙述可以知道,假设检验是通过比较检验统计量的样本数值作出决策的. 由于样本抽样时会带来抽样误差,据之所作的判断不可能保证百分之百的正确. 一般来说,决策结果存在以下四种情形:

(1)原假设是真实的,判断结论是接受原假设,这是一种正确的判断;

(2)原假设是不真实的,判断结论是拒绝原假设,这也是一种正确的判断;

(3)原假设是真实的,判断结论是拒绝原假设,这是一种产生"弃真错误"的判断;

(4)原假设是不真实的,判断结论是接受原假设,这是一种产生"取伪错误"的判断.

以上四种判断可归纳如下,见表 7-1-1.

表 7-1-1　统计决策表

检验结果	未知的真正情况	
	H_0 正确	H_0 错误
接受 H_0	正确结论 $1 - \alpha$	取伪错误 β
拒绝 H_0	弃真错误 α	正确结论 $1 - \beta$

弃真错误也称作假设检验的"**第一类错误**",即 H_0 成立而误认为 H_0 不成立. 第一类错误产生的原因是:在原假设为真的情况下,检验统计量不巧刚好落入小概率的拒绝域,从而拒绝 H_0. 因此,犯第一类错误的概率大小就等于显著性水平的大小,即等于 α. 所以,统计学上又称第一类错误为 α 错误.

取伪错误也称作假设检验的"**第二类错误**",即 H_0 不成立而误认为 H_0 成立. 当研究人员没能拒绝一个错误的原假设时,就犯了第二类错误. 犯第二类错误的概率记为 β,因此统计学上又称第二类错误为 β 错误.

从表 7-1-1 还可以看出,只有当原假设被拒绝时,才会存在 α;而当不拒绝原假设时,才

会存在 β,故在同一次假设检验中,不可能同时犯第一类错误和第二类错误.

显然检验效果的好坏,与犯两类错误的概率都有关. 我们自然希望犯这两类错误的概率越小越好,然而样本一定的条件下,犯这两类错误的概率不可能同时被控制,即若 α 减小,β 就增大;若 α 增大,β 就减小. 在犯第一类错误概率 α 得到控制的条件下,犯取伪错误的概率也要尽可能地小,或者说,不取伪的概率 $1-\beta$ 应尽可能增大. $1-\beta$ 越大,意味着当原假设不成立时,检验判断出原假设不成立的概率越大,检验的判别能力就越好;$1-\beta$ 越小,意味着当原假设不成立时,检验判断出原假设不成立的概率也越小,检验的判别能力就越差. 可见 $1-\beta$ 是反映统计检验判别能力大小的重要标志,我们称之为**检验功效**或**检验力**.

我们在统计检验中,一般都是首先控制犯第一类错误的概率,也就是显著性水平 α 尽量取较小的值,尽量避免犯弃真的错误,在其他条件不变时,β 就增大,$1-\beta$ 减小,检验的功效就减弱. 该如何来调和这一矛盾呢? 唯一的办法就是**增大样本容量**,因为增加样本容量能够既保证满足较小的 α 需要,同时又能减小犯第二类错误的概率 β,抵消检验功效的衰减. 然而,实际上样本容量 n 的增加也是有限制的,兼顾 α 与 β 很困难,这时鉴于 α 风险一般比 β 风险重要,首先考虑的还是控制 α 风险. 一般 α 的取值应根据具体问题的实际情况和研究需要来选择,常取 $0.1,0.05,0.01$ 等. 下面举例说明 α 与 β 的关系及其取值.

例 7-1-2 按照法律,在证明被告有罪之前应先假定他是无罪的,也就是原假设 H_0:被告无罪;备择假设 H_1:被告有罪. 法庭可能犯的第一类错误是被告无罪但判他有罪;第二类错误是被告有罪但判他无罪. 犯第一类错误的性质是"冤枉了好人",第二类错误的性质是"放过了坏人". 为了减小"冤枉好人"的概率,应尽可能接受原假设,判被告无罪,这就有可能增大"放过坏人"的概率;反过来,为了不"放过坏人",增大拒绝原假设的概率,相应地就又增加了"冤枉好人"的可能性,这就是 α 与 β 的关系. 当然,这只是在"一定的证据下"的两难选择. 如果进一步收集有关的证据(即增加样本容量),在充分的证据下,就有可能做到既不冤枉好人,又不放过坏人(即同时控制).

例 7-1-3 假设有一个总体服从正态分布,其均值等于 100,标准差等于 10. 另一个总体也服从正态分布,均值等于 105,标准差等于 10. 我们不知道我们的样本是从哪一个总体抽取的,只知道为其中之一. 而实际上,样本来自均值等于 105 的样本.

解 第一种情况:假定样本含量 $n=25,\alpha=0.05$.

假设为

$$H_0:\mu=100,\sigma=10;H_1:\mu=105,\sigma=10.$$

首先,我们计算当 H_0 正确时,什么情况下会犯第一类错误. 查附表二可得临界值 $z_{0.05}=1.645$,此时考虑单侧检验,即

$$1.645=\frac{\bar{x}-100}{10/\sqrt{25}},$$

于是得 $\bar{x}=103.29$. 如果 H_0 正确,当均值大于 103.29 时,拒绝 H_0,犯第一类错误的概率为 0.05;如果 H_0 是错误的,均值低于 103.29 会导致第二类错误,得出样本来自均值为 100 总体的结论. 图 7-1-3 中均值为 100 的分布的斜线部分为第一类错误,均值为 105 的分布的阴影部分为第二类错误.

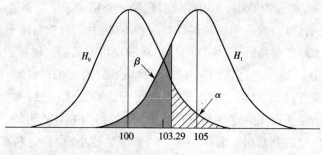

图 7-1-3

现在我们可以根据定义,计算第二类错误:

$$\beta = P\{\bar{x} < 103.29\} = P\left\{u < \frac{103.29 - 100}{10/\sqrt{25}}\right\} = P\{u < -0.855\} = 0.196\ 3.$$

这时假设检验的检验功效等于 $1 - \beta = 1 - 0.196\ 3 = 0.803\ 7$.

第二种情况:假定样本含量 $n = 25, \alpha = 0.01$.

同样地,我们先计算当 H_0 正确时,什么情况下会犯第一类错误. 与前面相同,查附表二可得临界值 $z_{0.01} = 2.330$,即

$$2.330 = \frac{\bar{x} - 100}{10/\sqrt{25}},$$

于是得 $\bar{x} = 104.66$. 第二类错误为

$$\beta = P\{\bar{x} < 104.66\} = P\left\{u < \frac{104.66 - 105}{10/\sqrt{25}}\right\} = P\{u < -0.170\} = 0.432\ 5.$$

这时假设检验的检验功效等于 $1 - \beta = 1 - 0.432\ 5 = 0.567\ 5$.

表 7-1-2 列出了三种显著性水平下第二类错误和检验功效. 可以看出,随着显著性水平 α 的提高,第二类错误增大,检验功效下降,这样的后果不是我们期望的. 这种现象的根本原因是因为两个样本分布存在重叠. 比如,如果一个样本的均值等于 100,而另一个为 10 000,由于两个样本分布没有重叠,第二类错误就消失了.

表 7-1-2   显著性水平下第二类错误和检验功效的关系

α	β	检验功效
0.05	0.196 3	0.803 7
0.01	0.432 5	0.567 5
0.001 *	0.719 0	0.281 0

* $\alpha = 0.001$ 时,临界值 $z_\alpha = 3.08$.

第三种情况:假定样本含量 $n = 100, \alpha = 0.05$.

$$1.645 = \frac{\bar{x} - 100}{10/\sqrt{100}},$$

于是得 $\bar{x} = 101.645$,第二类错误为

$$\beta = P\{\bar{x} < 101.645\} = P\left\{u < \frac{101.645 - 105}{10/\sqrt{100}}\right\} = P\{u < -3.355\} = 0.000\ 4,$$

这时假设检验的检验功效等于 $1 - \beta = 1 - 0.000\ 4 = 0.999\ 6.$

样本含量提高后,根据中心极限定理,样本平均数的标准差下降,使样本分布间的重叠减少. 因此,可以通过样本含量来提高检验功效,降低第二类错误.

四、假设检验中应注意的一些问题

(1)在许多文献中,把检验准则 $|U| \geqslant z_{\alpha/2}$,即 $|\bar{X} - \mu_0| \geqslant \frac{\sigma}{\sqrt{n}} z_{\alpha/2}$ 改为考察概率 $p = P\left\{|U| \geqslant \frac{|\bar{X} - \mu_0|}{\sigma/\sqrt{n}}\right\}$,其中 $U \sim N(0,1)$. 若 $p < \alpha$,则拒绝 H_0;若 $p \geqslant \alpha$,则接受 H_0.

(2)应该注意假设检验结果的解读. 在假设检验中如果根据样本作出拒绝假设 H_0 的推断,并不意味着 H_0 一定不真,因此有时将这种情况说成是"试验结果与假设 H_0 差异显著";反之,对接受 H_0 的情况,常常说成是"试验结果与假设 H_0 差异不显著"."显著"针对的是样本而不是总体,我们只能说"样本 A 和样本 B 均值间存在显著差异",而不能说"总体 A 和总体 B 的均值差异显著".

(3)当拒绝 H_0 时,即假设检验结果为差异显著,则由于犯弃真错误的概率被控制而显得更有说服力和危害较小;当接受 H_0 时,即假设检验结果为差异不显著,不能理解为样本间没有差异,假设检验不显著可能是因为误差太大而掩盖了真正的差异,为可靠起见,进一步对精确的试验结果进行抽样检验可能会得出差异显著的结果.

(4)假设检验时要根据样本分布理论选择合适的检验统计量,每种检验统计量都有其适用条件. 比如,从本章下面一节可以知道,单个正态总体的假设检验有 Z 检验和 t 检验之分,我们要注意应用的条件不同.

第二节　单个正态总体的假设检验

一、均值的假设检验

1. σ^2 已知,关于均值 μ 的假设检验(Z 检验法)

设 $X_1, X_2, \cdots, X_n$ 是取自总体 $X \sim N(\mu, \sigma_0^2)$ 的一个样本,其中方差 σ_0^2 已知,现要检验假设:

$$H_0 : \mu = \mu_0 ; H_1 : \mu \neq \mu_0 (\mu_0 \text{ 为已知常数}).$$

因假设与总体均值有关,考虑样本均值 $\bar{X}$,当 H_0 成立时,有

$$\bar{X} \sim N\left(\mu_0, \frac{\sigma^2}{n}\right), \frac{\bar{X} - \mu_0}{\sigma^2/\sqrt{n}} \sim N(0,1),$$

我们构造统计量

$$Z = \frac{\bar{X} - \mu_0}{\sigma^2 / \sqrt{n}}$$

作为此假设检验的检验统计量,显然当假设 H_0 成立(即 $\mu = \mu_0$ 成立)时,$Z \sim N(0,1)$,所以对于给定的显著性水平 α,可求 $z_{\alpha/2}$ 使

$$P\{|Z| > z_{\alpha/2}\} = \alpha,$$

见图 7-2-1,即

$$P\{Z \leqslant -z_{\alpha/2}\} + P\{Z > z_{\alpha/2}\} = \alpha,$$

查附表二得双侧 α 分位点(即临界值)$z_{\alpha/2}$.

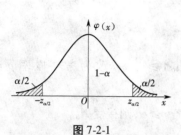

图 7-2-1

另一方面,利用样本观测值 $x_1, x_2, \cdots, x_n$ 计算检验统计量 Z 的观测值

$$z = \frac{\bar{x} - \mu_0}{\sigma / \sqrt{n}}.$$

如果:(1) $|z| > z_{\alpha/2}$,则在显著性水平 α 下,拒绝原假设 H_0(接受备择假设 H_1),所以 $|z_0| > z_{\alpha/2}$ 便是 H_0 的拒绝域;

(2) $|z| \leqslant z_{\alpha/2}$,则在显著性水平 α 下,接受原假设 H_0.

这里我们是利用 H_0 成立时服从 $N(0,1)$ 分布的检验统计量 Z 来确定拒绝域的,这种检验法称为 Z 检验法(或称 U 检验法). 例 7-1-1 中所用的方法就是 Z 检验法. 为了熟悉这类假设检验的具体做法,现在我们再举一例.

例 7-2-1 根据长期经验和资料的分析,某砖厂生产的砖的抗断强度服从正态分布,方差为 1.21. 从该厂产品中随机抽取 6 块,测得抗断强度如下(单位:$\mathrm{kg/cm^2}$):

$$32.56 \quad 29.66 \quad 31.64 \quad 30.00 \quad 31.87 \quad 31.03$$

检验这批砖的平均抗断强度为 32.50 $\mathrm{kg/cm^2}$ 是否成立(取 $\alpha = 0.05$,并假设砖的抗断强度的方差不会有什么变化).

解 (1)提出假设 $H_0 : \mu = \mu_0 = 32.50$;$H_1 : \mu \neq \mu_0$.

(2)选取检验统计量

$$Z = \frac{\bar{X} - \mu_0}{\sigma / \sqrt{n}},$$

若 H_0 成立,则 $Z \sim N(0,1)$.

(3)对给定的显著性水平 $\alpha = 0.05$,求 $z_{\alpha/2}$ 使

$$P\{|Z| > z_{\alpha/2}\} = \alpha,$$

这里 $z_{\alpha/2} = z_{0.025} = 1.96$.

(4)计算统计量 Z 的观测值:

$$|z| = \left| \frac{\bar{x} - \mu_0}{\sigma / \sqrt{n}} \right| = \left| \frac{31.13 - 32.50}{1.1 / \sqrt{6}} \right| \approx 3.05.$$

(5)判断:由于 $|z| = 3.05 > z_{0.025} = 1.96$,所以在显著性水平 $\alpha = 0.05$ 下否定 H_0,即不能认为这批产品的平均抗断强度是 32.50 $\mathrm{kg/cm^2}$.

把上面的检验过程加以概括,得到了关于方差已知的正态均值 μ 的检验步骤.

（1）提出待检验的假设 $H_0:\mu=\mu_0$；$H_1:\mu\neq\mu_0$（μ_0 为已知常数）.

（2）构造统计量 Z，并计算其观测值 z_0：

$$Z=\frac{\bar{X}-\mu_0}{\sigma/\sqrt{n}},\quad z_0=\frac{\bar{x}-\mu_0}{\sigma/\sqrt{n}}.$$

（3）对给定的显著性水平 α，根据

$$P\{|Z|>z_{\alpha/2}\}=\alpha,\ P\{Z\leqslant-z_{\alpha/2}\}=1-\alpha/2,\ P\{Z>z_{\alpha/2}\}=\alpha/2.$$

查标准正态分布表，得双侧 α 分位点 $z_{\alpha/2}$.

（4）作出判断：根据 H_0 的拒绝域，若 $|z_0|>z_{\alpha/2}$，则拒绝 H_0，接受 H_1；若 $|z_0|\leqslant z_{\alpha/2}$，则接受 H_0.

2. σ^2 未知，关于均值 μ 的假设检验（t 检验法）

设 $X_1,X_2,\cdots,X_n$ 是取自总体 $X\sim N(\mu,\sigma^2)$ 的一个样本，其中方差 σ^2 未知，现要检验假设：

$$H_0:\mu=\mu_0;H_1:\mu\neq\mu_0（\mu_0\ 为已知常数）.$$

由于 σ^2 未知，$\dfrac{\bar{X}-\mu_0}{\sigma/\sqrt{n}}$ 便不是统计量，这时我们自然想到用 σ^2 的无偏估计量——样本方差 S^2 代替 σ^2，当 H_0 成立时，应有

$$\frac{\bar{X}-\mu}{S/\sqrt{n}}\sim t(n-1),$$

故选取样本的函数

$$t=\frac{\bar{X}-\mu_0}{S/\sqrt{n}}$$

作为检验统计量，当 H_0 成立（$\mu=\mu_0$）时 $t\sim t(n-1)$.

对给定的检验显著性水平 α，由

$$P\{|t|>t_{\alpha/2}(n-1)\}=\alpha,$$
$$P\{t>t_{\alpha/2}(n-1)\}=\alpha/2,$$

见图 7-2-2，直接查附表四得 t 分布分位点 $t_{\alpha/2}(n-1)$.

利用样本观测值，计算统计量 t 的观测值

$$t=\frac{\bar{x}-\mu_0}{s/\sqrt{n}},$$

因而原假设 H_0 的拒绝域为

$$|t|=\left|\frac{\bar{x}-\mu_0}{s/\sqrt{n}}\right|>t_{\alpha/2}(n-1).$$

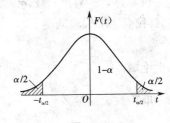

图 7-2-2

所以，若 $|t|>t_{\alpha/2}(n-1)$，则拒绝 H_0，接受 H_1；若 $|t_0|\leqslant t_{\alpha/2}(n-1)$，则接受原假设 H_0.

上述利用 t 统计量得出的检验法也称为 t 检验法. 在实际中，正态总体的方差常为未知，所以我们常用 t 检验法来检验关于正态总体均值的问题.

例 7-2-2 水泥厂用自动包装机包装水泥，每袋额定重量是 50 kg. 某日开工后随机抽查了 9 袋，称得重量如下：

49.6，49.3，50.1，50.0，49.2，49.9，49.8，51.0，50.2

这里假设每袋重量服从正态分布，问包装机工作是否正常？（$\alpha = 0.05$）

解 问题是要检验

$$H_0:\mu = \mu_0 = 50；H_1:\mu \neq \mu_0.$$

由于 σ^2 未知（即机器的精度不知道），所以用 t 检验法，选取统计量

$$t = \frac{\bar{X} - \mu_0}{S/\sqrt{n}}.$$

当 H_0 成立时，$t \sim t(n-1)$，由样本观测值可以计算得 $\bar{x} = 49.9$，$s^2 = 0.29$，则 T 的观测值为

$$|t| = \left| \frac{\bar{x} - \mu_0}{s/\sqrt{n}} \right| = \left| \frac{49.9 - 50}{\sqrt{0.29/9}} \right| = 0.56.$$

对于给定的检验水平 $\alpha = 0.05$，查附表四得双侧 α 分位点

$$t_{\alpha/2}(n-1) = t_{0.025}(8) = 2.306.$$

因为 $|t| = 0.56 < 2.306$，故应接受 H_0，认为包装机工作正常.

3. 双侧检验与单侧检验

上面讨论的假设检验中，原假设 $H_0:\mu = \mu_0$，备择假设 $H_1:\mu \neq \mu_0$，意思是 μ 可能大于 μ_0，也可能小于 μ_0，称为双侧备择假设，而称形如 $H_0:\mu = \mu_0；H_1:\mu \neq \mu_0$ 的假设检验为双侧检验. 有时我们只关心总体均值是否增大，例如试验新工艺以提高材料的强度，这时所考虑的总体的均值应该越大越好，如果我们能判断在新工艺下总体均值较以往正常生产的大，则可考虑采用新工艺. 此时，我们需要检验假设

$$H_0:\mu \leqslant \mu_0；H_1:\mu > \mu_0,$$

称为**右侧检验**. 类似地，有时我们需要检验假设

$$H_0:\mu \geqslant \mu_0；H_1:\mu < \mu_0,$$

称为**左侧检验**. 右侧检验与左侧检验统称为**单侧检验**.

下面来讨论单侧检验的拒绝域.

设总体 $X \sim N(\mu,\sigma^2)$，σ^2 为已知，$x_1,x_2,\cdots,x_n$ 是来自总体的样本观测值. 给定显著性水平 α，我们先求检验问题

$$H_0:\mu \leqslant \mu_0；H_1:\mu > \mu_0$$

的拒绝域.

取检验统计量 $Z = \dfrac{\bar{X} - \mu_0}{\sigma/\sqrt{n}}$，当 H_0 成立时，Z 不应太大，而由于 $\bar{X}$ 是 μ 的无偏估计，因此拒绝域的形式为

$$Z = \frac{\bar{X} - \mu_0}{\sigma/\sqrt{n}} \geqslant k，k \text{ 待定}.$$

给定显著性水平 α 的条件下，

$$P\left\{ \frac{\bar{X} - \mu_0}{\sigma/\sqrt{n}} \geqslant k \right\} = \alpha,$$

得 $k = z_\alpha$，故拒绝域为

$$Z = \frac{\bar{X} - \mu_0}{\sigma/\sqrt{n}} \geq z_\alpha.$$

类似地，左侧检验问题

$$H_0 : \mu \geq \mu_0 ; H_1 : \mu < \mu_0$$

的拒绝域为

$$Z = \frac{\bar{X} - \mu_0}{\sigma/\sqrt{n}} \leq z_\alpha.$$

σ^2 未知时的情况类似可以得到.

例 7-2-3 设某电子元件的寿命服从正态分布，批量生产的质量标准为平均寿命达到 1 200 小时，标准差为 150 小时. 某厂宣称采用一种新工艺生产的元件质量大大超过规定标准. 为了进行验证，随机抽取了 20 件作为样本，测得平均使用寿命为 1 245 小时. 能否说该厂的元件质量显著地高于规定标准？（取 $\alpha = 0.05$）.

解 按题意，在本例中要验证某厂宣称的其产品质量大大超过规定标准是否可信，因此是单侧检验. 从逻辑上看，如果样本均值低于或略高于 1 200 小时，我们都会拒绝承认某厂的宣称，只有当样本均值超过 1 200 小时足够多，以至于用抽样的随机性也难以解释时，我们才能认可该厂的产品质量确实超过 1 200 小时，所以用右侧检验更为适当.

需检验假设

$$H_0 : \mu \leq \mu_0 ; H_1 : \mu > \mu_0 ,$$

其拒绝域为

$$Z = \frac{\bar{X} - \mu_0}{\sigma/\sqrt{n}} \geq z_{0.05} = 1.645 ,$$

而现在 $\mu_0 = 1\,200, \bar{x} = 1\,245, \sigma = 150, n = 20$，则

$$z = \frac{1\,245 - 1\,200}{150/\sqrt{20}} = 1.341 < 1.645.$$

所以接受 H_0，即不能认为该厂产品质量显著地高于规定标准.

二、方差的假设检验

在假设检验中，有时需要检验正态总体的方差. 例如，一种仪器或一种测定方法的精度（指其内在误差，而非由于没有调准而产生的偏差）是否达到某种界限，当一种方法的测定精度问题主要在于波动太大时，可能需要检验方差.

设 $X_1, X_2, \cdots, X_n$ 是取自总体 $X \sim N(\mu, \sigma^2)$ 的一个样本，其中 μ 未知，现要检验假设 $H_0 : \sigma^2 = \sigma_0^2 ; H_1 : \sigma^2 \neq \sigma_0^2 (\sigma_0^2$ 为已知常数).

由于样本方差 S^2 是 σ^2 的无偏估计，当 H_0 成立时，比值 S^2/σ_0^2 一般来说应在 1 附近摆动，而不应过分大于 1 或过分小于 1，而当 H_0 成立时，

$$\chi^2 = \frac{(n-1)S^2}{\sigma_0^2} \sim \chi^2(n-1).$$

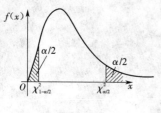

图 7-2-3

所以,对于给定的显著性水平 α 有(见图 7-2-3)

$$P\{\chi^2_{1-\alpha/2}(n-1) \leqslant \chi^2 \leqslant \chi^2_{\alpha/2}(n-1)\} = 1 - \alpha.$$

对于给定的 α,查附表五可求得 χ^2 分布分位点 $\chi^2_{1-\alpha/2}(n-1)$ 与 $\chi^2_{\alpha/2}(n-1)$.

可得,H_0 的接受域为

$$\chi^2_{1-\alpha/2}(n-1) \leqslant \chi^2 \leqslant \chi^2_{\alpha/2}(n-1),$$

H_0 的拒绝域为

$$\chi^2 \leqslant \chi^2_{1-\alpha/2}(n-1), \quad \chi^2 \geqslant \chi^2_{\alpha/2}(n-1).$$

这种用服从 χ^2 分布的统计量对正态总体方差进行假设检验的方法,称为 χ^2 检验法.

类似地,可得右侧假设检验

$$H_0: \sigma^2 \leqslant \sigma^2_0; H_1: \sigma^2 > \sigma^2_0 (\sigma^2_0 \text{ 为已知常数}),$$

H_0 的拒绝域为

$$\chi^2 = \frac{(n-1)S^2}{\sigma^2_0} > \chi^2_{\alpha}(n-1);$$

左侧检验假设

$$H_0: \sigma^2 \geqslant \sigma^2_0; H_1: \sigma^2 < \sigma^2_0 (\sigma^2_0 \text{ 为已知常数}),$$

H_0 的拒绝域为

$$\chi^2 < \chi^2_{1-\alpha}(n-1).$$

例 7-2-4 用某机器包装食盐,假设每袋盐的净重服从正态分布,规定每袋盐的标准重量为 500 克,方差不能超过 10 克. 某天开工后,为检查其机器工作是否正常,从装好的食盐中随机抽取 9 袋,测其净重依次为 497,507,510,475,484,488,524,491,515,问这天包装机器工作是否正常?($\alpha = 0.05$)

解 设 X 为每袋食盐的重量,则 $X \sim N(\mu, \sigma^2)$,由题意可知,需要检验假设 $H_0: \mu = 500$;$H_1: \mu \neq 500$ 和 $H_0: \sigma^2 \leqslant 10$;$H_1: \sigma^2 > 10$.

(1) $H_0: \mu = 500$;$H_1: \mu \neq 500$.

由于方差未知,故采用 t 检验法,构造检验统计量

$$T = \frac{\overline{X} - \mu_0}{S/\sqrt{n}} \sim t(n-1),$$

由样本可以算得 $\bar{x} = 499, s = 16.03$,从而可以得到检验统计量的样本观测值为

$$|t| = \left| \frac{499 - 500}{16.03/\sqrt{9}} \right| \approx 0.187.$$

由附表四可查得 $t_{\alpha/2}(n-1) = t_{0.025}(8) = 2.306$,因 $0.187 < 2.306$,所以接受原假设,认为平均每袋食盐的净重为 500 克.

(2) $H_0: \sigma^2 \leqslant 10$;$H_1: \sigma^2 > 10$.

由于均值未知,故采用 χ^2 检验法,构造统计量

$$\chi^2 = \frac{(n-1)S^2}{\sigma^2_0},$$

根据样本观测值计算可得 $s = 16.03$ 和 χ^2 的观测值

$$\chi^2 = \frac{(n-1)s^2}{\sigma_0^2} = \frac{8 \times 16.03^2}{10^2} \approx 20.56.$$

由附表五可查得 $\chi_\alpha^2(n-1) = \chi_{0.05}^2(8) = 15.5$，由于 $\chi^2 = 20.56 > 15.5$，即 χ^2 落入拒绝域中，所以拒绝原假设，即认为每袋食盐的净重标准差超过 10 克，该天包装机器工作不够正常.

以上讨论的是在均值未知的情况下，方差的假设检验，这种情况在实际问题中较多. 至于均值已知的情况下，方差的假设检验方法类似，只是所选的统计量为 $\chi^2 = \sum\limits_{i=1}^{n}(X_i - \mu)^2 / \sigma_0^2$. 当 $\sigma^2 = \sigma_0^2$ 成立时，$\chi^2 \sim \chi^2(n)$.

需要注意的是，从前面的例子可以看出，对于相同的显著性水平 0.05，因为临界值 $t_{0.05}(8) = 1.86 < t_{0.025}(8) = 2.306$，所以在双侧假设检验中显著时，在单侧假设检验必然显著. 事实上，对于适当的单侧原假设 H_0 和相同的显著性水平 α，因为 $t_\alpha(m) < t_{\alpha/2}(m)$，所以双侧检验显著时，单侧检验也一定显著；反之，单侧检验显著时，双侧检验不一定显著. 对于其他的假设检验问题，都有相同的结论. 造成这一结果的原因在于，单侧检验的原假设和备择假设的设计往往已经利用了数据提供的信息，而双侧检验的设计往往没有考虑数据信息.

关于单个正态总体的假设检验可总结如下，见表 7-2-1.

表 7-2-1　单个正态总体的假设检验

检验参数	条件	H_0	H_1	H_0 的拒绝域	检验用的统计量	自由度	临界值
数学期望	σ^2 已知	$\mu = \mu_0$	$\mu \neq \mu_0$	$\lvert Z \rvert \geq z_{\alpha/2}$	$Z = \dfrac{\bar{X} - \mu_0}{\sigma/\sqrt{n}}$		$\pm z_{\alpha/2}$
		$\mu \leq \mu_0$	$\mu > \mu_0$	$Z > z_\alpha$			z_α
		$\mu \geq \mu_0$	$\mu < \mu_0$	$Z < -z_\alpha$			$-z_\alpha$
	σ^2 未知	$\mu = \mu_0$	$\mu \neq \mu_0$	$\lvert t \rvert \geq t_{\alpha/2}$	$t = \dfrac{\bar{X} - \mu_0}{S/\sqrt{n}}$	$n-1$	$\pm t_{\alpha/2}$
		$\mu \leq \mu_0$	$\mu > \mu_0$	$t > t_\alpha$			t_α
		$\mu \geq \mu_0$	$\mu < \mu_0$	$t < -t_\alpha$			$-t_\alpha$
方差	μ 未知	$\sigma^2 = \sigma_0^2$	$\sigma^2 \neq \sigma_0^2$	$\begin{cases} \chi^2 > \chi_{\alpha/2}^2 \\ \chi^2 < \chi_{1-\alpha/2}^2 \end{cases}$	$\chi^2 = \dfrac{(n-1)S^2}{\sigma_0^2}$	$n-1$	$\begin{cases} \chi_{\alpha/2}^2 \\ \chi_{1-\alpha/2}^2 \end{cases}$
		$\sigma^2 \leq \sigma_0^2$	$\sigma^2 > \sigma_0^2$	$\chi^2 > \chi_\alpha^2$			χ_α^2
		$\sigma^2 \geq \sigma_0^2$	$\sigma^2 < \sigma_0^2$	$\chi^2 < \chi_{1-\alpha}^2$			$\chi_{1-\alpha}^2$
	μ 已知	$\sigma^2 = \sigma_0^2$	$\sigma^2 \neq \sigma_0^2$	$\begin{cases} \chi^2 > \chi_{\alpha/2}^2 \\ \chi^2 < \chi_{1-\alpha/2}^2 \end{cases}$	$\chi^2 = \dfrac{\sum\limits_{i=1}^{n}(X_i - \mu)^2}{\sigma_0^2}$	n	$\begin{cases} \chi_{\alpha/2}^2 \\ \chi_{1-\alpha/2}^2 \end{cases}$
		$\sigma^2 \leq \sigma_0^2$	$\sigma^2 > \sigma_0^2$	$\chi^2 > \chi_\alpha^2$			χ_α^2
		$\sigma^2 \geq \sigma_0^2$	$\sigma^2 < \sigma_0^2$	$\chi^2 < \chi_{1-\alpha}^2$			$\chi_{1-\alpha}^2$

第三节　两个正态总体的假设检验

上节中我们讨论了单个正态总体的参数假设检验,基于同样的思想,本节将考虑两个正态总体的参数假设检验.与单个正态总体的参数假设检验不同的是,这里所关心的不是逐一对每个参数的值作假设检验,而是着重考虑两个总体之间的差异,即两个总体的均值或方差是否相等.例如,在相同条件下,高浓度试剂和低浓度试剂对试验指标是否有明显的差异;同一种检测手段,在不同品种的产品中是否会有不同的效果等问题,都可以利用两个总体参数的检验进行解答.

设 $X \sim N(\mu_1, \sigma_1^2)$, $Y \sim N(\mu_2, \sigma_2^2)$, $X_1, X_2, \cdots, X_{n_1}$ 为取自总体 $N(\mu_1, \sigma_1^2)$ 的一个样本, $Y_1, Y_2, \cdots, Y_{n_2}$ 为取自总体 $N(\mu_2, \sigma_2^2)$ 的一个样本,并且两个样本相互独立,记 $\bar{X}$ 与 $\bar{Y}$ 分别为样本 $X_1, X_2, \cdots, X_{n_1}$ 与 $Y_1, Y_2, \cdots, Y_{n_2}$ 的均值, S_1^2 与 S_2^2 分别为 $X_1, X_2, \cdots, X_{n_1}$ 与 $Y_1, Y_2, \cdots, Y_{n_2}$ 的方差.

一、两总体均值差 $\mu_1 - \mu_2$ 的假设检验

对于给定的常数 μ_0,所要考虑的假设有:

(1) $H_0: \mu_1 - \mu_2 = \mu_0$; $H_1: \mu_1 - \mu_2 \neq \mu_0$;

(2) $H_0: \mu_1 - \mu_2 \leqslant \mu_0$; $H_1: \mu_1 - \mu_2 > \mu_0$;

(3) $H_0: \mu_1 - \mu_2 \geqslant \mu_0$; $H_1: \mu_1 - \mu_2 < \mu_0$.

一般地, $\mu_0 = 0$,对于总体方差,我们可以按下面三种情况分别进行研究.

1. 方差 σ_1^2, σ_2^2 已知

(1) 检验假设 $H_0: \mu_1 - \mu_2 = \mu_0$; $H_1: \mu_1 - \mu_2 \neq \mu_0$,其中 μ_0 为已知常数.

当 H_0 成立时,

$$U = \frac{\bar{X} - \bar{Y} - \mu_0}{\sqrt{\sigma_1^2/n_1 + \sigma_2^2/n_2}} \sim N(0, 1),$$

故选取 U 作为检验统计量,记其观测值为 u,称相应的检验法为 U 检验法.

由于 $\bar{X}$ 与 $\bar{Y}$ 是 μ_1 与 μ_2 的无偏估计量,当 H_0 成立时, $|u|$ 不应太大,当 H_1 成立时, $|u|$ 有偏大的趋势, 故拒绝域形式为

$$|u| = \left| \frac{\bar{X} - \bar{Y} - \mu_0}{\sqrt{\sigma_1^2/n_1 + \sigma_2^2/n_2}} \right| \geqslant k \ (k \ \text{待定}).$$

对于给定的显著性水平 α,查附表二得 $k = u_{\alpha/2}$,使

$$P\{|U| \geqslant u_{\alpha/2}\} = \alpha,$$

由此即得拒绝域为

$$|u| = \left| \frac{\bar{X} - \bar{Y} - \mu_0}{\sqrt{\sigma_1^2/n_1 + \sigma_2^2/n_2}} \right| \geqslant u_{\alpha/2}.$$

根据一次抽样后得到的样本观测值 $x_1, x_2, \cdots, x_{n_1}$ 和 $y_1, y_2, \cdots, y_{n_2}$ 计算出 U 的观测值 u,若 $|u| \geqslant u_{\alpha/2}$,则拒绝原假设 H_0,当 $\mu_0 = 0$ 时即认为总体均值 μ_1 与 μ_2 有显著差异;若 $|u| <$

$u_{\alpha/2}$,则接受原假设 H_0,当 $\mu_0 = 0$ 时即认为总体均值 μ_1 与 μ_2 无显著差异.

(2)右侧检验:检验假设 $H_0 : \mu_1 - \mu_2 \leq \mu_0$;$H_1 : \mu_1 - \mu_2 > \mu_0$,其中 μ_0 为已知常数,得拒绝域为

$$u = \frac{\bar{X} - \bar{Y} - \mu_0}{\sqrt{\sigma_1^2/n_1 + \sigma_2^2/n_2}} > u_{\alpha}.$$

(3)左侧检验:检验假设 $H_0 : \mu_1 - \mu_2 \geq \mu_0$;$H_1 : \mu_1 - \mu_2 < \mu_0$,其中 μ_0 为已知常数,得拒绝域为

$$u = \frac{\bar{X} - \bar{Y} - \mu_0}{\sqrt{\sigma_1^2/n_1 + \sigma_2^2/n_2}} < -u_{\alpha}.$$

2.方差 σ_1^2, σ_2^2 未知,但 $\sigma_1^2 = \sigma_2^2 = \sigma^2$

(1)检验假设 $H_0 : \mu_1 - \mu_2 = \mu_0$;$H_1 : \mu_1 - \mu_2 \neq \mu_0$,其中 μ_0 为已知常数.

由前面的知识我们知道,当 H_0 为真时,

$$T = \frac{\bar{X} - \bar{Y} - \mu_0}{S_w \sqrt{1/n_1 + 1/n_2}} \sim t(n_1 + n_2 - 2).$$

故选取 T 作为检验统计量,记其观测值为 t,相应的检验法称为 t 检验法.

由于 S_w^2 也是 σ^2 的无偏估计量,当 H_0 成立时,$|t|$ 不应太大,当 H_1 成立时,$|t|$ 有偏大的趋势,故拒绝域形式为

$$|t| = \left| \frac{\bar{X} - \bar{Y} - \mu_0}{S_w \sqrt{1/n_1 + 1/n_2}} \right| \geq k \ (k \ 待定).$$

对于给定的显著性水平 α,查附表四得 $k = t_{\alpha/2}(n_1 + n_2 - 2)$,使

$$P\{|T| \geq t_{\alpha/2}(n_1 + n_2 - 2)\} = \alpha,$$

由此即得拒绝域为

$$|t| = \left| \frac{\bar{X} - \bar{Y} - \mu_0}{S_w \sqrt{1/n_1 + 1/n_2}} \right| \geq t_{\alpha/2}(n_1 + n_2 - 2).$$

根据一次抽样后得到的样本观测值 $x_1, x_2, \cdots, x_{n_1}$ 和 $y_1, y_2, \cdots, y_{n_2}$ 计算出 T 的观测值 t,若 $|t| \geq t_{\alpha/2}(n_1 + n_2 - 2)$,则拒绝原假设 H_0,否则接受原假设 H_0.

(2)右侧检验:检验假设 $H_0 : \mu_1 - \mu_2 \leq \mu_0$;$H_1 : \mu_1 - \mu_2 > \mu_0$,其中 μ_0 为已知常数,得拒绝域为

$$t = \frac{\bar{X} - \bar{Y} - \mu_0}{S_w \sqrt{1/n_1 + 1/n_2}} > t_{\alpha}(n_1 + n_2 - 2).$$

(3)左侧检验:检验假设 $H_0 : \mu_1 - \mu_2 \geq \mu_0$;$H_1 : \mu_1 - \mu_2 < \mu_0$,其中 μ_0 为已知常数,得拒绝域为

$$t = \frac{\bar{X} - \bar{Y} - \mu_0}{S_w \sqrt{1/n_1 + 1/n_2}} < -t_{\alpha}(n_1 + n_2 - 2).$$

例 7-3-1 运动员在训练日的成绩是全天成绩的平均.运动员甲在 2013 年最后一个训练期和 2014 年最后一个训练期 110 米栏的成绩(单位:秒)记录见表 7-3-1.

表 7-3-1　训练期成绩

训练日	1	2	3	4	5	6	7	8	9	10
2013 年	13.75	13.42	13.94	14.16	13.99	14.53	13.84	14.25	13.68	13.51
2014 年	14.06	13.36	13.39	13.62	13.32	14.02	13.74	13.39	13.59	

如果根据以往记录,知道甲在 2013 年和 2014 年的成绩的标准差分别是 0.36 和 0.34. 在显著性水平 0.05 下,能否认为甲在这两个训练期的表现有显著差异.

解　设 $n = 10, m = 9$,用 $X_1, X_2, \cdots, X_n$ 表示 2013 年的成绩记录,用 $Y_1, Y_2, \cdots, Y_m$ 表示 2014 年的成绩记录. 因为 X_i 是第 i 个训练日的平均成绩,所以可以认为 $X_1, X_2, \cdots, X_n$ 是总体 $N(\mu_1, \sigma_1^2)$ 的样本;同理,可以认为 $Y_1, Y_2, \cdots, Y_m$ 是总体 $N(\mu_2, \sigma_2^2)$ 的样本,且与前一个样本独立.

假设 $H_0: \mu_1 = \mu_2; H_1: \mu_1 \neq \mu_2$. 在 H_0 下,$\mu_1 - \mu_2 = 0$,$\sigma_1 = 0.36, \sigma_2 = 0.34$,本题应属于已知方差和两正态母体,考虑它们的均值是否相等的问题,故选择检验统计量

$$U = \frac{\bar{X} - \bar{Y}}{\sqrt{\sigma_1^2/n_1 + \sigma_2^2/n_2}} \sim N(0,1).$$

因为 $P\{|U| \geq 1.96\} = 0.05$,所以 H_0 的显著性水平为 0.05 的拒绝域是 $W = \{|U| \geq 1.96\}$. 经过计算得到 $\bar{x} = 13.907, \bar{y} = 13.610, u = \dfrac{13.907 - 13.610}{\sqrt{0.36^2/10 + 0.34^2/9}} = 1.849 < 1.96$,故检验的结果不显著,因此不能认为甲在这两个训练期的表现有显著差异.

然而我们看到,2014 年的平均成绩 $\bar{y} = 13.610$ 好于 2013 年的平均成绩 $\bar{x} = 13.907$,说明成绩很可能是提高了. 但是在显著性水平 0.05 下,双侧检验并没有检验到这个结果. 这是因为双侧检验是得到试验数据之前所设计的检验,所以该设计没有利用试验数据提供的信息. 和上一节的情况类似,当试验数据在手时,可以根据数据提供的信息作单侧检验. 下面通过例 7-3-1 再进行一次单侧检验.

因为 $\bar{x} = 13.907 > \bar{y} = 13.610$,所以作单侧假设 $H_0: \mu_1 \leq \mu_2; H_1: \mu_1 > \mu_2$. 在 H_0 下,显著性水平为 0.05 的拒绝域是 $W_\alpha = \{U \geq Z_{0.05}\} = \{U \geq 1.645\}$,上面已经计算得到 $u = 1.849 > 1.645$,所以拒绝 H_0,认为甲在 2014 年的训练成绩有显著提高.

例 7-3-2　下面给出了两个作家马克·吐温(Mark Twain)的 8 篇小品文以及斯诺·特格拉斯(Snodgrass)的 10 篇小品文中由 3 个字母组成的词的比例.

马克·吐温:0.225, 0.262, 0.217, 0.240, 0.230, 0.229, 0.235, 0.217.

斯诺·特格拉斯:0.209, 0.205, 0.196, 0.210, 0.202, 0.207, 0.224, 0.223, 0.220, 0.201.

设两组数据分别来自正态分布,且两个总体方差相等,两样本相互独立,问两个作家所写的小品文中包含由 3 个字母组成的词的比例是否有显著性的差异?($\alpha = 0.05$)

解　首先应注意题中的"比例"即"均值"的含义,因而本题应属于未知方差,却知其相等的两个正态母体,考虑它们的均值是否相等的问题.

设题中两个正态总体分别记为 X, Y,其均值分别为 μ_1, μ_2,因而检验问题如下:

$$H_0 : \mu_1 = \mu_2 ; H_1 : \mu_1 \neq \mu_2.$$

选取统计量

$$T = \frac{\overline{X} - \overline{Y}}{S_w \sqrt{1/n + 1/m}} \sim t(n + m - 2),$$

其中 $n = 8, m = 10, S_w^2 = \dfrac{(n-1)S_1^2 + (m-1)S_2^2}{n + m - 2}$，在 $\alpha = 0.05$ 时，查附表四可得 $t_{\alpha/2}(n + m - 2)$ $= t_{0.025}(16) = 2.1199$.

由题设样本数据计算可得 $\bar{x} = 0.2319, \bar{y} = 0.2097, s_1^2 = 0.00021, s_2^2 = 0.00009$，则

$$s_w = \sqrt{\frac{(8-1) \times 0.00021 + (10-1) \times 0.00009}{8 + 10 - 2}} = 0.0119.$$

从而 t 统计量的值为

$$t = \frac{|0.2319 - 0.2097|}{0.0119 \sqrt{1/8 + 1/10}} = 3.9643 > t_{0.025}(16) = 2.1199,$$

因而拒绝原假设 H_0，认为两个作家所写的小品文中包含由 3 个字母组成的词的比例有显著性的差异.

例 7-3-3　某卷烟厂生产甲、乙两种香烟，分别对它们的尼古丁含量（单位：毫克）做了六次测定，获得样本观测值如下：

甲：$25, 28, 23, 26, 29, 22$.

乙：$28, 23, 30, 25, 21, 27$.

假定这两种烟的尼古丁含量都服从正态分布，且方差相等，试问这两种香烟的尼古丁平均含量有无显著差异（$\alpha = 0.05$）？检验这两种香烟的尼古丁含量的方差有无显著差异？（$\alpha = 0.1$）

解　设这两种烟的尼古丁含量分别为总体 X, Y，则 $X \sim N(\mu_1, \sigma_1^2)$、$Y \sim N(\mu_2, \sigma_2^2)$，从中均选取容量为 6 的样本，测得

$$\bar{x} = \frac{1}{6} \sum_{i=1}^{6} x_i = 25.5, s_1^2 = \frac{1}{n-1} \sum_{i=1}^{n} (x_i - \bar{x})^2 = 7.5;$$

$$\bar{y} = \frac{1}{6} \sum_{i=1}^{6} y_i = 25.6667, s_2^2 = \frac{1}{n-1} \sum_{i=1}^{n} (y_i - \bar{y})^2 = 11.0667.$$

由题意，在方差相等时，设原假设为 $H_0 : \mu_1 = \mu_2$，备择假设为 $H_1 : \mu_1 \neq \mu_2$. 构造检验统计量

$$T = \frac{|\overline{X} - \overline{Y}|}{S_w \sqrt{1/n_1 + 1/n_2}} \sim t(n_1 + n_2 - 2),$$

其中 $s_w^2 = \dfrac{(n_1 - 1)s_1^2 + (n_2 - 1)s_2^2}{(n_1 + n_2 - 2)} = 9.2834$. 则 $t = \dfrac{|25.5 - 25.6667|}{\sqrt{9.2834} \sqrt{1/6 + 1/6}} = 0.0948$，在显著性水平 $\alpha = 0.05$ 下，查附表四可得

$$t_{1 - \frac{\alpha}{2}}(n_1 + n_2 - 2) = t_{0.975}(10) = 2.2281 > 0.0948,$$

即接受原假设 H_0，认为这两种香烟的尼古丁平均含量无显著差异.

3. 方差 σ_1^2,σ_2^2 未知，但 $\sigma_1^2 \neq \sigma_2^2$

(1)检验假设 $H_0:\mu_1 - \mu_2 = \mu_0$；$H_1:\mu_1 - \mu_2 \neq \mu_0$，其中 μ_0 为已知常数. 当 H_0 为真时，

$$T = \frac{\bar{X} - \bar{Y} - \mu_0}{\sqrt{S_1^2/n_1 + S_2^2/n_2}} \text{近似服从 } t(f),$$

其中 $f = \dfrac{\left(\dfrac{S_1^2}{n_1} + \dfrac{S_2^2}{n_2}\right)^2}{\dfrac{S_1^4}{n_1^2(n_1-1)} + \dfrac{S_2^4}{n_2^2(n_2-1)}}$，故选取 T 作为检验统计量，记其观测值为 t，可得拒绝域为

$$|T| = \left|\frac{\bar{X} - \bar{Y} - \mu_0}{\sqrt{S_1^2/n_1 + S_2^2/n_2}}\right| > t_{\alpha/2}(f).$$

根据一次抽样后得到的样本观测值 $x_1,x_2,\cdots,x_{n_1}$ 和 $y_1,y_2,\cdots,y_{n_2}$ 计算出 T 的观测值 t，若 $|t| \geqslant t_{\alpha/2}(f)$，则拒绝原假设 H_0，否则接受原假设 H_0.

(2)检验假设 $H_0:\mu_1 - \mu_2 \leqslant \mu_0$；$H_1:\mu_1 - \mu_2 > \mu_0$，其中 μ_0 为已知常数，得拒绝域为

$$T = \frac{\bar{X} - \bar{Y} - \mu_0}{\sqrt{S_1^2/n_1 + S_2^2/n_2}} > t_\alpha(f).$$

(3)检验假设 $H_0:\mu_1 - \mu_2 \geqslant \mu_0$；$H_1:\mu_1 - \mu_2 < \mu_0$，其中 μ_0 为已知常数，得拒绝域为

$$T = \frac{\bar{X} - \bar{Y} - \mu_0}{\sqrt{S_1^2/n_1 + S_2^2/n_2}} < -t_\alpha(f).$$

注：当 n_1,n_2 充分大时($n_1 + n_2 \geqslant 50$)，

$$T = \frac{\bar{X} - \bar{Y} - \mu_0}{\sqrt{S_1^2/n_1 + S_2^2/n_2}} \text{近似服从 } N(0,1),$$

上述拒绝域的临界点可分别改换为 $\mu_{\alpha/2},\mu,-\mu_\alpha$.

二、双总体方差相等的假设检验

设 $X_1,X_2,\cdots,X_{n_1}$ 为取自总体 $N(\mu_1,\sigma_1^2)$ 的一个样本，$Y_1,Y_2,\cdots,Y_{n_2}$ 为取自总体 $N(\mu_2,\sigma_2^2)$ 的一个样本，并且两个样本相互独立，记 $\bar{X}$ 与 $\bar{Y}$ 分别为相应的样本均值，S_1^2 与 S_2^2 分别为相应的样本方差.

1. 检验假设 $H_0:\sigma_1^2 = \sigma_2^2$；$H_1:\sigma_1^2 \neq \sigma_2^2$

由前面的知识我们知道，当 H_0 为真时，

$$F = S_1^2/S_2^2 \sim F(n_1-1,n_2-1),$$

故选取 F 作为检验统计量，相应的检验法称为 F 检验法.

由于 S_1^2 与 S_2^2 是 σ_1^2 与 σ_2^2 的无偏估计量，当 H_0 成立时，F 的取值应集中在 1 附近，当 H_1 成立时，F 的取值有偏小或偏大的趋势，故拒绝域形式为

$$F \leqslant k_1 \text{ 或 } F \geqslant k_2 (k_1,k_2 \text{ 待定}).$$

对于给定的显著性水平 α，查 F 分布表得

$$k_1 = F_{1-\alpha/2}(n_1-1,n_2-1),k_2 = F_{\alpha/2}(n_1-1,n_2-1),$$

使
$$P\{F\leqslant F_{1-\alpha/2}(n_1-1,n_2-1)\text{或}F\geqslant F_{\alpha/2}(n_1-1,n_2-1)\}=\alpha,$$
由此即得拒绝域为
$$F\leqslant F_{1-\alpha/2}(n_1-1,n_2-1)\text{或}F\geqslant F_{\alpha/2}(n_1-1,n_2-1).$$

根据一次抽样后得到的样本观测值 $x_1,x_2,\cdots,x_{n_1}$ 和 $y_1,y_2,\cdots,y_{n_2}$ 计算出 F 的观测值,若上式成立,则拒绝原假设 H_0,否则接受原假设 H_0.

2. 检验假设 $H_0:\sigma_1^2\leqslant\sigma_2^2;H_1:\sigma_1^2>\sigma_2^2$

得拒绝域为

$$F\geqslant F_\alpha(n_1-1,n_2-1).$$

3. 检验假设 $H_0:\sigma_1^2\geqslant\sigma_2^2;H_1:\sigma_1^2<\sigma_2^2$

得拒绝域为

$$F\leqslant F_{1-\alpha}(n_1-1,n_2-1).$$

例 7-3-4　甲、乙两台机床同时独立地加工某种轴,轴的直径分别服从正态分布 $N(\mu_1,\sigma_1^2)$、$N(\mu_2,\sigma_2^2)$(μ_1,μ_2 未知). 今从甲机床加工的轴中随机地任取 6 根,测量它们的直径为 $x_1,x_2,\cdots,x_6$;从乙机床加工的轴中随机地任取 9 根,测量它们的直径为 $y_1,y_2,\cdots,y_9$,经计算得知:

$$\sum_{i=1}^{6}x_i=204.6,\quad\sum_{i=1}^{6}x_i^2=6\,978.9,\quad\sum_{i=1}^{9}y_i=370.8,\quad\sum_{i=1}^{9}y_i^2=15\,280.2.$$

问在显著性水平 $\alpha=0.05$ 下,两台机床加工的轴的直径方差是否有显著差异?

解　设两台机床加工的轴的直径分别为总体 X,Y,则 $X\sim N(\mu_1,\sigma_1^2)$、$Y\sim N(\mu_2,\sigma_2^2)$,从总体 X 中选取容量为 6 的样本,测得

$$\bar{x}=\frac{1}{6}\sum_{i=1}^{6}x_i=34.1,s_1^2=\frac{1}{n-1}\sum_{i=1}^{n}(x_i-\bar{x})^2=\frac{1}{n-1}\Big(\sum_{i=1}^{n}x_i^2-n\bar{x}^2\Big)=0.408;$$

从总体 Y 中选取容量为 9 的样本,测得

$$\bar{y}=\frac{1}{9}\sum_{i=1}^{9}y_i=41.2,s_2^2=\frac{1}{n-1}\sum_{i=1}^{n}(y_i-\bar{y})^2=\frac{1}{n-1}\Big(\sum_{i=1}^{n}y_i^2-n\bar{y}^2\Big)=0.405.$$

由题意,设原假设为 $H_0:\sigma_1^2=\sigma_2^2$,备择假设为 $H_1:\sigma_1^2\neq\sigma_2^2$.

构造检验统计量 $F=S_1^2/S_2^2\sim F(5,8)$,则 $F=0.408/0.405=1.007$,在显著性水平 $\alpha=0.05$ 下,查附表六可得 $F_{1-\alpha/2}(5,8)=F_{0.975}(5,8)=6.76$,$F_{\alpha/2}(5,8)=F_{0.025}(5,8)=0.147\,9$,从而 $F_{\alpha/2}(5,8)<F<F_{1-\alpha/2}(5,8)$,即接受原假设 H_0,认为两台机床加工的轴的直径方差无显著差异.

关于两个正态总体的假设检验可总结如下,见表 7-3-2.

表 7-3-2　两个正态总体的假设检验

检验参数	条件	H_0	H_1	H_0的拒绝域	检验用的统计量	自由度	临界值
数学期望	σ_1^2、σ_2^2、已知	$\mu_1=\mu_2$	$\mu_1\neq\mu_2$	$\lvert U\rvert\geqslant u_{\alpha/2}$	$U=\dfrac{\bar{X}-\bar{Y}}{\sqrt{\dfrac{\sigma_1^2}{n_1}+\dfrac{\sigma_2^2}{n_2}}}$		$\pm u_{\alpha/2}$
		$\mu_1\leqslant\mu_2$	$\mu_1>\mu_2$	$U>u_\alpha$			u_α
		$\mu_1\geqslant\mu_2$	$\mu_1<\mu_2$	$U<-u_\alpha$			$-u_\alpha$
	σ_1^2、σ_2^2未知，但相等	$\mu_1=\mu_2$	$\mu_1\neq\mu_2$	$\lvert t\rvert\geqslant t_{\alpha/2}(n_1+n_2-2)$	$T=\dfrac{\bar{X}-\bar{Y}}{S_w\sqrt{\dfrac{1}{n_1}+\dfrac{1}{n_2}}}$	n_1+n_2-2	$\pm t_{\alpha/2}(n_1+n_2-2)$
		$\mu_1\leqslant\mu_2$	$\mu_1>\mu_2$	$t>t_\alpha(n_1+n_2-2)$			$t_\alpha(n_1+n_2-2)$
		$\mu_1\geqslant\mu_2$	$\mu_1<\mu_2$	$t<-t_\alpha(n_1+n_2-2)$			$-t_\alpha(n_1+n_2-2)$
方差		$\sigma_1^2=\sigma_2^2$	$\sigma_1^2\neq\sigma_2^2$	$F\leqslant F_{1-\alpha/2}(n_1-1,n_2-1)$ $F\geqslant F_{\alpha/2}(n_1-1,n_2-1)$	$F=S_1^2/S_2^2$	n_1-1	$F_{1-\alpha/2}(n_1-1,n_2-1)$ $F_{\alpha/2}(n_1-1,n_2-1)$
		$\sigma_1^2\leqslant\sigma_2^2$	$\sigma_1^2>\sigma_2^2$	$F\geqslant F_\alpha(n_1-1,n_2-1)$		n_2-1	$F_\alpha(n_1-1,n_2-1)$
		$\sigma_1^2\geqslant\sigma_2^2$	$\sigma_1^2<\sigma_2^2$	$F\leqslant F_{1-\alpha}(n_1-1,n_2-1)$			$F_{1-\alpha}(n_1-1,n_2-1)$

第四节　分布拟合检验

通过本章前几节的学习,我们已经了解了假设检验的基本思想,并讨论了当总体分布为正态分布时,关于其中未知参数的假设检验的方法,这类统计检验法统称为参数检验. 然而在实际问题中,有时我们并不能确切地知道总体服从何种分布,这要求根据来自总体的样本对总体的分布进行推断,以判断总体服从何种分布,这类统计检验称为非参数检验. 解决这类问题的工具之一是英国统计学家 K. 皮尔逊在 1900 年发表的一篇文章中引进的 χ^2 检验法,不少人把此项工作视为近代统计学的开端.

一、引例

例如,某工厂制造了一批骰子,宣称这些骰子都是均匀的,即在抛掷试验中,每一次抛掷出现 1 点,2 点,$\cdots$,6 点的概率都应是 1/6. 为检验骰子是否均匀,要重复地进行抛掷骰子的试验,并统计各点出现的频率与 1/6 的差距. 于是问题归结为如何利用抛掷试验得到的统计数据对"骰子均匀"的假设进行检验. 下面介绍一种最常见的检验总体分布为某个已知分布的方法——χ^2 检验法.

二、χ^2 检验法的基本思想

χ^2 检验法是在总体 X 的分布未知时,利用来自总体的样本的信息,检验总体分布的某个假设的一种检验方法. 设总体 X 的分布函数 $F(x)$ 为未知,$F_0(X)$ 为某个已知的理论分布函数. 检验假设 $H_0:F(x)=F_0(X)$; $H_1:F(x)\neq F_0(X)$.

根据样本的经验分布和所假设的理论分布之间的拟合程度来决定是否接受原假设,故这种检验也称作拟合优度检验,它是一种非参数检验. 通常我们可以给出样本观测值的直方

图和经验分布函数,据此推断出总体可能服从的分布,然后作检验.

三、χ^2 检验法的基本原理和步骤

(1)从总体 X 抽取一个容量为 n 的样本$(X_1,X_2,\cdots,X_n)$,选取

$$a_0 \leqslant \min(X_1,X_2,\cdots,X_n), a_k \geqslant \min(X_1,X_2,\cdots,X_n).$$

类似于绘制频率直方图的方法,取

$$a_0 < a_1 < a_2 < \cdots < a_k$$

将区间$(a_0,a_k]$进行划分,得到 k 个互不相交的小区间,

$$(a_0,a_1],(a_1,a_2],\cdots,(a_{k-2},a_{k-1}],(a_{k-1},a_k),$$

记为 $A_1,A_2,\cdots,A_k$,其中 a_0 可取 $-\infty$,a_k 可取 $+\infty$,区间的划分视具体情况而定.

(2)把落入第 i 个小区间 A_i 的样本观测值的个数记作f_i,称为**实际频数**,所有实际频数之和 $f_1 + f_2 + \cdots + f_k$ 等于样本容量 n.

(3)如果 H_0 成立,根据所假设的总体理论分布 $F_0(X)$,可算出总体 X 在各个区间内取值的概率为

$$p_i = P\{X \in A_i\} = F_0(a_i) - F_0(a_{i-1}), \tag{7.4.1}$$

称 np_i 为落入第 i 个小区间 A_i 的样本值的**理论频数**.

(4)由于频率是概率的反映,故当 H_0 成立时,n 次试验中样本值落入第 i 个小区间 A_i 的频率 f_i/n 与概率 p_i 应很接近. 所以当f_i/n 与 p_i 相差较大时,应拒绝 H_0.

基于这种思想,皮尔逊引进检验统计量 $\chi^2 = \sum\limits_{i=1}^{k} \dfrac{(f_i - np_i)^2}{np_i}$,并证明了下列结论.

定理 7.1 当 n 充分大($n \geqslant 50$)时,则统计量 χ^2 近似服从 $\chi^2(k-1)$分布.

这个结论与总体分布无关. 对给定的显著性水平 α,确定 l 值,使

$$P\{\chi^2 > l\} = \alpha,$$

查 χ^2 分布表得 $l = \chi^2_\alpha(k-1)$,所以拒绝域为

$$\chi^2 > \chi^2_\alpha(k-1).$$

若由所给的样本值 $x_1,x_2,\cdots,x_n$ 算得统计量 χ^2 的实测值落入拒绝域,则拒绝原假设 H_0,否则就认为差异不显著而接受原假设 H_0.

在很多场合中,可能只知道总体 X 的分布函数的形式,但其中还含有未知参数,因此不能从式(7.4.1)直接求出 p_i,同样也无法计算检验统计量 χ^2 的值. 设分布函数为

$$F_0(x,\theta_1,\theta_2,\cdots,\theta_r),$$

其中 $\theta_1,\theta_2,\cdots,\theta_r$ 为未知参数. 设 $X_1,X_2,\cdots,X_n$ 是取自总体 X 的样本,现要用此样本来检验假设 H_0:总体 X 的分布函数为 $F_0(x,\theta_1,\theta_2,\cdots,\theta_r)$.

此类情况可按如下步骤进行检验:

(1)利用样本 $X_1,X_2,\cdots,X_n$,求出 $\theta_1,\theta_2,\cdots,\theta_r$ 的最大似然估计 $\hat{\theta}_1,\hat{\theta}_2,\cdots,\hat{\theta}_r$;

(2)在 $F_0(x,\theta_1,\theta_2,\cdots,\theta_r)$ 中用 $\hat{\theta}_i$ 代替 $\theta_i(i=1,2,\cdots,r)$,则 $F_0(x,\theta_1,\theta_2,\cdots,\theta_r)$ 就变成完全已知的分布函数 $F_0(x,\hat{\theta}_1,\hat{\theta}_2,\cdots,\hat{\theta}_r)$;

(3)计算 p_i 时,利用 $F_0(x,\theta_1,\theta_2,\cdots,\theta_r)$ 计算 p_i 的估计值 $\hat{p}_i(i=1,2,\cdots,k)$;

（4）计算要检验的统计量

$$\chi^2 = \sum_{i=1}^{k} (f_i - n\hat{p}_i)^2 / (n\hat{p}_i),$$

R. A. Fisher 证明了在 H_0 下，当 n 充分大时，统计量 χ^2 近似服从 $\chi_\alpha^2(k-r-1)$ 分布；

（5）对给定的显著性水平 α，得拒绝域为

$$\chi^2 = \sum_{i=1}^{k} (f_i - n\hat{p}_i)^2 / (n\hat{p}_i) > \chi_\alpha^2(k-r-1).$$

注：皮尔逊 χ^2 检验法可以检验总体服从任何已知分布的假设，应用范围较广，精度也较高，但由于统计量渐近服从 χ^2 分布，因此在使用皮尔逊 χ^2 检验法时，一般要求 $n \geq 50$. 同时，还要求所分得到每个区间中含有的实际频数 f_i 不太大也不太小，一般要求每个理论频数 $np_i \geq 5(i=1,2,\cdots,k)$，否则应适当地合并相邻的小区间使 np_i 满足要求.

例 7-4-1 将一颗骰子掷 120 次，所得数据见表 7-4-1.

表 7-4-1　掷骰子数据

点数 i	1	2	3	4	5	6
出现次数 n_i	23	26	21	20	15	15

问这颗骰子是否均匀、对称？（取 $\alpha = 0.05$）

解 若这颗骰子是均匀、对称的，则 1 至 6 点中每点出现的可能性相同，都为 1/6. 如果用 A_i 表示第 i 点出现（$i=1,2,\cdots,6$)，则待检假设 $H_0: P(A_i) = 1/6, i=1,2,\cdots,6$.

在 H_0 成立的条件下，理论概率 $p_i = P(A_i) = 1/6$，由 $n=120$ 得频率 $np_i = 20$. 计算结果见表 7-4-2.

表 7-4-2　计算结果

i	f_i	p_i	np_i	$(f_i - np_i)^2/(np_i)$
1	23	1/6	20	9/20
2	26	1/6	20	36/20
3	21	1/6	20	1/20
4	20	1/6	20	0
5	15	1/6	20	25/20
6	15	1/6	20	25/20
合计	120			4.8

因此，分布不含未知参数，又 $k=6, \alpha=0.05$，查附表五得 $\chi_\alpha^2(k-1) = \chi_{0.05}^2(5) = 11.071$.

由表 7-4-2，知 $\chi^2 = \sum_{i=1}^{6} \dfrac{(f_i - np_i)^2}{np_i} = 4.8 < 11.071$，故接受 H_0，认为这颗骰子是均匀、对称的.

例 7-4-2 1500—1931 年的 432 年间，每年爆发战争的次数可以看作一个随机变量，据统计这 432 年间共爆发了 299 次战争，具体数据见表 7-4-3.

表 7-4-3 战争数据

战争次数 X	发生 X 次战争的年数
0	223
1	142
2	48
3	15
4	4

根据所学知识和经验，每年爆发战争的次数 X 可以用一个泊松随机变量来近似描述，请检验假设 $H_0 : X$ 服从参数为 λ 的泊松分布.

解 根据观察结果，得参数 λ 的最大似然估计为 $\hat{\lambda} = \bar{x} = 0.69$，按参数为 0.69 的泊松分布计算事件 $X = i$ 的概率 p_i，p_i 的估计是 $\hat{p}_i = e^{-0.69} 0.69^i / i!$，$i = 0,1,2,3,4$.

根据引例所给数表，将有关计算结果列表，见表 7-4-4.

表 7-4-4 计算结果

战争次数 x	0	1	2	3	4	
实测频数 f_i	223	142	48	15	4	
$\hat{p}_i$	0.58	0.31	0.18	0.01	0.02	
$n\hat{p}_i$	216.7	149.5	51.6	12.0	2.16	
				\multicolumn{2}{c}{14.16}	
$(f_i - n\hat{p}_i)/n\hat{p}_i$	0.183	0.376	0.251	\multicolumn{2}{c}{1.623}	$\sum = 2.433$

将 $n\hat{p}_i < 15$ 的组予以合并，即将发生 3 次及 4 次战争的组归并为一组. 因 H_0 所假设的理论分布中有一个未知参数，故自由度为 $4 - 1 - 1 = 2$.

由 $\alpha = 0.05$，自由度为 2，查附表五得 $\chi^2_{0.05}(2) = 5.991$.

而统计量 χ^2 的观测值 $\chi^2 = 2.433 < 5.991$，未落入拒绝域，故认为每年发生战争的次数 X 服从参数为 0.69 的泊松分布.

习 题 七

1．某厂生产一种螺钉，标准要求长度是 68 mm，实际生产的产品长度服从 $N(\mu, 3.6^2)$，考察假设检验问题 $H_0 : \mu = 68$；$H_1 : \mu \neq 68$. 设 $\bar{x}$ 为样本均值，按下列方式进行假设检验：当 $|\bar{x} - 68| > 1$ 时，拒绝原假设 H_0；当 $|\bar{x} - 68| \leqslant 1$ 时，接受原假设 H_0.

（1）当样本容量 $n = 36$ 时，求犯第一类错误的概率 α；

概率论与数理统计

（2）当样本容量 $n = 64$ 时,求犯第一类错误的概率 α;

（3）当 H_0 不成立时(设 $\mu = 70$),又 $n = 64$ 时,按上述检验法,求犯第二类错误的概率 β.

2. 假设 $X_1, X_2, \cdots, X_{36}$ 是取自正态总体 $N(\mu, 0.04)$ 的简单随机样本,其中 μ 为未知参数,记 $\bar{X} = \dfrac{1}{36} \sum\limits_{i=1}^{36} X_i$,如果对检验问题 $H_0 : \mu = 0.5 ; H_1 : \mu = \mu_1 > 0.5$,取拒绝域 $D = \{\bar{X} > c\}$,检验的显著性水平 $\alpha = 0.05$,则求 c 的取值;当 $\mu_1 = 0.65$ 时,求犯第二类错误的概率 β.

3. 假设某产品的重量服从正态分布,现在从一批产品中随机抽取 16 件,测得平均重量为 820 克,标准差为 60 克,试以显著性水平 $\alpha = 0.01$ 与 $\alpha = 0.05$,分别检验这批产品的平均重量是否是 800 克.

4. 设某校高中二年级的数学考试成绩服从正态分布,第一学期全年级数学考试平均分为 80 分,第二学期进行了教改,随机抽取 25 名学生的数学成绩算得平均分为 85 分,标准差为 10 分.问教改是否有效.

5. 已知某种元件的寿命服从正态分布,要求该元件的平均寿命不低于 1 000 h,现从这批元件中随机抽取 25 只,测得平均寿命 $\bar{X} = 980$ h,标准差 $S = 65$ h,试在显著性水平 $\alpha = 0.05$ 下,确定这批元件是否合格.

6. 某厂生产一种电池,其寿命长期以来服从方差 $\sigma^2 = 5\,000$(小时)^2 的正态分布,现有一批这种电池,从生产的情况来看,寿命的波动性有所改变,现随机地抽取 26 只电池,测得寿命的样本方差 $S^2 = 9\,200$(小时)^2,问根据这一数据能否推断这批电池寿命的波动性较以往有显著性的变化.(取 $\alpha = 0.02$)

7. 某种导线,要求其电阻的标准不得超过 0.005(欧姆),今在生产的一批导线中取样品 9 根,测得 $S = 0.007$(欧姆),设总体为正态分布,问在显著性水平 $\alpha = 0.05$ 下,能否认为这批导线的标准差显著性偏大?

8. 机器自动包装食盐,设每袋盐的净重服从正态分布,规定每袋盐的标准重量为 500 克,标准差不超过 10 克.某天开工以后,为了检查机器工作是否正常,从已包装好的食盐中随机抽取 9 袋,测得其重量(克)为

   497 507 510 475 484 488 524 491 515

问这天自动包装机工作是否正常?(取 $\alpha = 0.05$)

9. 已知精料养鸡时,经若干天鸡的平均重量为 4 公斤.今对一批鸡改用粗料饲养,同时改善饲养方法,经同样长的饲养期后随机抽取 10 只,其数据如下:

   3.7 3.8 4.1 3.9 4.6 4.7 5.0 4.5 4.3 3.8

已知同一批鸡的重量 X 服从正态分布,试推断这一批鸡的平均重量是否显著性提高.试就 $\alpha = 0.01$ 和 $\alpha = 0.05$ 分别推断.

10. 测定某种溶液中的水分,10 个测定值给出 $S = 0.037\%$,设测定值总体为正态分布,σ^2 为总体方差,试在 $\alpha = 0.05$ 下检验假设 $H_0 : \sigma = 0.04\% ; H_1 : \sigma < 0.04\%$.

11. 在 20 世纪 70 年代后期,人们发现在酿造啤酒时,在麦芽干燥过程中形成致癌物质亚硝基二甲胺(NDMA);到了 20 世纪 80 年代初期,开发了一种新的麦芽干燥过程.下面给出了在新老两种干燥过程中形成的 NDMA 的含量(以 10 亿份中的份数计).

老过程:6,4,5,5,6,5,5,6,4,6,7,4.

新过程:2,1,2,2,1,0,3,2,1,0,1,3.

设两样本分别来自正态总体,且两总体的方差相等,两样本独立,分别以 u_1,u_2 记对应于老、新过程的总体均值,试检验假设($\alpha = 0.05$)$H_0: u_1 - u = 2$;$H_1: u_1 - u > 2$.

12. 检验了 26 匹马,测得每 100 毫升的血清中,所含的无机磷平均为 3.29 毫升,标准差为 0.27 毫升;又检验了 18 头羊,每 100 毫升的血清中,含无机磷平均值为 3.96 毫升,标准差为 0.40 毫升.设马和羊的血清中含无机磷的量均服从正态分布,试问在显著性水平 $\alpha = 0.05$ 条件下,马和羊的血清中无机磷的含量有无显著性差异.

13. 某厂铸造车间为提高缸体的耐磨性而试制了一种镍合金铸件以取代一种铜合金铸件,现从两种铸件中各抽一个样本进行硬度测试,其结果如下.

镍合金铸件(X):72.0,69.5,74.0,70.5,71.8.

铜合金铸件(Y):69.8,70.0,72.0,68.5,73.0,70.0.

根据以往经验知硬度 $X \sim N(\mu_1, \sigma_1^2)$,$Y \sim N(\mu_2, \sigma_2^2)$,且 $\sigma_1^2 = \sigma_2^2 = 2$,试在 $\alpha = 0.05$ 下比较镍合金铸件硬度有无显著提高.

14. 用两种不同方法冶炼某种金属材料,分别取样测定某种杂质的含量,所得数据如下(单位为万分率).

原方法(X):26.9,25.7,22.3,26.8,27.2,24.5,22.8,23.0,24.2,26.4,30.5,29.5,25.1.

新方法(Y):22.6,22.5,20.6,23.5,24.3,21.9,20.6,23.2,23.4.

假设这两种方法冶炼时杂质含量均服从正态分布,且方差相同,问这两种方法冶炼时杂质的平均含量有无显著差异.(取 $\alpha = 0.05$)

15. 为检验某一骰子是否均匀,将它投掷 100 次,记录各点出现的次数如下:

点数	1	2	3	4	5	6
次数	14	17	20	16	15	18

问这枚骰子是否均匀.(取 $\alpha = 0.10$)

16. 随机抽取某地 50 名新生男婴,测其体重如下(单位:克):

2 520	3 510	2 600	3 320	3 120	3 400	2 900	2 420	3 220	3 100
2 980	3 160	3 150	3 460	2 740	3 060	3 700	3 460	3 500	1 600
3 080	3 700	3 280	2 880	3 120	3 800	3 740	2 940	3 550	2 980
3 700	3 460	2 940	3 300	2 980	3 480	3 220	3 060	3 400	2 680
3 340	2 500	2 960	2 900	4 600	2 710	3 340	2 500	3 300	3 640

试在显著性水平 $\alpha = 0.05$ 下,检验该地新生男婴体重是否服从正态分布?

本章故事

一、皮尔逊的故事

卡尔·皮尔逊(Karl Pearson,1857—1936),生于伦敦,英国数学家、哲学家,现代统计学的创始人之一,被尊称为统计学之父.1879 年毕业于剑桥大学数学系,曾参与激进的政治活动,出版过几部文学作品,并且作了三年的实习律师.1881 年留学德国海德堡大学、柏林大学,1882 年后先后获硕士、博士学位.1884 年进入伦敦大学学院(University College,London),27 岁担任大学教授,讲授数学与力学,39 岁被选入英国皇家学会.

K. Pearson 的贡献和影响是多方面的.他的专业是应用数学、生物统计学和统计学,但他又是名副其实的历史学家、科学哲学家、民俗学和宗教问题的研究者、律师、社会主义者和人道主义者、优生学家、弹性和工程问题专家、教育改革家、作家.在他去世前三年由他的助手编选的《卡尔·皮尔逊的统计学和其他著作文献目录》,在五个主标题(研究领域)下共列举了 648 个项目.

K. Pearson 最重要的学术成就是为现代统计学打下了基础.自从达尔文进化论问世后,关于进化的本质争论不断,在这方面他深受法兰西斯·高尔顿(Francis Galton,1822—1911)(达尔文表哥,"优生学"一词的发明者)与 Weldon 的影响.1890—1900 年间,皮尔逊在高尔顿的指点下,讨论生物进化、返祖、遗传、自然选择、随机交配等问题,用回归和相关工具,系统地将生物进化数理化,并先后提出和发展了标准差、正态概率曲线、均分根误差等一系列统计学概念.1893 年,Weldon 提出"所谓变异、遗传与天择事实上只是算术"的想法.这促使 K. Pearson 在 1893—1912 年间写出了 18 篇关于"在演化论上的数学贡献"的文章,而这门"算术"也就是今日的统计.许多熟悉的统计名词如成分分析、卡方检验都是他提出的.

皮尔逊致力于大样本理论的研究,他发现不少生物方面的数据有显著地偏态,不适合用正态分布去刻画,为此他提出了后来以他名字命名的分布族,为估计这个分布族中的参数,他提出了"矩法".为考察实际数据域这族分布的拟合分布优劣问题,他于 1900 年引进了著名的卡方检验法,并在理论上研究了其性质.这个检验法是假设检验最早、最典型的方法.他在理论分布完全给定的情况下求出了检验统计量的极限分布,这个结果是大样本统计的先驱性工作.

K. Pearson、Galton 与 Weldon 为了推广统计在生物上的应用,于 1901 年创立统计的元老期刊《Biometrika》(生物计量学),数理统计学才有了自己的阵地,由 K. Pearson 担任主编直至他去世.值得一提的是,K. Pearson 的主观强,经常对他本人认为有"争议"的文章删改或退稿,因学术上的分歧,与英国另外一位著名统计学家罗纳德·费歇尔(Ronald Fisher)交恶,而且费歇尔坚持认为推断统计才是统计学的实质,K. Pearson 的工作算不上现代统计学的范畴,引发了 20 世纪上半叶描述统计与推断统计之争.

二、费歇尔的故事

R. A. Fisher(1890—1962)，全名 Ronald Aylmer Fisher，生于伦敦，卒于澳大利亚.英国统计与遗传学家，现代统计科学的奠基人之一，并对达尔文进化论作了基础澄清的工作.

Fisher 于 1909 年进入剑桥大学学习数学和物理，1913 年以天文学学士毕业，也因对天文观测误差的分析，使他开始探讨统计的问题.毕业后几年，他曾到加拿大务农，工作于投资公司，也当过私立学校的老师.1919 年他拒绝在 K. Pearson 手下工作，任职于 Rothamsted(罗萨姆斯泰德)农业试验站，致力于数理统计在农业科学和遗传学中的应用和研究.1933 年他离开了罗萨姆斯泰德，担任伦敦大学优生学高尔顿讲座教授.1943—1957 年担任剑桥大学遗传学巴尔福尔讲座教授.1956 年起担任剑桥大学冈维尔与凯斯学院院长.

费歇尔在罗萨姆斯泰德试验站工作期间，曾对长达 66 年之久的田间施肥、管理试验和气候条件等资料加以整理、归纳、提取信息，为他日后的理论研究打下了坚实的基础.

20 世纪 20 至 50 年代间，费歇尔对当时被广泛使用的统计方法，进行了一系列理论研究，给出了许多现代统计学中的重要基本概念，从而使数理统计成为一门有坚实理论基础并获得广泛应用的数学学科.同时，他也是一些具有重要理论和应用价值的统计分支和方法的开创者.他对数理统计学的贡献，内容涉及估计理论、假设检验、实验设计和方差分析等重要领域.

在统计量及抽样分布理论的研究方面，1915 年费歇尔发现了正态总体相关系数的分布.1918 年利用多重积分方法，给出了由英国统计学家戈塞特(Gosset)于 1908 年发现的 t 分布的一个完美、严密的推导和证明，从而使多数人广泛地接受了它，使研究小样本函数的精确理论分布中一系列重要结论有了新的开端，并为数理统计的另一分支——多元分析奠定了理论基础.

F 分布是费歇尔于 20 世纪 20 年代提出的，在方差分析理论中有重要应用.1925 年他在估计量的研究中引进了无偏性、有效性和充分性的概念作为参数估计量应具备的性质，另外还对估计的精度与样本所含信息之间的关系，进行了深入研究，引进了信息量的概念.除了上述几个方面的工作外，20 世纪 20 年代费歇尔系统地发展了正态总体下种种统计量的抽样分布，这标志着相关、回归分析和多元分析等分支的初步建立.

在对参数估计的研究中，费歇尔在 1912 年提出了一种重要而普遍的点估计法——极大似然估计法，并在 1921 年和 1925 年的工作中加以发展，建立了以极大似然估计为中心的点估计理论，这是数理统计史上的一大突破.这种方法直至今日仍是构造估计量的最重要的一种方法.

数理统计学的另一个重要分支——假设检验的发展中，费歇尔也起到过重要作用.他引进了显著性检验等一些重要概念，这些概念成为假设检验理论发展的基础.

在费歇尔众多的成就中，最使人称道的是他在 20 世纪 20 年代期间创立的试验设计.费歇尔和他人合作,奠定了这个分支的基础.试验设计的基本思想是减少偶然性因素的影响,使试验数据有一个合适的数学模型,以便使用方差分析的方法对数据进行分析.他利用随机化的手段,成功地把概率模型引进试验领域,并建立了分析这种模型的方差分析法,强调了统计方法在试验设计中的重要性,1935年费歇尔出版了他的名著《实验设计法》.

费歇尔在一般的统计思想方面也作出过重要的贡献,他提出的信任推断法,在统计学界引起了相当大的兴趣和争论,他的思考方法十分直观,造就了一个学派.

费歇尔不仅是一位著名的统计学家,还是一位闻名于世的优生学家和遗传学家.他是统计遗传学的创始人之一,研究了突变、连锁、自然淘汰、近亲婚姻、移居和隔离等因素对总体遗传特性的影响以及估计基因频率等数理统计问题.

费歇尔一生发表的学术论文有300多篇,其中294篇代表作收集在《费歇尔论文集》中.他还发表了许多专著,诸如《研究人员用的统计方法》(1925)、《实验设计》(1935)、《统计方法与科学推断》(1956)等,都已成为有关学科的经典著作.

由于费歇尔的杰出成就,他曾多次获得英国和许多国家的荣誉,1952年还被授予爵士称号.

三、戈塞特的故事

戈塞特(William Sealey Gosset, 1876—1937),英国统计学家,出生于英国肯特郡坎特伯雷市,求学于曼彻斯特学院和牛津大学,主要学习化学和数学.1899年,戈塞特进入都柏林的 A.吉尼斯酿酒厂,在那里得到一大堆有关酿造方法、原料(大麦等)特性和成品质量之间关系的统计数据.提高大麦质量的重要性最终促使他研究农田试验计划,并于1904年写成第一篇报告《误差法则应用》.

戈塞特是英国现代统计方法发展的先驱,由他导出的统计学 t 检验广泛运用于小样本平均数之间的差别测试.他曾在伦敦大学 K.皮尔逊生物统计学实验室从事研究(1906—1907),对统计理论的最显著贡献是《平均数的机误》(1908).这篇论文阐明,如果是小样本,那么平均数比例对其标准误差的分布不遵循正态曲线.由于吉尼斯酿酒厂的规定禁止戈塞特发表关于酿酒过程变化性的研究成果,因此戈塞特不得不于1908年,以"学生"(Student)为笔名,在《生物计量学》杂志上发表了《平均数的概率误差》.戈塞特在文章中使用 Z 统计量来检验常态分配母群的平均数.由于这篇文章提供了"学生 t 检验"的基础,为此许多统计学家把1908年看作是统计推断理论发展史上的里程碑.后来,戈塞特又连续发表了"相关系数的概率误差"(1909)、"非随机抽样的样本平均数分布"(1909)、"从无限总体随机抽样平均数的概率估算表"(1917)等.他在这些论文中,比较了平均误差与标准误差的两种计算方法;研究了泊松分布应用中的样本误差问题;建立了相关系数的抽样分布;导入了"学生"分布,即 t 分布.这些论文的完成,为"小样本理论"奠定了基础;同时,也为以后的样本资料的统计分析与解释开创了一条崭新的路子.由于戈塞特开创的理论使统计学开始由大样本向

小样本、由描述向推断发展,因此有人把戈塞特推崇为推断统计学的先驱者.

戈塞特在 20 世纪前三十余年是统计界的活跃人物,他的成就不限于《平均数的机误》一书.同年,他发表了在总体相关系数为 0 时,二元正态样本相关系数的精确分布,这是关于正态样本相关系数的第一个小样本结论.

他在回归和试验设计方面也有相当的研究,在与费歇尔的通信中时常讨论到这些问题.费歇尔很尊重他的意见,常把自己工作的油印本送给戈塞特请他指教.在当时,能受到费歇尔如此看待的学者为数不多.

戈塞特的一些思想,对他日后与耐曼合作建立其假设检验理论有着启发性的影响.耐曼说(引自《耐曼:现代统计学家》):"我认为现在统计学界中有非常多的成就都应归功于戈塞特……"

戈塞特是小样本统计理论的开创者.戈塞特在酿酒公司工作时发现,供酿酒的每批麦子质量相差很大,而同一批麦子中能抽样供试验的麦子又很少,每批样本在不同的温度下做试验,其结果相差很大.这样一来,实际上取得的麦子样本不可能是大样本,只能是小样本.可是,从小样本来分析数据是否可靠? 误差有多大? 小样本理论就在这样的背景下应运而生.1905 年,戈塞特利用酒厂里大量的小样本数据写了第一篇论文《误差法则在酿酒过程中的应用》,在此基础上,1907 年戈塞特决心把小样本和大样本之间的差别搞清楚.为此,他试图把一个总体中的所有小样本的平均数的分布刻画出来.做法是在一个大容器里放了一批纸牌,把它们弄乱,随机地抽若干张,对这一样本做试验,记录观测值,然后再把纸牌弄乱,抽出几张,对相应的样本再做试验观察,记录观测值.大量地记录这种随机抽样的小样本观测值,就可以获得小样本观测值的分布函数.若观测值是平均数,戈塞特把它叫作 t 分布函数.1908 年,戈塞特以"学生(Student)"为笔名在《生物计量学》杂志发表了论文《平均数的规律误差》.这篇论文开创了小样本统计理论的先河,为研究样本分布理论奠定了重要基础.被统计学家誉为统计推断理论发展史上的里程碑.戈塞特这项成果,不仅不再依靠近似计算,而且能用所谓小样本来进行推断,并且还成为使统计学的对象由集团现象转变为随机现象的转机.换句话说,总体应理解为含有未知参数的概率分布(总体分布)所定义的概率空间;要根据样本来推断总体,还必须强调样本要从总体中随机地抽取,也就说一定要是随机样本.但是,应该指出:戈塞特推导 t 分布的方法是极不完整的,后来费歇尔利用 n 维几何方法给出了完整的证明.戈塞特在其论著中,引入了均值、方差、方差分析、样本等概率和统计的一些基本概念和术语.1907—1937 年间,戈塞特发表了 22 篇统计学论文,这些论文于 1942 年以《"学生"论文集》为书名重新发行.

第八章 方差分析及回归分析

在数理统计中,方差分析和回归分析的应用十分广泛,本章讨论它们的最基本内容. 本章是第六章和第七章(参数估计和假设检验)的应用. 方差分析法是运用假设检验的 F 检验法来检验因素不同水平是否有显著区别的方法,是前面假设检验思想很重要的应用. 回归分析法是应用前面参数估计中的极大似然估计法来估计相关变量关于自变量的线性回归方程的方法,在统计线性预报中有重要的应用.

第一节 单因素试验的方差分析

一、单因素试验

在科学试验和生产试验中,影响某事物的因素往往有许多. 例如在陶瓷生产中,有催化剂、反应温度、原料种类、原料剂量、压力、机器设备及操作人员的水平等因素. 每一因素的变化都有可能影响产品的质量和数量. 有些因素影响较大,有些较小. 为了使生产过程稳定进行,保证高产、优质,就需要找出对产品质量有显著影响的那些因素. 因此,我们要进行试验. 方差分析就是利用试验的结果分析研究,判别各个有关因素对试验结果影响的有效方法.

在试验中,我们称将要考察的指标为试验指标,称影响试验指标的原因为因素. 可将因素分为两类:一类是人们能够控制的(可控因素);另一类是人们不可以控制的. 例如,压力、催化剂、反应温度等是可以控制的,而气象条件等一般是难以控制的. 下面我们所讨论的因素都是指可控因素,并称因素所处的状态为该因素的水平. 若在一项试验的过程中仅有一个因素在变化称为单因素试验,若多于一个因素在变化称为多因素试验.

例 8-1-1 设有四种不同的灯丝材料,在相同的条件下用来生产四组电灯泡,取样并测量电灯泡的使用小时数,得结果如表 8-1-1 所示.

表 8-1-1 电灯泡测量结果数据

电灯 I		电灯 II		电灯 III		电灯 IV	
1 600	1 610	1 580	1 640	1 460	1 550	1 510	1 520
1 650	1 680	1 640		1 600	1 620	1 530	1 570
1 700	1 720	1 700		1 640	1 660	1 600	
1 800		1 750		1 740	1 820	1 680	

这里试验的指标是电灯的使用时间. 灯丝材料为因素,不同的灯丝材料就是这个因素

的四个不同的水平. 我们假定除灯丝材料这一因素外,电灯的其他材料、操作人员的水平等其他条件都相同,这是单因素试验. 试验的目的就是考察各种灯丝材料所生产的电灯的使用寿命有无显著的差异,即考察灯丝材料这一因素对使用寿命有无显著的影响. 如果使用寿命有显著差异,就表明灯丝材料这一因素对使用寿命的影响是显著的.

例8-1-2 设有四种不同的纺织机,在相同的条件下生产羊毛线,取样并测量羊毛线的每95码长的重量(单位:克),结果如表8-1-2所示.

表8-1-2 羊毛线质量测量结果数据

纺织机 1	纺织机 2	纺织机 3	纺织机 4
7.50	7.23	7.50	7.53
7.52	7.81	7.77	8.05
7.70	7.94	7.83	8.16
7.93	7.94	7.96	7.76
7.78	7.89	8.02	7.85

这里试验的指标是羊毛线的每95码长的重量. 纺织机类型为因素,这一因素有4个水平,这是单因素的试验. 试验的目的是考察各种类型纺织机生产的羊毛线的重量有无显著差异,即考察纺织机类型这一因素对羊毛线的重量有无显著影响.

例8-1-3 某商业产品的六个样品的水分含量的比例由四个不同的操作员用三种不同的方法来检测,结果如表8-1-3所示.

表8-1-3 产品水分含量测量结果数据

方法(A)　操作员(B)	B_1		B_2		B_3		B_4	
A_1	59	60	57	57	55	61	54	60
	57	61	55	56	54	54	53	61
	55	63	59	62	61	64	62	59
A_2	61	58	60	58	58	60	56	56
	57	57	55	57	52	58	55	59
	61	59	58	63	57	62	60	60
A_3	61	60	58	58	62	57	59	58
	59	58	56	57	58	55	55	58
	60	60	59	61	60	59	60	61

这里试验指标是水分含量的比例. 操作员和方法是因素,分别有4个和3个水平,这是一个双因素的试验. 试验的目的在于考察在各个因素的各个水平下水分含量的比例有无显著的差异,即考察操作员和方法这两个因素对水分含量的比例是否有显著的影响.

本节仅讨论单因素的试验. 我们来讨论例8-1-1. 在例8-1-1中,我们在因素的每个水平下独立地做试验,其结果是一个样本. 表8-1-1中数据可认为来自四个不同总体(每个水平对应一个总体)的样本值. 将各个总体的均值依次记为 μ_1,μ_2,μ_3,μ_4. 按题意需检验假设

$$H_0:\mu_1=\mu_2=\mu_3=\mu_4;$$
$$H_1:\mu_1,\mu_2,\mu_3,\mu_4\text{ 不全相等}.$$

现在再假设各总体都为正态变量,且各总体的方差相同,但参数都未知. 那么,此为一个检验同方差的各个正态总体均值是否相等的问题. 下面讨论的方差分析法为解决这类问题的一种统计方法.

现在来讨论单因素试验的方法分析. 设因素 A 有 s 个水平 $A_1,A_2,\cdots,A_s$,在水平 $A_j(j=1, 2,\cdots,s)$ 下,进行 $n_j(n_j\geq2)$ 次独立试验,得到如表 8-1-4 所示的结果.

表 8-1-4 试验结果

水平 观察结果	A_1	A_2	…	A_s
样本	X_{11}	X_{21}	…	X_{s1}
	X_{12}	X_{22}	…	X_{s2}
	$\vdots$	$\vdots$		$\vdots$
	X_{1n_1}	X_{2n_2}	…	X_{sn_s}
样本总和	$T_1.$	$T_2.$	…	$T_s.$
样本均值	$X_1.$	$X_2.$	…	$X_s.$
总体均值	μ_1	μ_2	…	μ_s

我们假定:各个水平 $A_j(j=1, 2,\cdots,s)$ 下的样本 $X_{j1},X_{j2},\cdots,X_{jn_j}$ 来自具有相同方差 σ^2,均值分别为 $\mu_j(j=1, 2,\cdots,s)$ 的正态总体 $N(\mu_j,\sigma^2)$,μ_j 与 σ^2 未知,且假定不同水平 A_j 下的样本之间彼此独立.

因为 $X_{ij}\sim N(\mu_i,\sigma^2)$,即有 $X_{ij}-\mu_i\sim N(0,\sigma^2)$,因此 $X_{ij}-\mu_i$ 可理解为随机误差. 令 $X_{ij}-\mu_i=\varepsilon_{ij}$,那么 X_{ij} 可化成

$$X_{ij}=\mu_i+\varepsilon_{ij},\varepsilon_{ij}\sim N(0,\sigma^2),\text{各 }\varepsilon_{ij}\text{独立},j=1,2,\cdots,n_i,i=1, 2,\cdots,s, \qquad (8.1.1)$$

其中 μ_i 与 σ^2 未知,式(8.1.1)称为单因素试验方差分析的数学模型. 此为本节的讨论对象.

方差分析的目的是对于式(8.1.1)进行如下操作.

(1)检查 s 个总体 $N(\mu_i,\sigma^2)(i=1, 2,\cdots,s)$ 的均值是否相同,即检验假设

$$H_0:\mu_1=\mu_2=\cdots=\mu_s;H_1:\mu_1,\mu_2,\cdots,\mu_s\text{ 不全相等}. \qquad (8.1.2)$$

(2)给出未知参数 $\mu_i(i=1, 2,\cdots,s)$,σ^2 的估计.

为便于讨论,将问题(8.1.2)写成如下形式,记 $\mu_i(i=1, 2,\cdots,s)$ 的加权平均值 $\dfrac{1}{n}\sum\limits_{i=1}^{s}n_i\mu_i$ 为 μ,即

$$\mu=\frac{1}{n}\sum_{i=1}^{s}n_i\mu_i, \qquad (8.1.3)$$

其中 $n = \sum\limits_{i=1}^{s} n_i$, 称 μ 为总平均. 再记

$$\alpha_i = \mu_i - \mu, i = 1, 2, \cdots, s, \tag{8.1.4}$$

这时有 $\sum\limits_{i=1}^{s} n_i \alpha_i = 0$, α_i 表示水平 A_i 下的总体平均值与总平均的差异, 通常称 α_i 为水平 A_i 的效应.

使用这些记号, 式 (8.1.1) 可化成

$$X_{ij} = \mu + \alpha_i + \varepsilon_{ij},$$

$$\varepsilon_{ij} \sim N(0, \sigma^2) (各 \varepsilon_{ij} 独立), j = 1, 2, \cdots, n_i, i = 1, 2, \cdots, s, \sum_{i=1}^{s} n_i \alpha_i = 0.$$

而假设 (8.1.2) 等同于假设

$$H_0 : \alpha_1 = \alpha_2 = \cdots = \alpha_s = 0;$$

$$H_1 : \alpha_1, \alpha_2, \cdots, \alpha_s 不全为零.$$

此是由于 $\mu_1 = \mu_2 = \cdots = \mu_s$ 当且仅当 $\mu_i = \mu$, 即 $\alpha_i = 0, i = 1, 2, \cdots, s.$

二、平方和的分解

以下我们由平方和的分解来导出假设检验问题 (8.1.2) 的检验统计量.

定义总偏差平方和

$$S = \sum_{i=1}^{s} \sum_{j=1}^{n_i} (X_{ij} - \bar{X})^2, \tag{8.1.5}$$

其中

$$\bar{X} = \frac{1}{n} \sum_{i=1}^{s} \sum_{j=1}^{n_i} X_{ij} \tag{8.1.6}$$

是数据的总平均. S 能代表所有试验数据之间的差异, 因此 S 又称为总变差. 再令水平 A_i 下的样本平均值为 $X_i.$, 即

$$X_i. = \frac{1}{n_i} \sum_{j=1}^{n_i} X_{ij}. \tag{8.1.7}$$

我们可把 S 分解成为

$$S = S_E + S_A, \tag{8.1.8}$$

其中

$$S_E = \sum_{i=1}^{s} \sum_{j=1}^{n_i} (X_{ij} - X_i.)^2,$$

$$S_A = \sum_{i=1}^{s} \sum_{j=1}^{n_i} (X_i. - \bar{X})^2 = \sum_{i=1}^{s} n_i (X_i. - \bar{X})^2 = \sum_{i=1}^{s} n_i X_i.^2 - n\bar{X}^2.$$

上述 S_E 的各项 $(X_{ij} - X_i.)^2$ 表示在水平 A_i 下, 样本观测值与样本均值的差异, 此为由随机误差所引起的, S_E 称为误差平方和; S_A 的各项 $n_i (X_i. - \bar{X})^2$ 代表水平 A_i 下的样本平均值与数据总平均的差别, 此为由水平 A_i 的效应的差异以及随机误差产生的, S_A 称为因素 A 的效应平方和. 式 (8.1.8) 正是我们所要求的平方和分解式.

1. S_E, S_A 的统计特性

为了导出检验问题(8.1.2)的检验统计量,我们分别来讨论 S_E, S_A 的一些统计特性. 先把 S_E 写成

$$S_E = \sum_{j=1}^{n_1} (X_{1j} - X_1.)^2 + \cdots + \sum_{j=1}^{n_s} (X_{sj} - X_s.)^2, \tag{8.1.9}$$

观察到 $\sum_{j=1}^{n_i} (X_{ij} - X_i.)^2$ 是总体 $N(\mu_i, \sigma^2)$ 的样本方差的 $n_i - 1$ 倍,从而有

$$\frac{\sum_{j=1}^{n_i} (X_{ij} - X_i.)^2}{\sigma^2} \sim \chi^2(n_i - 1).$$

由各 X_{ij} 相互独立,因此式(8.1.9)中各平方和相互独立. 利用 χ^2 分布的可加性知

$$\frac{S_E}{\sigma^2} \sim \chi^2 \Big(\sum_{i=1}^{s} (n_i - 1) \Big),$$

即

$$\frac{S_E}{\sigma^2} \sim \chi^2(n - s), \tag{8.1.10}$$

其中 $n = \sum_{i=1}^{s} n_i$. 利用式(8.1.10)还可知,S_E 的自由度为 $n - s$, 且有

$$E(S_E) = (n - s)\sigma^2. \tag{8.1.11}$$

以下讨论 S_A 的统计特性,我们注意到 S_A 是 s 个变量 $\sqrt{n_i}(X_i. - \bar{X})$ $(i = 1, 2, \cdots, s)$ 的平方和,它们之间只有一个线性约束条件,即

$$\sum_{i=1}^{s} \sqrt{n_i} \big[\sqrt{n_i}(X_i. - \bar{X}) \big] = \sum_{i=1}^{s} n_i(X_i. - \bar{X}) = \sum_{i=1}^{s} \sum_{j=1}^{n_i} X_{ij} - n\bar{X} = 0,$$

因此可知 S_A 的自由度是 $s - 1$.

又利用式(8.1.3)、式(8.1.6)及 X_{ij} 的独立性,知

$$\bar{X} \sim N\Big(\mu, \frac{\sigma^2}{n} \Big). \tag{8.1.12}$$

即得

$$E(S_A) = E\Big(\sum_{i=1}^{s} n_i X_i.^2 - n\bar{X}^2 \Big) = \sum_{i=1}^{s} n_i E(X_i.^2) - nE(\bar{X}^2)$$

$$= (s-1)\sigma^2 + 2\mu \sum_{i=1}^{s} n_i \alpha_i + n\mu^2 + \sum_{i=1}^{s} n_i \alpha_i^2 - n\mu^2.$$

利用式(8.1.1),由 $\sum_{i=1}^{s} n_i \alpha_i = 0$,因此有

$$E(S_A) = (s-1)\sigma^2 + \sum_{i=1}^{s} n_i \alpha_i^2. \tag{8.1.13}$$

还可以证明,当 H_0 为真时 S_A 与 S_E 独立,

$$\frac{S_A}{\sigma^2} \sim \chi^2(s-1). \tag{8.1.14}$$

（证略.）

2. 假设检验问题的拒绝域

现在我们能确定假设检验问题(8.1.2)的拒绝域了.

利用式(8.1.13)知,当 H_0 正确时,

$$E\left(\frac{S_A}{s-1}\right) = \sigma^2,$$

即 $\frac{S_A}{s-1}$ 是 σ^2 的无偏估计,且当 H_1 正确时,$\sum_{i=1}^{s} n_i \alpha_i^2 > 0$,这时

$$E\left(\frac{S_A}{s-1}\right) = \sigma^2 + \frac{1}{s-1}\sum_{i=1}^{s} n_i \alpha_i^2 > \sigma^2. \tag{8.1.15}$$

再利用式(8.1.11)知,

$$E\left(\frac{S_E}{n-s}\right) = \sigma^2,$$

即不管 H_0 是否正确,$\frac{S_E}{n-s}$ 都是 σ^2 的无偏估计.

总而言之,当 H_0 为真时,分式 $F = \frac{S_A/(s-1)}{S_E/(n-s)}$ 的分子与分母独立. 分母 $S_E/(n-s)$ 无论 H_0 正确与否,其数学期望都是 σ^2;当 H_0 正确时,分子的数学期望为 σ^2,当 H_0 不正确时,利用式(8.1.15)分子的取值有偏大的趋势. 因此,知检验问题(8.1.2)的拒绝域具有形式

$$F = \frac{S_A/(s-1)}{S_E/(n-s)} \geqslant k,$$

这里 k 由预先给定的显著性水平 α 确定. 利用式(8.1.10)和式(8.1.14)及当 H_0 为真时 S_A 与 S_E 的独立性知,当 H_0 正确时,

$$\frac{S_A/(s-1)}{S_E/(n-s)} = \frac{S_A/\sigma^2}{s-1} \bigg/ \frac{S_E/\sigma^2}{n-s} \sim F(s-1, n-s).$$

利用此得检验问题(8.1.2)的拒绝域为

$$\frac{S_A/(s-1)}{S_E/(n-s)} \geqslant F_\alpha(s-1, n-s).$$

上述分析的结果能排成表 8-1-5 的形式,称为方差分析表.

表 8-1-5　单因素试验方差分析表

方差来源	平方和	自由度	均方	F 比
因素 A	S_A	$s-1$	$\bar{S}_A = \dfrac{S_A}{s-1}$	$F = \dfrac{\bar{S}_A}{\bar{S}_E}$
误差	S_E	$n-s$	$\bar{S}_E = \dfrac{S_E}{n-s}$	
总和	S	$n-1$		

表中 $\bar{S}_A = S_A/(s-1)$,$\bar{S}_E = S_E/(n-s)$ 顺次称为 S_A,S_E 的均方. 此外,由于在 S 中 n 个变

量 $X_{ij} - \bar{X}$ 之间只有一个约束条件式(8.1.6),因此 S 的自由度为 $n-1$.

在实际中,我们能够利用以下较简便的公式来计算 S, S_A 和 S_E. 令

$$T_{i\cdot} = \sum_{j=1}^{n_i} X_{ij}, \; i = 1,2,\cdots,s \;, T_{\cdot\cdot} = \sum_{i=1}^{s} \sum_{j=1}^{n_i} X_{ij},$$

即有

$$S = \sum_{i=1}^{s} \sum_{j=1}^{n_i} X_{ij}^2 - n\bar{X}^2 = \sum_{i=1}^{s} \sum_{j=1}^{n_i} X_{ij}^2 - \frac{T_{\cdot\cdot}^2}{n},$$

$$S_A = \sum_{i=1}^{s} n_i X_{i\cdot}^2 - n\bar{X}^2 = \sum_{i=1}^{s} \frac{T_{i\cdot}^2}{n_i} - \frac{T_{\cdot\cdot}^2}{n},$$

$$S_E = S - S_A.$$

例8-1-4 设在例 8-1-1 中符合模型(8.1.1)条件,检验假设($\alpha = 0.05$):

$$H_0 : \mu_1 = \mu_2 = \mu_3 = \mu_4 ; H_1 : \mu_1, \mu_2, \mu_3, \mu_4 \text{ 不全相等}.$$

解 现有 $s = 4, n_1 = 7, n_2 = 5, n_3 = 8, n_4 = 6, n = 26$,则

$$S = \sum_{i=1}^{4} \sum_{j=1}^{n_i} X_{ij}^2 - \frac{T_{\cdot\cdot}^2}{26} = 195\ 711, \; S_A = \sum_{i=1}^{4} \frac{T_{i\cdot}^2}{n_i} - \frac{T_{\cdot\cdot}^2}{26} = 44\ 360,$$

$$S_E = S - S_A = 151\ 351.$$

S, S_A, S_E 的自由度依次是 $n-1 = 25, s-1 = 3, n-s = 22$,得方差分析表如表 8-1-6 所示.

表 8-1-6　方差分析表

方差来源	平方和	自由度	均方	F 比
因素	44 360	3	14 787	
误差	151 351	22	6 880	2.149
总和	195 711	26		

因 $F_{0.05}(3,22) = 3.05 > 2.149$,故在显著性水平 $\alpha = 0.05$ 下不拒绝 H_0,即认为各种灯丝材料生产的灯泡使用寿命没有显著的差异.

上面已讨论过,不论 H_0 是否正确,$\hat{\sigma}^2 = \dfrac{S_E}{n-s}$ 是 σ^2 的无偏估计.

再利用式(8.1.12)和式(8.1.7)知

$$E(\bar{X}) = \mu, E(X_{i\cdot}) = \frac{1}{n_i} \sum_{j=1}^{n_i} E(X_{ij}) = \mu_i, i = 1,2,\cdots,s.$$

因此,$\hat{\mu} = \bar{X}, \hat{\mu}_i = X_{i\cdot}$ 依次是 μ, μ_i 的无偏估计.

又假设拒绝 H_0,这说明效应 $\alpha_1, \alpha_2, \cdots, \alpha_s$ 不全为零. 因为

$$\alpha_i = \mu_i - \mu, i = 1,2,\cdots,s,$$

知 $\hat{\alpha}_i = X_{i\cdot} - \bar{X}$ 是 α_i 的无偏估计. 这时还有关系式

$$\sum_{i=1}^{s} n_i \hat{\alpha}_i = \sum_{i=1}^{s} n_i X_{i\cdot} - n\bar{X} = 0.$$

当拒绝 H_0 时,经常要作出两总体 $N(\mu_j, \sigma^2)$ 和 $N(\mu_k, \sigma^2)(j \neq k)$ 的均值差 $\mu_j - \mu_k = \alpha_j -$

α_k 的区间估计,其办法如下.

因为

$$E(X_{j.} - X_{k.}) = \mu_j - \mu_k,$$

$$D(X_{j.} - X_{k.}) = \sigma^2\left(\frac{1}{n_j} + \frac{1}{n_k}\right),$$

利用前面章节知 $X_{j.} - X_{k.}$ 与 $\hat{\sigma}^2 = S_E/(n-s)$ 独立. 由此得均值差 $\mu_j - \mu_k = \alpha_j - \alpha_k$ 的置信水平为 $1-\alpha$ 的置信区间为

$$\left(X_{j.} - X_{k.} \pm t_{\alpha/2}(n-s)\sqrt{\bar{S}_E\left(\frac{1}{n_j} + \frac{1}{n_k}\right)}\right).$$

例 8-1-5 求例 8-1-4 中的未知参数 $\sigma^2, \mu_i(i=1,2,3,4)$ 的点估计及均值差的置信水平为 0.95 的置信区间.

解
$$\hat{\sigma}^2 = S_E/(n-s) = 6\,880,$$

$$\hat{\mu}_1 = x_{1.} = 1\,680, \hat{\mu}_2 = x_{2.} = 1\,662, \hat{\mu}_3 = x_{3.} = 1\,636.25,$$

$$\hat{\mu}_4 = x_{4.} = 1\,568.33, \hat{\mu} = \bar{x} = 1\,637.31,$$

$$\hat{\alpha}_1 = x_{1.} - \bar{x} = 42.69, \hat{\alpha}_2 = x_{2.} - \bar{x} = 24.69, \hat{\alpha}_3 = x_{3.} - \bar{x} = -1.06,$$

$$\hat{\alpha}_4 = x_{4.} - \bar{x} = -68.98.$$

均值差的区间估计,由 $t_{0.0025}(n-s) = t_{0.0025}(22) = 2.0739$ 得

$$t_{0.0025}(22)\sqrt{\bar{S}_E\left(\frac{1}{n_j} + \frac{1}{n_k}\right)} = 172.02\sqrt{\left(\frac{1}{n_j} + \frac{1}{n_k}\right)},$$

故我们可得 $\mu_1 - \mu_2$ 的置信水平为 0.95 的置信区间为

$$\left(18 \pm 172.02\sqrt{\left(\frac{1}{7} + \frac{1}{5}\right)}\right) = (82.72, 118.72),$$

其他的 $\mu_1 - \mu_3, \mu_1 - \mu_4, \mu_2 - \mu_3, \mu_2 - \mu_4, \mu_3 - \mu_4$ 的置信水平为 0.95 的置信区间可类似得到,从略.

例 8-1-6 设在例 8-1-2 中四种不同的纺织机生产的羊毛线的每 95 码长的重量(单位:克)的总体均为正态,且各总体的方差相同,但参数均未知,又设各样本相互独立. 试取显著性水平 $\alpha = 0.05$ 检验各四种纺织机的每 95 码长的重量是否有显著差异.

解 分别以 $\mu_1, \mu_2, \mu_3, \mu_4$ 记第 1,2,3,4 种纺织机的每 95 码长的重量总体的平均值. 我们需检验假设($\alpha = 0.05$)

$$H_0: \mu_1 = \mu_2 = \mu_3 = \mu_4; H_1: \mu_1, \mu_2, \mu_3, \mu_4 \text{ 不全相等}.$$

现有 $n = 20, s = 4, n_1 = n_2 = n_3 = n_4 = 5$,则

$$S = \sum_{i=1}^{4}\sum_{j=1}^{n_i} X_{ij} - \frac{T_{..}^2}{20} = 0.9975, \quad S_A = \sum_{i=1}^{4}\frac{T_{i.}^2}{n_i} - \frac{T_{..}^2}{20} = 0.09254,$$

$$S_E = S - S_A = 0.9049,$$

S, S_A, S_E 的自由度依次为 19,3,16,结果见表 8-1-7.

表 8-1-7　方差分析表

方差来源	平方和	自由度	均方	F 比
因素	0.092 54	3	0.030 85	0.545 4
误差	0.904 9	16	0.056 56	
总和	0.997 5	19		

因 $F_{0.05}(3,16) = 3.24 > 0.545\ 4$,故在显著性水平 $\alpha = 0.05$ 下不拒绝 H_0,认为各种纺织机的每 95 码长的重量无显著差异.

第二节　双因素试验的方差分析

一、双因素等重复试验的方差分析

假设有两个因素 A,B 作用于试验的指标. 因素 A 有 r 个水平 $A_1,A_2,\cdots,A_r$,因素 B 有 s 个水平 $B_1,B_2,\cdots,B_s$. 现对因素 A,B 的水平的每对组合 (A_i,B_j),$i = 1,2,\cdots,r,j = 1,2,\cdots,s$ 均做 $t \geq 2$ 次试验(称作等重复试验),得到如表 8-2-1 所示的结果.

表 8-2-1　等重复试验的结果

因素 A ＼ 因素 B	B_1	B_2	$\cdots$	B_s
A_1	$X_{111},X_{112},\cdots,X_{11t}$	$X_{121},X_{122},\cdots,X_{12t}$	$\cdots$	$X_{1s1},X_{1s2},\cdots,X_{1st}$
A_2	$X_{211},X_{212},\cdots,X_{21t}$	$X_{221},X_{222},\cdots,X_{22t}$	$\cdots$	$X_{2s1},X_{2s2},\cdots,X_{2st}$
$\vdots$	$\vdots$	$\vdots$		$\vdots$
A_r	$X_{r11},X_{r12},\cdots,X_{r1t}$	$X_{r21},X_{r22},\cdots,X_{r2t}$	$\cdots$	$X_{rs1},X_{rs2},\cdots,X_{rst}$

并假定 $X_{ijk} \sim N(\mu_{ij},\sigma^2)$,$i = 1,2,\cdots,r;j = 1,2,\cdots,s;k = 1,2,\cdots,t$,且各 X_{ijk} 独立. 这里,μ_{ij},σ^2 都是未知的,或写成

$$X_{ijk} = \mu_{ij} + \varepsilon_{ijk},i = 1,2,\cdots,r;j = 1,2,\cdots,s;k = 1,2,\cdots,t. \qquad (8.2.1)$$

$\varepsilon_{ijk} \sim N(0,\sigma^2)$,各 ε_{ijk} 独立.

使用记号

$$\mu = \frac{1}{rs}\sum_{i=1}^{r}\sum_{j=1}^{s}\mu_{ij};\mu_{i\cdot} = \frac{1}{s}\sum_{j=1}^{s}\mu_{ij},i = 1,2,\cdots,r;$$

$$\mu_{\cdot j} = \frac{1}{r}\sum_{i=1}^{r}\mu_{ij},j = 1,2,\cdots,s;$$

$$\alpha_i = \mu_{i\cdot} - \mu,i = 1,2,\cdots,r;\beta_j = \mu_{\cdot j} - \mu,j = 1,2,\cdots,s.$$

易知

$$\sum_{i=1}^{r}\alpha_i = 0,\sum_{j=1}^{s}\beta_j = 0.$$

μ 称为总平均,α_i 称为水平 A_i 的效应,β_j 称为水平 B_j 的效应. 如此可将 μ_{ij} 写成

$$\mu_{ij} = \mu + \alpha_i + \beta_j + (\mu_{ij} - \mu_i . - \mu ._j + \mu), i = 1, 2, \cdots, r; j = 1, 2, \cdots, s. \qquad (8.2.2)$$

令

$$\gamma_{ij} = \mu_{ij} - \mu_i . - \mu ._j + \mu, i = 1, 2, \cdots, r; j = 1, 2, \cdots, s.$$

这时

$$\mu_{ij} = \mu + \alpha_i + \beta_j + \gamma_{ij}, \qquad (8.2.3)$$

称 γ_{ij} 为水平 A_i 和水平 B_j 的交互效应,此为由 A_i, B_j 搭配起来联合起作用而产生的. 易知

$$\sum_{i=1}^{r} \gamma_{ij} = 0, j = 1, 2, \cdots, s; \sum_{j=1}^{s} \gamma_{ij} = 0, i = 1, 2, \cdots, r.$$

这样,式(8.2.1)可表示为 $X_{ijk} = \mu + \alpha_i + \beta_j + \gamma_{ij} + \varepsilon_{ijk}, \varepsilon_{ijk} \sim N(0, \sigma^2)$,各 ε_{ijk} 独立,有

$$\sum_{i=1}^{r} \alpha_i = 0, \sum_{j=1}^{s} \beta_j = 0, \sum_{i=1}^{r} \gamma_{ij} = 0, \sum_{j=1}^{s} \gamma_{ij} = 0,$$

$$i = 1, 2, \cdots, r; j = 1, 2, \cdots, s; k = 1, 2, \cdots, t. \qquad (8.2.4)$$

其中 $\mu, \alpha_i, \beta_j, \gamma_{ij}$ 及 σ^2 均是未知参数.

式(8.2.4)正是我们所要讨论的双因素试验方差分析的数学模型. 对于此模型我们需要检验如下三个假设.

$$H_{01} : \alpha_1 = \alpha_2 = \cdots = \alpha_r = 0; H_{11} : \alpha_1, \alpha_2, \cdots, \alpha_r \text{ 不全为零.} \qquad (8.2.5)$$

$$H_{02} : \beta_1 = \beta_2 = \cdots = \beta_s = 0; H_{12} : \beta_1, \beta_2, \cdots, \beta_s \text{ 不全为零.} \qquad (8.2.6)$$

$$H_{03} : \gamma_{11} = \gamma_{12} = \cdots = \gamma_{rs} = 0; H_{13} : \gamma_{11}, \gamma_{12}, \cdots, \gamma_{rs} \text{不全为零.} \qquad (8.2.7)$$

类似于单因素情况,对此类问题的检验方法也是通过平方和的分解得到的. 先使用以下的记号:

$$\bar{X} = \frac{1}{rst} \sum_{i=1}^{r} \sum_{j=1}^{s} \sum_{k=1}^{t} X_{ijk}, X_{ij} . = \frac{1}{t} \sum_{k=1}^{t} X_{ijk}, i = 1, 2, \cdots, r; j = 1, 2, \cdots, s.$$

$$X_{i..} = \frac{1}{st} \sum_{j=1}^{s} \sum_{k=1}^{t} X_{ijk}, i = 1, 2, \cdots, r; X ._j . = \frac{1}{rt} \sum_{i=1}^{r} \sum_{k=1}^{t} X_{ijk}, j = 1, 2, \cdots, s.$$

再使用总偏差平方和(称为总变差)

$$S = \sum_{i=1}^{r} \sum_{j=1}^{s} \sum_{k=1}^{t} (X_{ijk} - \bar{X})^2.$$

我们可把 S 表示成平方和的分解式

$$S = S_E + S_A + S_B + S_{A \times B},$$

这里

$$S_E = \sum_{i=1}^{r} \sum_{j=1}^{s} \sum_{k=1}^{t} (X_{ijk} - X_{ij} .)^2, S_A = st \sum_{i=1}^{r} (X_{i..} - \bar{X})^2, S_B = rt \sum_{j=1}^{s} (X ._j . - \bar{X})^2,$$

$$S_{A \times B} = t \sum_{i=1}^{r} \sum_{j=1}^{s} (X_{ij} . - X_{i..} - X ._j . + \bar{X})^2.$$

称 S_E 为误差平方和,称 S_A, S_B 分别为因素 A、因素 B 的效应平方和,称 $S_{A \times B}$ 为 A, B 交互效应平方和.

能够证明 $S, S_E, S_A, S_B, S_{A \times B}$ 的自由度依次为 $rst - 1, rs(t-1), r-1, s-1, (r-1)(s-1)$,还有

$$E\left(\frac{S_E}{rs(t-1)}\right) = \sigma^2, E\left(\frac{S_A}{r-1}\right) = \sigma^2 + \frac{st \sum_{i=1}^{r} \alpha_i^2}{r-1}, E\left(\frac{S_B}{s-1}\right) = \sigma^2 + \frac{rt \sum_{j=1}^{s} \beta_j}{s-1},$$

$$E\left(\frac{S_{A \times B}}{(r-1)(s-1)}\right) = \sigma^2 + \frac{t\sum\limits_{i=1}^{r}\sum\limits_{j=1}^{s}\gamma_{ij}}{(r-1)(s-1)}.$$

当 $H_{01} : \alpha_1 = \alpha_2 = \cdots = \alpha_r = 0$ 正确时，$F_A = \dfrac{S_A/(r-1)}{S_E/(rs(t-1))} \sim F(r-1, rs(t-1))$.

取显著性水平为 α，得假设 H_{01} 的拒绝域为

$$F_A = \frac{S_A/(r-1)}{S_E/(rs(t-1))} \geqslant F_\alpha(r-1, rs(t-1)).$$

类似地，在显著性水平为 α 下，假设 H_{02} 的拒绝域为

$$F_B = \frac{S_B/(s-1)}{S_E/(rs(t-1))} \geqslant F_\alpha(s-1, rs(t-1)).$$

在显著性水平为 α 下，假设 H_{03} 的拒绝域为

$$F_{A \times B} = \frac{S_{A \times B}/((r-1)(s-1))}{S_E/(rs(t-1))} \geqslant F_\alpha((r-1)(s-1), rs(t-1)).$$

上述结果可归纳成方差分析表，见表 8-2-2.

表 8-2-2　双因素试验的方差分析表

方差来源	平方和	自由度	均方	F 比
因素 A	S_A	$r-1$	$\bar{S}_A = \dfrac{S_A}{r-1}$	$F_A = \dfrac{\bar{S}_A}{\bar{S}_E}$
因素 B	S_B	$s-1$	$\bar{S}_B = \dfrac{S_B}{s-1}$	$F_B = \dfrac{\bar{S}_B}{\bar{S}_E}$
交互作用 $A \times B$	$S_{A \times B}$	$(r-1)(s-1)$	$\bar{S}_{A \times B} = \dfrac{S_{A \times B}}{(r-1)(s-1)}$	$F_{A \times B} = \dfrac{\bar{S}_{A \times B}}{\bar{S}_E}$
误差	S_E	$rs(t-1)$	$\bar{S}_E = \dfrac{S_E}{rs(t-1)}$	
总和	S	$rst-1$		

例 8-2-1　在例 8-1-3 中，假设符合双因素方差分析模型所需的条件，判断在显著性水平 $\alpha = 0.05$ 下，不同方法（因素 A）、不同操作员（因素 B）下的水分含量的比例是否有显著差异？交互作用是否显著？

解　需检验假设 H_{01}, H_{02}, H_{03}（见式 (8.2.5) 至式 (8.2.7)）. $T_{\cdots}, T_{ij\cdot}, T_{i\cdot\cdot}, T_{\cdot j\cdot}$ 的计算见表 8-2-3.

表 8-2-3　数据计算

	B_1		B_2		B_3		B_4		$T_i..$
A_1	59	60	57	57	55	61	54	60	
	57	61	55	56	54	54	53	61	1 399
	55	63	59	62	61	64	62	59	
	(355)		(346)		(349)		(349)		
A_2	61	58	60	58	58	60	56	56	
	57	57	55	57	52	58	55	59	1 397
	61	59	58	63	57	62	60	62	
	(353)		(351)		(347)		(346)		
A_3	61	60	58	58	62	57	59	58	
	59	58	56	58	58	55	55	58	1 409
	60	60	59	61	60	59	60	61	
	(358)		(349)		(351)		(351)		
$T.j.$	1 066		1 046		1 047		1 046		4 205

表中括号内的数是 $T_{ij}.$. 现有 $r = 3, s = 4, t = 6$,故

$$S = 469.319\ 4,\quad S_A = 3.444\ 4,\quad S_B = 16.152\ 8,$$

$$S_{A \times B} = 4.222\ 2,\quad S_E = S - S_A - S_B - S_{A \times B} = 445.5,$$

得方差分析表如表 8-2-4 所示.

表 8-2-4　方差分析表

方差来源	平方和	自由度	均方	F 比
因素 A(方法)	3.444 4	2	1.722 2	$F_A = 0.231\ 9$
因素 B(操作员)	5.384 3	3	5.384 3	$F_B = 0.725\ 2$
交互作用 $A \times B$	4.222 2	6	0.070 37	$F_{A \times B} = 0.009\ 477$
误差	445.5	60	7.425	
总和	469.319 4	71		

由于 $F_{0.05}(2, 60) = 3.15 > F_A$,$F_{0.05}(3, 60) = 2.76 > F_B$,$F_{0.05}(6, 60) = 2.25 > F_{A \times B}$,所以在显著性水平 $\alpha = 0.05$ 下,我们不拒绝 H_{01}, H_{02}, H_{03},即不认为不同方法、不同操作员、方法和操作员的交互作用对产品的六个样品的含水量比例的影响都是不显著的.

二、双因素无重复试验的方差分析

在上面的讨论中,我们研究了双因素试验中两个因素的交互作用. 要检验交互作用的效应是否显著,对于两个因素的每一组合 (A_i, B_j) 至少要做 2 次试验. 由于在模型(8.2.4)中,假设 $k = 1$,$\gamma_{ij} + \varepsilon_{ijk}$ 总以结合在一起的形式出现,如此就不能将交互作用与误差分离开来. 若在考察实际问题时,我们已经清楚不存在交互作用,或已知交互作用对试验的指标影响很

小,则可以不考虑交互作用. 这时,即使 $k=1$,也可对因素 A、因素 B 的效应做分析. 先假定对于两个因素的每一组合 (A_i, B_j) 仅做一次试验,所得结果见表 8-2-5.

表 8-2-5 试验结果

因素A ＼ 因素B	B_1	B_2	$\cdots$	B_s
A_1	X_{11}	X_{12}	$\cdots$	X_{1s}
A_2	X_{21}	X_{22}	$\cdots$	X_{2s}
$\vdots$	$\vdots$	$\vdots$		$\vdots$
A_r	X_{r1}	X_{r2}	$\cdots$	X_{rs}

并假定 $X_{ij} \sim N(\mu_{ij}, \sigma^2)$,且各 X_{ij} 独立,$i=1,2,\cdots,r; j=1,2,\cdots,s$,其中 μ_{ij}, σ^2 都为未知参数,或表示成

$$X_{ij} = \mu_{ij} + \varepsilon_{ij}, i=1,2,\cdots,r; j=1,2,\cdots,s, \varepsilon_{ij} \sim N(0,\sigma^2), 各 \varepsilon_{ij} 独立. \qquad (8.2.8)$$

继续用前面的记号,观察到现在假定不存在交互作用,这时 $\gamma_{ij}=0, i=1,2,\cdots,r; j=1, 2,\cdots,s$. 因此,利用式(8.2.3)知 $\mu_{ij}=\mu+\alpha_i+\beta_j$,从而式(8.2.7)可表示成

$$X_{ij} = \mu + \alpha_i + \beta_j + \varepsilon_{ij}, \varepsilon_{ij} \sim N(0,\sigma^2), 各 \varepsilon_{ij} 独立, i=1,2,\cdots,r; j=1,2,\cdots,s,$$

$$\sum_{i=1}^{r} \alpha_i = 0, \sum_{j=1}^{s} \beta_j = 0.$$

这正是现在要讨论的方差分析的模型. 对这个模型我们所要检验的假设为以下两个.

$$H_{01}:\alpha_1 = \alpha_2 = \cdots = \alpha_r = 0; H_{11}:\alpha_1,\alpha_2,\cdots,\alpha_r 不全为零. \qquad (8.2.9)$$

$$H_{02}:\beta_1 = \beta_2 = \cdots = \beta_s = 0; H_{12}:\beta_1,\beta_2,\cdots,\beta_s 不全为零. \qquad (8.2.10)$$

与在前面相同的讨论后可得方差分析表如表 8-2-6 所示.

表 8-2-6 双因素无重试验的方差分析表

方差来源	平方和	自由度	均方	F 比
因素 A	S_A	$r-1$	$\overline{S}_A = \dfrac{S_A}{r-1}$	$F_A = \overline{S}_A / \overline{S}_E$
因素 B	S_B	$s-1$	$\overline{S}_B = \dfrac{S_B}{s-1}$	$F_B = \overline{S}_B / \overline{S}_E$
误差	S_E	$(r-1)(s-1)$	$\overline{S}_E = \dfrac{S_E}{(r-1)(s-1)}$	
总和	S_T	$rs-1$		

取显著性水平为 α,得假设 $H_{01}:\alpha_1 = \alpha_2 = \cdots = \alpha_r = 0$ 的拒绝域为

$$F_A = \frac{\overline{S}_A}{\overline{S}_E} \geqslant F_\alpha(r-1,(r-1)(s-1)).$$

假设 $H_{02}:\beta_1 = \beta_2 = \cdots = \beta_s = 0$ 的拒绝域为

$$F_B = \frac{\overline{S}_B}{\overline{S}_E} \geqslant F_\alpha(s-1,(r-1)(s-1)).$$

表 8-2-6 中的平方和可利用下述子来计算：

$$S = \sum_{i=1}^{r} \sum_{j=1}^{s} X_{ij}^2 - \frac{T_{..}^2}{rs}, \quad S_A = \frac{1}{s} \sum_{i=1}^{r} T_{i.}^2 - \frac{T_{..}^2}{rs}, \quad S_B = \frac{1}{r} \sum_{j=1}^{s} T_{.j}^2 - \frac{T_{..}^2}{rs},$$

$$S_E = S - S_A - S_B, \tag{8.2.11}$$

其中　　$T_{..} = \sum_{i=1}^{r} \sum_{j=1}^{s} X_{ij}, T_{i.} = \sum_{j=1}^{s} X_{ij}, i = 1, 2, \cdots, r, T_{.j} = \sum_{i=1}^{r} X_{ij}, j = 1, 2, \cdots, s.$

例 8-2-2　为了研究某种金属管防腐蚀的功能，考虑了 4 种不同的涂料涂层. 将金属管埋设在 3 种不同性质的土壤中，经历了一定时间，测得金属管腐蚀的最大深度如表 8-2-7 所示(以 mm 计).

表 8-2-7　金属管腐蚀最大深度

	土壤类型(因素 B)			
	1	2	3	$T_{i.}$
涂料涂层 (因素 A)	1.63	1.35	1.27	4.25
	1.34	1.30	1.22	3.86
	1.19	1.14	1.27	3.60
	1.30	1.09	1.32	3.71
$T_{.j}$	5.46	4.88	5.08	15.42

试取显著性水平 $\alpha = 0.05$ 检验在不同涂层下腐蚀的最大深度的平均值有无显著差异，在不同土壤下腐蚀的最大深度的平均值有无显著差异. 设两因素间没有交互作用效应.

解　按题意，需检验假设(8.2.9)和(8.2.10). $T_{i.}, T_{.j}$ 的值已算出列于表 8-2-7 中. 现有 $r = 4, s = 3.$ 由式(8.2.11)得到：

$$S = 0.2007, S_A = 0.0807, S_B = 0.0434, S_E = 0.0766.$$

得方差分析表如表 8-2-8 所示.

表 8-2-8　方差分析表

方差来源	平方和	自由度	均方	F 比
因素 A	$S_A = 0.0807$	3	0.0269	$F_A = 2.1071$
因素 B	$S_B = 0.0434$	2	0.0217	$F_B = 1.6997$
误差	$S_E = 0.0766$	6	0.01277	
总和	$S = 0.2007$	11		

由于 $F_{0.05}(3,6) = 4.76 > 2.1071, F_{0.05}(2,6) = 5.14 > 1.6997$，故不拒绝 H_{01} 及 H_{02}，即不认为在不同涂层下腐蚀的最大深度的平均值有显著差异，也不认为在不同土壤下腐蚀的最大深度的平均值有显著差异，即认为涂层和土壤对腐蚀的最大深度均无显著影响.

第三节　一元线性回归

在客观世界中通常存在着变量之间的关系. 变量之间的关系一般而言可分为确定性的和非确定性的两种. 确定性关系意指变量之间的关系能用函数关系来表示. 非确定性的关系即所谓的相关关系. 例如人的身高与体重之间存在着关系,一般而言,人高一些,体重要重一些,但相同高度的人,体重往往不一样;人的血压与年龄之间也存在着关系,但同年龄的人的血压经常不相同;气象中的温度与湿度之间的关系也是如此. 这是由于我们涉及的变量(如血压、体重、湿度)是随机变量,变量关系是非确定性的. 回归分析是探讨相关关系的一种数学工具,它可以帮助我们利用一个变量取得的值去估计另一变量所取得的值.

一、一元线性回归

假定随机变量 Y 与 x 之间存在着某种相关关系. 此处, x 是能够控制或能够准确观察的变量,如施加的压力、电压、时间、年龄、试验时的温度等. 换言之,我们可以任意指定 n 个值 $x_1, x_2, \cdots, x_n$. 故我们干脆不将 x 理解为随机变量,而把它看作普通的变量. 本节中我们仅考虑这种情况.

假定随机变量 Y(因变量)与普通变量 x(自变量)之间存在着相关关系,因为 Y 是随机变量,对于 x 的各个固定值, Y 有它的分布. 用 $F(Y|x)$ 记当 x 取确定的值时,所对应的 Y 的分布函数,若我们掌握了 $F(Y|x)$ 随着 x 的取值而变化的规律,则可以完全掌握 Y 与 x 之间的关系. 但是这样做通常比较复杂. 作为一种近似,我们转而去考虑 Y 的数学期望,如果 Y 的数学期望 $E(Y)$ 存在,那么其值随 x 的取值而定,它是 x 的函数. 把这一函数表示为 $\mu_{Y|x}$ 或 $\mu(x)$,称为 Y 关于 x 的回归函数. 如此,我们就把考察 Y 与 x 的相关关系的问题转变为考察 $E(Y) = \mu(x)$ 与 x 的函数关系.

我们知道,如果 ζ 是一个随机变量,那么 $E[(\zeta - c)^2]$ 作为 c 的函数,在 $c = E(\zeta)$ 时 $E[(\zeta - cB)^2]$ 达到最小. 这说明,在一切 x 的函数中以回归函数 $\mu(x)$ 作为 Y 的近似,其均方误差 $E[(Y - \mu(x))^2]$ 为最小. 所以,作为一种近似,为了考察 Y 与 x 的关系转而去考察 $\mu(x)$ 与 x 的关系是恰当的.

在实际问题中,回归函数 $\mu(x)$ 通常是未知的,回归分析的目的是利用试验数据去估计回归函数,研究有关的点估计、区间估计、假设检验等问题. 更加重要的是对随机变量的观测值作出点预测和区间预测.

我们对于 x 取定一组不完全相等的值 $x_1, x_2, \cdots, x_n$,假定 $Y_1, Y_2, \cdots, Y_n$ 依次是在 $x_1, x_2, \cdots, x_n$ 处对 Y 的独立观察结果,称

$$(x_1, Y_1), (x_2, Y_2), \cdots, (x_n, Y_n) \tag{8.3.1}$$

是一个样本,对应的样本值记为 $(x_1, y_1), (x_2, y_2), \cdots, (x_n, y_n)$.

我们第一要考虑的问题是如何使用样本来估计 Y 关于 x 的回归函数 $\mu(x)$. 由此,首先需要考虑 $\mu(x)$ 的形式. 在一些问题中,我们能够利用专业知识推测 $\mu(x)$ 的形式. 否则,能够把每对观测值 (x_i, y_i) 在直角坐标系中描出相应的点,称这种图为散点图. 散点图能够帮

助我们大概地看出 $\mu(x)$ 的形式.

例 8-3-1 表 8-3-1 中数据是退火温度 $x(℃)$ 对黄铜延性 Y 效应的试验效果,Y 是以延长度计算的.

表 8-3-1 试验效果数据

$x(℃)$	300	400	500	600	700	800
$Y(\%)$	40	50	55	60	67	70

这里自变量 x 是普通变量,Y 是随机变量. 由散点图大致看出 $\mu(x)$ 具有线性函数 $a + bx$ 的形式.

假定 Y 关于 x 的回归函数为 $\mu(x)$. 称使用样本来估计 $\mu(x)$ 的问题为求 Y 关于 x 的回归问题. 特别地,如果 $\mu(x)$ 为线性函数,即 $\mu(x) = a + bx$,这时估计 $\mu(x)$ 的问题称为求一元线性回归问题. 本节仅研究这个问题.

我们假定对于 x(在某个区间内)的每个值有

$$Y \sim N(a + bx, \sigma^2),$$

这里 a, b 及 σ^2 均是不依赖于 x 的未知参数. 令 $\varepsilon = Y - (a + bx)$,对 Y 作如此的正态假设,等价于假设

$$Y = a + bx + \varepsilon, \varepsilon \sim N(0, \sigma^2). \tag{8.3.2}$$

式(8.3.2)为一元线性回归模型,其中 b 称为回归系数.

式(8.3.2)说明,因变量 Y 由两部分构成:一部分是 x 的线性函数 $a + bx$;另一部分 $\varepsilon \sim N(0, \sigma^2)$ 是随机误差,是人们不能够控制的.

二、a, b 的估计

取 x 的 n 个不全相等的值 $x_1, x_2, \cdots, x_n$ 作独立试验,得到样本 $(x_1, Y_1), (x_2, Y_2), \cdots, (x_n, Y_n)$. 利用式(8.3.2),得

$$Y_i = a + bx_i + \varepsilon_i, \varepsilon_i \sim N(0, \sigma^2),\ \text{各}\ \varepsilon_i\ \text{相互独立.} \tag{8.3.3}$$

从而有 $Y_i \sim N(a + bx_i, \sigma^2), i = 1, 2, \cdots, n$. 利用 $Y_1, Y_2, \cdots, Y_n$ 的独立性,得 $Y_1, Y_2, \cdots, Y_n$ 的联合密度为

$$L = \prod_{i=1}^{n} \frac{1}{\sigma\sqrt{2\pi}} \exp\left[-\frac{1}{2\sigma^2}(y_i - a - bx_i)^2 \right]$$

$$= \left(\frac{1}{\sigma\sqrt{2\pi}} \right)^n \exp\left[-\frac{1}{2\sigma^2} \sum_{i=1}^{n} (y_i - a - bx_i)^2 \right]. \tag{8.3.4}$$

再用最大似然估计法来估计未知参数 a, b. 对于任意一组观测值 $y_1, y_2, \cdots, y_n$,式(8.3.4)就是样本的似然函数. 无疑,要 L 取最大值,只需式(8.3.4)右端方括弧中的平方和部分为最小,即只要函数

$$Q(a, b) = \sum_{i=1}^{n} (y_i - a - bx_i)^2$$

取最小值.

取 Q 分别关于 a,b 的偏导数,并使它们等于零,可得方程组

$$\begin{cases} na + \left(\sum_{i=1}^{n} x_i \right) b = \sum_{i=1}^{n} y_i, \\ \left(\sum_{i=1}^{n} x_i \right) a + \left(\sum_{i=1}^{n} x_i^2 \right) b = \sum_{i=1}^{n} x_i y_i. \end{cases} \tag{8.3.5}$$

称式(8.3.5)为正规方程组.

因为 x_i 不全相同,正规方程组的系数行列式为

$$\begin{vmatrix} n & \sum_{i=1}^{n} x_i \\ \sum_{i=1}^{n} x_i & \sum_{i=1}^{n} x_i^2 \end{vmatrix} = n \sum_{i=1}^{n} x_i^2 - \left(\sum_{i=1}^{n} x_i \right)^2 = n \sum_{i=1}^{n} (x_i - \bar{x})^2 \neq 0.$$

因此方程组(8.3.5)有唯一的一组解. 解得 b,a 的最大似然估计值为

$$\hat{b} = \frac{n \sum_{i=1}^{n} x_i y_i - \left(\sum_{i=1}^{n} x_i \right) \left(\sum_{i=1}^{n} y_i \right)}{n \sum_{i=1}^{n} x_i^2 - \left(\sum_{i=1}^{n} x_i \right)^2} = \frac{\sum_{i=1}^{n} (x_i - \bar{x})(y_i - \bar{y})}{\sum_{i=1}^{n} (x_i - \bar{x})^2},$$

$$\hat{a} = \frac{1}{n} \sum_{i=1}^{n} y_i - \frac{\hat{b}}{n} \sum_{i=1}^{n} x_i = \bar{y} - \hat{b} \bar{x}, \tag{8.3.6}$$

其中
$$\bar{x} = \frac{1}{n} \sum_{i=1}^{n} x_i, \bar{y} = \frac{1}{n} \sum_{i=1}^{n} y_i.$$

在得到 a,b 的估计 $\hat{a},\hat{b}$ 后,对于给定的 x,我们就用 $\hat{a} + \hat{b}x$ 作为回归函数 $\mu(x) = a + bx$ 的估计,即 $\hat{\mu}(x) = \hat{a} + \hat{b}x$ 称为 Y 关于 x 的经验回归函数. 令 $\hat{a} + \hat{b}x = \hat{y}$,方程

$$\hat{y} = \hat{a} + \hat{b}x \tag{8.3.7}$$

称为 Y 关于 x 的经验回归方程,简称回归方程,称其图形为回归直线.

把式(8.3.6)中 $\hat{a}$ 的表达式代入式(8.3.7),则回归方程表示成

$$\hat{y} = \bar{y} + \hat{b}(x - \bar{x}). \tag{8.3.8}$$

式(8.3.8)说明,对于样本值 $(x_1, y_1), (x_2, y_2), \cdots, (x_n, y_n)$,回归直线通过散点图的几何中心 $(\bar{x}, \bar{y})$.

以后我们将视方便而使用式(8.3.7)或式(8.3.8). 为了计算上的方便,我们使用下述记号:

$$S_{xx} = \sum_{i=1}^{n} (x_i - \bar{x})^2 = \sum_{i=1}^{n} x_i^2 - \frac{1}{n} \left(\sum_{i=1}^{n} x_i \right)^2, S_{yy} = \sum_{i=1}^{n} (y_i - \bar{y})^2 = \sum_{i=1}^{n} y_i^2 - \frac{1}{n} \left(\sum_{i=1}^{n} y_i \right)^2,$$

$$S_{xy} = \sum_{i=1}^{n} (x_i - \bar{x})(y_i - \bar{y}) = \sum_{i=1}^{n} x_i y_i - \frac{1}{n} \left(\sum_{i=1}^{n} x_i \right) \left(\sum_{i=1}^{n} y_i \right). \tag{8.3.9}$$

如此,a,b 的估计值能够表示为

$$\hat{b} = \frac{S_{xy}}{S_{xx}}, \hat{a} = \frac{1}{n} \sum_{i=1}^{n} y_i - \left(\frac{1}{n} \sum_{i=1}^{n} x_i \right) \hat{b}. \tag{8.3.10}$$

例 8-3-2 （续例 8-3-1）设在例 8-3-1 中的随机变量 Y 符合式(8.3.2)所述的条件，求 Y 关于 x 的线性回归方程.

解 现在 $n=6$，为求线性回归方程，所需计算列表如表 8-3-2 所示.

表 8-3-2 计算列表

	x	y	x^2	y^2	xy
	300	40	90 000	1 600	12 000
	400	50	160 000	2 500	20 000
	500	55	250 000	3 025	27 500
	600	60	360 000	3 600	36 000
	700	67	490 000	4 489	46 900
	800	70	640 000	4 900	56 000
$\sum$	3 300	342	1 990 000	20 114	198 400

由表 8-3-2 得

$$S_{xx} = 175\ 000, \quad S_{xy} = 10\ 300,$$

故得

$$\hat{b} = S_{xy}/S_{xx} = 0.058\ 86, \hat{a} = 24.628\ 6,$$

于是得到回归直线方程为

$$\hat{y} = 24.628\ 6 + 0.058\ 86x,$$

或写成

$$\hat{y} = 57 + 0.058\ 86(x - 550).$$

三、σ^2 的估计

利用式(8.3.2)，有

$$E\{[Y - (a + bx)]^2\} = E(\varepsilon^2) = D(\varepsilon) + [E(\varepsilon)]^2 = \sigma^2,$$

这说明 σ^2 越小，用回归函数 $\mu(x) = a + bx$ 去考察随机变量 Y 与 x 的关系就越有效. 但是 σ^2 是未知的，因此我们需要使用样本来估计 σ^2. 为了估计 σ^2，先导入下述残差平方和. 令

$$\hat{y}_i = \hat{y}|_{x=x_i} = \hat{a} + \hat{b}x_i,$$

称 $y_i - \hat{y}_i$ 为 x_i 处的残差. 平方和

$$Q_e = \sum_{i=1}^{n}(y_i - \hat{y}_i)^2 = \sum_{i=1}^{n}(y_i - \hat{a} - \hat{b}x_i)^2$$

称为残差平方和. 它是经验回归函数在 x_i 处的函数值 $\hat{\mu}(x_i) = \hat{a} + \hat{b}x_i$ 与 x_i 处的观测值 y_i 的偏差的平方和. 为了计算 Q_e，我们把 Q_e 作如下分解：

$$Q_e = \sum_{i=1}^{n}(y_i - \hat{y}_i)^2 = \sum_{i=1}^{n}[y_i - \bar{y} - \hat{b}(x_i - \bar{x})]^2$$

$$= \sum_{i=1}^{n}(y_i - \bar{y})^2 - 2\hat{b}\sum_{i=1}^{n}(x_i - \bar{x})(y_i - \bar{y}) + \hat{b}^2\sum_{i=1}^{n}(x_i - \bar{x})^2$$

$$= S_{yy} - 2\hat{b}S_{xy} + \hat{b}^2 S_{xx}.$$

利用式(8.3.10)，由 $\hat{b} = S_{xy}/S_{xx}$ 得 Q_e 的一个分解式为

$$Q_e = S_{yy} - \hat{b}S_{xy}. \tag{8.3.11}$$

利用式(8.3.6)得 b,a 的估计量依次为

$$\hat{b} = \frac{\sum_{i=1}^{n}(x_i - \bar{x})(Y_i - \bar{Y})}{\sum_{i=1}^{n}(x_i - \bar{x})^2} = \frac{\sum_{i=1}^{n}(x_i - \bar{x})Y_i}{\sum_{i=1}^{n}(x_i - \bar{x})^2},$$

$$\hat{a} = \frac{1}{n}\sum_{i=1}^{n}Y_i - \frac{\hat{b}}{n}\sum_{i=1}^{n}x_i = \bar{Y} - \hat{b}\bar{x}, \tag{8.3.12}$$

其中 $\bar{Y} = \frac{1}{n}\sum_{i=1}^{n}Y_i, \bar{x} = \frac{1}{n}\sum_{i=1}^{n}x_i$. 在 S_{yy}, S_{xy} 的表达式(8.3.9)中,把 y_i 改为 $Y_i(i=1,2,\cdots,n)$,并将它们依次记为 S_{YY}, S_{xY},即

$$S_{YY} = \sum_{i=1}^{n}(Y_i - \bar{Y})^2, S_{xY} = \sum_{i=1}^{n}(x_i - \bar{x})(Y_i - \bar{Y}).$$

那么式(8.3.11)中的残差平方和 Q_e 的相应统计量(仍记为 Q_e)为

$$Q_e = S_{YY} - \hat{b}S_{xY}.$$

残差平方和 Q_e 服从以下分布:

$$\frac{Q_e}{\sigma^2} \sim \chi^2(n-2). \tag{8.3.13}$$

从而有

$$E\left(\frac{Q_e}{\sigma^2}\right) = n-2,$$

即知 $E(Q_e/(n-2)) = \sigma^2$. 如此就得到了 σ^2 的无偏估计量:

$$\hat{\sigma}^2 = \frac{Q_e}{n-2} = \frac{S_{YY} - \hat{b}S_{xY}}{n-2}. \tag{8.3.14}$$

在此处,还看到只要算出表8-3-2中各栏的和,不仅可算出 $\hat{a}, \hat{b}$,还可算出 σ^2 的估计值 $\hat{\sigma}^2$.

例 8-3-3　(续例8-3-2)求例8-3-2中 σ^2 的无偏估计.

解　由表8-3-2,得

$$S_{YY} = \sum_{i=1}^{n}y_i^2 - \frac{1}{n}\left(\sum_{i=1}^{n}y_i\right)^2 = 620.$$

又已知 $S_{xY} = 10\ 300, \hat{b} = 0.058\ 86$,即得

$$Q_e = S_{YY} - \hat{b}S_{xY} = 13.771\ 5, \hat{\sigma}^2 = Q_e/(n-2) = 3.442\ 9.$$

四、线性假设的显著性检验

在上面的讨论中,我们假设 Y 关于 x 的回归函数 $\mu(x)$ 具有形式 $a+bx$,在考察实际问题时,$\mu(x)$ 是否是 x 的线性函数,首先要利用有关专业知识和实践来判断,然后就要利用实际观察得到的数据运用假设检验的方法来判断. 换言之,求得的线性回归方程是否具有实用价值,一般而言需要经过假设检验才能确定. 假设线性假设(8.3.2)符合实际,那么 b 不应为零,由于假如 $b=0$,那么 $E(Y)=\mu(x)$ 就不依赖 x 了. 所以我们需要检验假设

$$H_0:b=0; H_1:b\neq 0.$$

我们利用 t 检验法来进行检验,有

$$\hat{b} \sim N(b, \sigma^2/S_{xx}).$$

再利用式(8.3.13)和式(8.3.14)得

$$\frac{(n-2)\hat{\sigma}^2}{\sigma^2} = \frac{Q_e}{\sigma^2} \sim \chi^2(n-2),$$

且 $\hat{b}$ 与 Q_e 独立,因此有

$$\frac{\hat{b}-b}{\sqrt{\sigma^2/S_{xx}}} \bigg/ \sqrt{\frac{(n-2)\hat{\sigma}^2}{\sigma^2}/(n-2)} \sim t(n-2),$$

即

$$\frac{\hat{b}-b}{\hat{\sigma}}\sqrt{S_{xx}} \sim t(n-2). \tag{8.3.15}$$

当 H_0 正确时,$b=0$,这时

$$t = \frac{|\hat{b}|}{\hat{\sigma}}\sqrt{S_{xx}} \sim t(n-2),$$

且 $E(\hat{b}) = b = 0$,即得 H_0 的拒绝域为

$$|t| = \frac{|\hat{b}|}{\hat{\sigma}}\sqrt{S_{xx}} \geqslant t_{\alpha/2}(n-2), \tag{8.3.16}$$

这里 α 为显著性水平.

当假设 $H_0:b=0$ 被拒绝时,认为回归效果是显著的;反之,就认为回归效果不显著. 回归效果不显著的原因可能有以下几种:

(1)Y 与 x 不存在关系;

(2)$E(Y)$ 与 x 的关系不是线性的,而存在着其他关系;

(3)影响 Y 取值的,除 x 及随机误差外,还有其他不可忽略的因素.

所以需要进一步的讨论原因,分别处理.

例 8-3-4　(续例 8-3-2)检查例 8-3-2 中的回归效果是否显著(取 $\alpha = 0.05$).

解　由例 8-3-2、例 8-3-3 已知 $\hat{b} = 0.058\ 86$,$S_{xx} = 175\ 000$,$\hat{\sigma}^2 = 3.442\ 9$. 查附表四得 $t_{0.05/2}(n-2) = t_{0.025}(4) = 2.776\ 4$. 由式(8.3.16),假设 $H_0:b=0$ 的拒绝域为

$$|t| = \frac{|\hat{b}|}{\hat{\sigma}}\sqrt{S_{xx}} \geqslant 2.776\ 4.$$

现在

$$|t| = \frac{0.058\ 86}{\sqrt{3.442\ 9}}\sqrt{175\ 000} = 13.269\ 6 > 2.776\ 4,$$

故拒绝 $H_0:b=0$,认为回归效果是显著的.

五、系数 b 的置信区间

当回归效果显著时,我们通常需要对系数 b 作区间估计. 实际上,能利用式(8.3.15)得到 b 的置信水平为 $1-\alpha$ 的置信区间为

$$\left(\hat{b} \pm t_{\alpha/2}(n-2) \times \frac{\hat{\sigma}}{\sqrt{S_{xx}}}\right).$$

例如,例 8-3-1 中 b 的置信水平为 0.95 的置信区间为

$$\left(0.058\,86 \pm 2.776\,4 \times \sqrt{\frac{3.442\,9}{175\,000}}\right) = (0.046\,54, 0.071\,17).$$

六、回归函数 $\mu(x) = a + bx$ 函数值的点估计和置信区间

假定 x_0 是自变量 x 的某一指定值. 通过式(8.3.7)能够用经验回归函数 $\hat{y} = \hat{\mu}(x) = \hat{a} + \hat{b}x$ 在 x_0 的函数值 $\hat{y}_0 = \hat{\mu}(x_0) = \hat{a} + \hat{b}x_0$ 作为 $\mu(x_0) = a + bx_0$ 的点估计,即

$$\hat{y}_0 = \hat{\mu}(x_0) = \hat{a} + \hat{b}x_0.$$

考察相应的估计量

$$\hat{Y}_0 = \hat{a} + \hat{b}x_0,$$

可证 $E(\hat{Y}_0) = a + bx_0$,所以这一估计量是无偏的.

下面来求 $\mu(x_0) = a + bx_0$ 的置信区间. 可证

$$\frac{\hat{Y}_0 - (a + bx_0)}{\sigma\sqrt{\dfrac{1}{n} + \dfrac{(x_0 - \bar{x})^2}{S_{xx}}}} \sim N(0,1).$$

再利用式(8.3.13)和式(8.3.14)得

$$\frac{(n-2)\hat{\sigma}^2}{\sigma^2} = \frac{Q_e}{\sigma^2} \sim \chi^2(n-2), \tag{8.3.17}$$

且可证 $Q_e, \hat{Y}_0$ 相互独立,从而可得

$$\frac{\hat{Y}_0 - (a + bx_0)}{\hat{\sigma}\sqrt{\dfrac{1}{n} + \dfrac{(x_0 - \bar{x})^2}{S_{xx}}}} \sim t(n-2).$$

可得到 $\mu(x_0) = a + bx_0$ 的置信水平为 $1 - \alpha$ 的置信区间为

$$\left(\hat{Y}_0 \pm t_{\alpha/2}(n-2)\hat{\sigma}\sqrt{\frac{1}{n} + \frac{(x_0 - \bar{x})^2}{S_{xx}}}\right), \tag{8.3.18}$$

或

$$\left(\hat{a} + \hat{b}x_0 \pm t_{\alpha/2}(n-2)\hat{\sigma}\sqrt{\frac{1}{n} + \frac{(x_0 - \bar{x})^2}{S_{xx}}}\right).$$

这一置信区间的长度是 x_0 的函数,它随 $|x_0 - \bar{x}|$ 的增加而增加,当 $x_0 = \bar{x}$ 时为最短.

七、Y 的观测值的点预测和预测区间

假如我们对指定点 $x = x_0$ 处因变量 Y 的观测值 Y_0 感兴趣,但是我们在 $x = x_0$ 处并未做观察或暂时没法观察. 经验回归函数的一个重要应用是能使用它对因变量 Y 的新观测值 Y_0 进行点预测或区间预测.

假设 Y_0 是在 $x = x_0$ 处对 Y 的观察结果,利用式(8.3.2)知它满足:

$$Y_0 = a + bx_0 + \varepsilon_0, \quad \varepsilon_0 \sim N(0, \sigma^2). \tag{8.3.19}$$

随机误差 ε_0 可正可负,其值无法预测,我们就把 x_0 处的经验回归函数值

$$\hat{Y}_0 = \hat{\mu}(x_0) = \hat{a} + \hat{b}x_0$$

作为 $Y_0 = a + bx_0 + \varepsilon_0$ 的点预测. 以下来求 Y_0 的预测区间.

由于 Y_0 是将要做的一次独立试验的结果, 故它与已经得到的试验结果 $Y_1, Y_2, \cdots, Y_n$ 相互独立. 利用式 (8.3.12) 知 $\hat{b}$ 是 $Y_1, Y_2, \cdots, Y_n$ 的线性组合, 因此 $\hat{Y}_0 = \bar{Y} + \hat{b}(x_0 - \bar{x})$ 是 $Y_1, Y_2, \cdots, Y_n$ 的线性组合, 所以 Y_0 与 $\hat{Y}_0$ 相互独立. 利用式 (8.3.19) 得

$$\hat{Y}_0 - Y_0 \sim N\left(0, \left[1 + \frac{1}{n} + \frac{(x_0 - \bar{x})^2}{S_{xx}}\right]\sigma^2\right),$$

即

$$\frac{\hat{Y}_0 - Y_0}{\sigma \sqrt{1 + \dfrac{1}{n} + \dfrac{(x_0 - \bar{x})^2}{S_{xx}}}} \sim N(0,1). \tag{8.3.20}$$

又利用式 (8.3.17) 和式 (8.3.20) 及 $Y_0, \hat{Y}_0, Q_e$ 的相互独立性, 可得

$$\frac{\hat{Y}_0 - Y_0}{\hat{\sigma} \sqrt{1 + \dfrac{1}{n} + \dfrac{(x_0 - \bar{x})^2}{S_{xx}}}} \sim t(n-2).$$

从而对于给定的置信水平 $1 - \alpha$ 有

$$P\left\{ \frac{|\hat{Y}_0 - Y_0|}{\hat{\sigma} \sqrt{1 + \dfrac{1}{n} + \dfrac{(x_0 - \bar{x})^2}{S_{xx}}}} \leqslant t_{\alpha/2}(n-2) \right\} = 1 - \alpha,$$

或 $P\left\{ \hat{Y}_0 - t_{\alpha/2}(n-2)\hat{\sigma} \sqrt{1 + \dfrac{1}{n} + \dfrac{(x_0 - \bar{x})^2}{S_{xx}}} < Y_0 < \hat{Y}_0 + t_{\alpha/2}(n-2)\hat{\sigma} \sqrt{1 + \dfrac{1}{n} + \dfrac{(x_0 - \bar{x})^2}{S_{xx}}} \right\}$

$= 1 - \alpha.$

区间

$$\left(\hat{Y}_0 \pm t_{\alpha/2}(n-2)\hat{\sigma} \sqrt{1 + \frac{1}{n} + \frac{(x_0 - \bar{x})^2}{S_{xx}}} \right), \tag{8.3.21}$$

称为 Y_0 的置信水平为 $1 - \alpha$ 的预测区间. 这一预测区间的长度是 x_0 的函数, 它随 $|x_0 - \bar{x}|$ 的增加而增加, 当 $x_0 = \bar{x}$ 时为最短. 通过比较式 (8.3.21) 与式 (8.3.18), 知道在相同的置信水平下, 回归函数值 $\mu(x_0)$ 的置信区间比 Y_0 的预测区间要短. 这是由于 $Y_0 = a + bx_0 + \varepsilon_0$ 比 $\mu(x_0) = a + bx_0$ 多了一项 ε_0 的缘故.

例 8-3-5 (续例 8-3-2)(1) 求回归函数 $\mu(x)$ 在 $x = 500$ 处的置信水平为 0.95 的置信区间, 求在 $x = 500$ 处 Y 的新观测值 Y_0 的置信水平为 0.95 的预测区间; (2) 求在 $x = x_0$ 处 Y 的新观测值 Y_0 的置信水平为 0.95 的预测区间.

解 (1) 由例 8-3-2 和例 8-3-3 已知 $\hat{b} = 0.058\,86, \hat{a} = 24.628\,6, S_{xx} = 175\,000, \hat{\sigma}^2 = 3.442\,9, \bar{x} = 550$, 查附表四得 $t_{0.05/2}(4) = 2.776\,4$, 即得

$$\hat{Y}_0 = \hat{Y}|_{x=500} = [24.628\,6 + 0.058\,86x]|_{x=500} = 54.057\,1,$$

$$t_{\alpha/2}(n-2)\hat{\sigma} \sqrt{\frac{1}{n} + \frac{(x_0 - \bar{x})^2}{S_{xx}}} = 2.776\,4 \times \sqrt{3.442\,9} \times \sqrt{\frac{1}{4} + \frac{(500 - 550)^2}{175\,000}} = 2.648\,5,$$

$$t_{\alpha/2}(n-2)\hat{\sigma}\sqrt{1+\frac{1}{n}+\frac{(x_0-\bar{x})^2}{S_{xx}}}=5.792\ 5,$$

得回归函数 $\mu(x)$ 在 $x=500$ 的置信水平为 0.95 的置信区间为

$$(54.057\ 1\pm2.648\ 5).$$

又得 $x_0=500$ 处 Y 的新观测值 Y_0 的置信水平为 0.95 的预测区间为

$$(54.057\ 1\pm5.792\ 5).$$

(2)在 $x=x_0$ 处 Y 的新观测值 Y_0 的置信水平为 0.95 的预测区间为

$$\left(\hat{Y}|_{x=x_0}\pm t_{0.025}(4)\hat{\sigma}\sqrt{1+\frac{1}{4}+\frac{(x_0-550)^2}{175\ 000}}\right).$$

取 x_0 为不同的值,可得到各点处对应的 Y 的新观测值 Y_0 的预测区间. 将这些区间的下端点连接起来,再将这些区间的上端点连接起来,得到两条曲线 L_1 和 L_2,回归直线位于由 L_1,L_2 所围成的带域的中心线上.

八、可化成一元线性回归的例子

上面探讨了一元线性回归问题,在实际中经常会遇到更复杂的回归问题,然而在某些情况下,能够通过恰当的变量变换把它化成一元线性回归来处理. 以下探讨几种常见的可转化为一元线性回归的模型.

1. $Y=\alpha e^{\beta x}\cdot\varepsilon,\ln\varepsilon\sim N(0,\sigma^2)$

其中 α,β,σ^2 是与 x 无关的未知参数. 在 $Y=\alpha e^{\beta x}\cdot\varepsilon$ 两边取对数,得

$$\ln Y=\ln\alpha+\beta x+\ln\varepsilon.$$

记 $\ln Y=Y',\ln\alpha=a,\beta=b,x=x',\ln\varepsilon=\varepsilon'$,此种情形能转化为一元线性回归模型

$$Y'=a+bx'+\varepsilon',\varepsilon'\sim N(0,\sigma^2).$$

2. $Y=\alpha x^{\beta}\cdot\varepsilon,\ln\varepsilon\sim N(0,\sigma^2)$

其中 α,β,σ^2 是与 x 无关的未知参数. 在 $Y=\alpha x^{\beta}\cdot\varepsilon$ 两边取对数,得

$$\ln Y=\ln\alpha+\beta\ln x+\ln\varepsilon.$$

记 $\ln Y=Y',\ln\alpha=a,\beta=b,\ln x=x',\ln\varepsilon=\varepsilon'$,此种情形能转化为一元线性回归模型

$$Y'=a+bx'+\varepsilon',\varepsilon'\sim N(0,\sigma^2).$$

3. $Y=\alpha+\beta h(x)+\varepsilon,\varepsilon\sim N(0,\sigma^2)$

其中 α,β,σ^2 是与 x 无关的未知参数,记 $\alpha=a,\beta=b,h(x)=x'$,则能转化为一元线性回归模型

$$Y=a+bx'+\varepsilon,\varepsilon\sim N(0,\sigma^2).$$

假设在原模型下,例如在原模型 3 下,对于 (x,Y) 有样本 $(x_1,Y_1),(x_2,Y_2),\cdots,(x_n,Y_n)$ 就等价于在新模型上述最后一式下有样本 $(x_1',y_1),(x_2',y_2),\cdots,(x_n',y_n)$,其中 $x_i'=h(x_i)$. 从而就可使用上节的方法来估计 a,b 或对 b 作假设检验,或对 Y 进行预测. 在得到 Y 关于 x' 的回归方程后,再把原自变量 x 代回,就得到 Y 关于 x 的回归方程,它的图形是一条曲线,也称作曲线回归方程.

例 8-3-6 经过调查得到 8 个厂家对同种类型产品年新增加投资额和年利润额的数据

资料,见表 8-3-3(单位:万元).

表 8-3-3　数据资料

厂家	1	2	3	4	5	6	7	8
年新增投资额 x	4	6	10	11	15	17	18	20
利润额 Y	6	7	9	10	17	24	23	26

解　作散点图可知 Y 与 x 呈指数关系,于是采用上面第 1 情形,即 $Y = \alpha x^{\beta} \cdot \varepsilon, \ln \varepsilon \sim N(0, \sigma^2)$. 经变量变化后就转化为

$$Y' = a + bx' + \varepsilon', \varepsilon' \sim N(0, \sigma^2),$$

其中 $\ln Y = Y', \ln \alpha = a, \beta = b, x = x', \ln \varepsilon = \varepsilon'$. 数据经变换后得到表 8-3-4.

表 8-3-4　数据变换结果

$x' = x$	4	6	10	11	15	17	18	20
$Y' = \ln Y$	1.791 8	1.945 9	2.197 2	2.302 6	2.833 2	3.178 1	3.135 5	3.258 1

经计算得

$$\hat{b} = 0.100\,3, \hat{a} = 1.313\,9,$$

从而有

$$\hat{y}' = 1.313\,9 + 0.100\,3x'.$$

又可求得

$$|t| = \frac{\hat{b}}{\hat{\sigma}}\sqrt{S_{xx}} = 14.933\,8 > t_{0.05/2}(6) = 2.446\,9,$$

即知线性回归效果是高度显著的. 代回原变量,得曲线回归方程

$$\hat{y} = \exp(\hat{y}') = 3.720\,8e^{0.100\,3x}.$$

上面所讨论的一元线性回归模型是

$$Y = a + bx + \varepsilon, \ \varepsilon \sim N(0, \sigma^2).$$

更一般的一元回归模型为

$$Y = \mu(x; \theta_1, \theta_2, \cdots, \theta_p) + \varepsilon, \varepsilon \sim N(0, \sigma^2),$$

这里 $\theta_1, \theta_2, \cdots, \theta_p, \sigma^2$ 是与 x 无关的未知参数.

若回归函数 $\mu(x; \theta_1, \theta_2, \cdots, \theta_p)$ 是参数 $\theta_1, \theta_2, \cdots, \theta_p$ 的线性函数(不必是 x 的线性函数),那么上面最后一式称为线性回归模型;如果 $\mu(x; \theta_1, \theta_2, \cdots, \theta_p)$ 是参数 $\theta_1, \theta_2, \cdots, \theta_p$ 的非线性函数,那么称为非线性回归模型. 上面第 3 情形是线性回归模型,而上面第 1、2 情形都不是线性回归模型,然而它们均可以利用线性变换转化为线性回归模型. 再如

$$Y = \theta_1 e^{\theta_2 x} + \varepsilon, \ \varepsilon \sim N(0, \sigma^2)$$

是非线性回归模型,不可以通过变量变换变为线性回归模型,称为本质的非线性回归模型.

第四节　多元线性回归

在实际问题中,随机变量 Y 经常与多个普通变量 $x_1,x_2,\cdots,x_p(p>1)$ 有关. 对于自变量 $x_1,x_2,\cdots,x_p$ 的一组固定的值,Y 有它的分布. 如果 Y 的数学期望存在,那么它是 $x_1,x_2,\cdots,x_p$ 的函数,记为 $\mu_{Y|x_1,x_2,\cdots,x_p}$ 或 $\mu(x_1,x_2,\cdots,x_p)$,它正是 Y 关于 x 的回归函数. 我们感兴趣的是 $\mu(x_1,x_2,\cdots,x_p)$ 是 $x_1,x_2,\cdots,x_p$ 的线性函数的情形. 在此处,只探讨以下多元线性回归模型:

$$Y = b_0 + b_1 x_1 + \cdots + b_p x_p + \varepsilon,\varepsilon \sim N(0,\sigma^2), \tag{8.4.1}$$

其中 $b_0,b_1,\cdots,b_p,\sigma^2$ 均是与 $x_1,x_2,\cdots,x_p$ 无关的未知参数.

假定

$$(x_{11},x_{12},\cdots,x_{1p},y_1),\cdots,(x_{n1},x_{n2},\cdots,x_{np},y_n)$$

是一个样本. 类似于一元线性回归的情况,我们利用最大似然估计法来估计参数,即取 $\hat{b}_0,\hat{b}_1,\cdots,\hat{b}_p$ 使当 $b_0=\hat{b}_0,b_1=\hat{b}_1,\cdots,b_p=\hat{b}_p$ 时,

$$Q = \sum_{i=1}^{n} (y_i - b_0 - b_1 x_{i1} - \cdots - b_p x_{ip})^2$$

达到最小.

求 Q 分别关于 $b_0,b_1,\cdots,b_p$ 的偏导数,并使它们等于零,化简可得

$$\begin{cases} b_0 n + b_1 \sum_{i=1}^{n} x_{i1} + b_2 \sum_{i=1}^{n} x_{i2} + \cdots + b_p \sum_{i=1}^{n} x_{ip} = \sum_{i=1}^{n} y_i, \\ b_0 \sum_{i=1}^{n} x_{i1} + b_1 \sum_{i=1}^{n} x_{i1}^2 + b_2 \sum_{i=1}^{n} x_{i1}x_{i2} + \cdots + b_p \sum_{i=1}^{n} x_{i1}x_{ip} = \sum_{i=1}^{n} x_{i1}y_i, \\ \qquad\qquad\qquad\qquad\qquad\vdots \\ b_0 \sum_{i=1}^{n} x_{ip} + b_1 \sum_{i=1}^{n} x_{ip}x_{i1} + b_2 \sum_{i=1}^{n} x_{ip}x_{i2} + \cdots + b_p \sum_{i=1}^{n} x_{ip}^2 = \sum_{i=1}^{n} x_{ip}y_i. \end{cases} \tag{8.4.2}$$

称式(8.4.2)为正规方程组. 为了方便求解,把式(8.4.2)写成矩阵的形式. 为此,使用矩阵

$$\boldsymbol{X} = \begin{pmatrix} 1 & x_{11} & x_{12} & \cdots & x_{1p} \\ 1 & x_{21} & x_{22} & \cdots & x_{2p} \\ \vdots & \vdots & \vdots & & \vdots \\ 1 & x_{n1} & x_{n2} & \cdots & x_{np} \end{pmatrix}, \boldsymbol{Y} = \begin{pmatrix} y_1 \\ y_2 \\ \vdots \\ y_n \end{pmatrix}, \boldsymbol{B} = \begin{pmatrix} b_0 \\ b_1 \\ \vdots \\ b_p \end{pmatrix}.$$

由

$$\boldsymbol{X}^{\mathrm{T}}\boldsymbol{X} = \begin{pmatrix} 1 & 1 & \cdots & 1 \\ x_{11} & x_{21} & \cdots & x_{n1} \\ \vdots & \vdots & & \vdots \\ x_{1p} & x_{2p} & \cdots & x_{np} \end{pmatrix} \begin{pmatrix} 1 & x_{11} & x_{12} & \cdots & x_{1p} \\ 1 & x_{21} & x_{22} & \cdots & x_{2p} \\ \vdots & \vdots & \vdots & & \vdots \\ 1 & x_{n1} & x_{n2} & \cdots & x_{np} \end{pmatrix}$$

$$
= \begin{pmatrix}
n & \sum\limits_{i=1}^{n} x_{i1} & \cdots & \sum\limits_{i=1}^{n} x_{ip} \\
\sum\limits_{i=1}^{n} x_{i1} & \sum\limits_{i=1}^{n} x_{i1}^{2} & \cdots & \sum\limits_{i=1}^{n} x_{i1} x_{ip} \\
\vdots & \vdots & & \vdots \\
\sum\limits_{i=1}^{n} x_{ip} & \sum\limits_{i=1}^{n} x_{ip} x_{i1} & \cdots & \sum\limits_{i=1}^{n} x_{ip}^{2}
\end{pmatrix},
$$

$$
\boldsymbol{X}^{\mathrm{T}} \boldsymbol{Y} = \begin{pmatrix}
1 & 1 & \cdots & 1 \\
x_{11} & x_{21} & \cdots & x_{n1} \\
\vdots & \vdots & & \vdots \\
x_{1p} & x_{2p} & \cdots & x_{np}
\end{pmatrix}
\begin{pmatrix}
y_1 \\ y_2 \\ \vdots \\ y_n
\end{pmatrix}
= \begin{pmatrix}
\sum\limits_{i=1}^{n} y_i \\
\sum\limits_{i=1}^{n} x_{i1} y_i \\
\vdots \\
\sum\limits_{i=1}^{n} x_{ip} y_i
\end{pmatrix}.
$$

从而式(8.4.2)即可表示为

$$
\boldsymbol{X}^{\mathrm{T}} \boldsymbol{X} \boldsymbol{B} = \boldsymbol{X}^{\mathrm{T}} \boldsymbol{Y}, \tag{8.4.3}
$$

此即为正规方程组的矩阵形式. 在式(8.4.3)两边左乘 $\boldsymbol{X}^{\mathrm{T}} \boldsymbol{X}$ 的逆矩阵 $(\boldsymbol{X}^{\mathrm{T}} \boldsymbol{X})^{-1}$ (假定 $(\boldsymbol{X}^{\mathrm{T}} \boldsymbol{X})^{-1}$ 存在)得

$$
\hat{\boldsymbol{B}} = \begin{pmatrix}
\hat{b}_0 \\ \hat{b}_1 \\ \vdots \\ \hat{b}_p
\end{pmatrix}
= (\boldsymbol{X}^{\mathrm{T}} \boldsymbol{X})^{-1} \boldsymbol{X}^{\mathrm{T}} \boldsymbol{Y},
$$

这正是我们需要求的 $(b_0, b_1, \cdots, b_p)^{\mathrm{T}}$ 的最大似然估计. 我们取

$$
\hat{b}_0 + \hat{b}_1 x_1 + \cdots + \hat{b}_p x_p \xrightarrow{\text{记成}} \hat{y},
$$

作为 $\mu(x_1, x_2, \cdots, x_p) = b_0 + b_1 x_1 + \cdots + b_p x_p$ 的估计. 称方程

$$
\hat{y} = \hat{b}_0 + \hat{b}_1 x_1 + \cdots + \hat{b}_p x_p
$$

为 p 元经验线性回归方程,简称回归方程.

类似于一元线性回归,模型(8.4.1)通常是一种假设,为了探讨这一假设是否符合实际观察结果,还需做以下的假设检验:

$$
H_0 : b_1 = b_2 = \cdots = b_p = 0;
$$

$$
H_1 : b_1, b_2, \cdots, b_p \text{ 不全为零}.
$$

如果在显著性水平 α 下拒绝 H_0,我们就认为回归效果是显著的.

此外,类似于一元线性回归,多元线性回归方程的一个重要应用是确定给定点 $(x_{01}, x_{02}, \cdots, x_{0p})$ 处对应的 Y 的观测值的预测区间.

习 题 八

1. 设有四种不同的纺织机,在相同的条件下生产羊毛线,取样并测量羊毛线的每95码长的重量(单位:克).

纺织机1	纺织机2	纺织机3	纺织机4
7.73	8.23	7.99	8.14
8.07	8.27	8.25	8.26
8.01	8.54	8.24	8.54
8.22	8.24	8.37	8.10
8.24	8.35	8.43	8.15

这里,试验的指标是羊毛线的每95码长的重量. 纺织机类型为因素,这一因素有4个水平,这是单因素的试验. 试验的目的是考察各种类型纺织机生产的羊毛线的重量有无显著差异,即考察纺织机类型这一因素对羊毛线的重量有无显著影响.

2. 设有四种不同的纺织机,在相同的条件下生产羊毛线,取样并测量羊毛线的每95码长的重量(单位:克).

纺织机1	纺织机2	纺织机3	纺织机4
8.17	8.29	8.46	8.38
8.09	8.54	8.33	8.47
8.11	8.45	8.27	8.38
7.96	8.43	8.24	8.60
8.09	8.47	8.12	8.45

3. 求题1中的未知参数 $\sigma^2, \mu_i (i=1,2,3,4)$ 的点估计及均值差的置信水平为 0.95 的置信区间.

4. 在某橡胶的配方中,考虑三种不同的促进剂,四种不同分量的氧化锌,同样的配方重复一次,测得 300% 的定伸强力如下.

促进剂(A)	氧化锌(B)							
	B_1		B_2		B_3		B_4	
	定伸强力							
A_1	31	33	34	36	35	36	39	38
A_2	33	34	36	37	37	39	38	41
A_3	35	37	37	38	39	40	42	44

试在显著性水平 $\alpha = 0.05$ 下检验:氧化锌对定伸强力有无显著影响,促进剂对定伸强力有无显著影响,交互作用的效应是否显著.

5. 下面记录了三位操作工分别在四台不同机器上操作三天的日产量.

机器	操作工								
	甲			乙			丙		
B_1	15	15	17	19	19	16	16	18	21
B_2	17	17	17	15	15	15	19	22	22
B_3	15	17	16	18	17	16	18	18	18
B_4	18	20	22	15	16	17	17	17	17

试在显著性水平 $\alpha = 0.05$ 下检验:操作工之间的差异是否显著,机器之间的差异是否显著,操作工与机器的交互作用是否显著.

6. 某化工产品的转化率与反应温度及反应时间有关. 今温度取 $A_1 = 80\ ℃$, $A_2 = 85\ ℃$, $A_3 = 90\ ℃$;时间取 $B_1 = 90'$, $B_2 = 120'$, $B_3 = 150'$ 搭配进行试验,得转化率数据如下.

	B_1	B_2	B_3
A_1	0.31	0.50	0.63
A_2	0.51	0.49	0.65
A_3	0.35	0.45	0.67

试在显著性水平 $\alpha = 0.05$ 下检验反应温度及反应时间对产品的转化率是否有显著影响.

7. 混凝土的抗压强度随养护时间的延长而增加,现将一批混凝土作成 12 个试块,记录养护时间 x(天)与抗压强度 $Y(\text{kg}/\text{cm}^2)$ 的数据如下.

养护时间(天)	2	3	4	5	7	9	12	14	17	21	28	56
抗压强度(kg/cm^2)	35	42	47	53	59	65	68	73	76	82	86	99

试求 $y = a + b\ln x$ 型回归方程.

8. 观测落叶松的树龄 x 与平均高度 H 有如下资料.

x_i	2	3	4	5	6	7	8	9	10	11
h_i	5.6	8	10.4	12.8	15.3	17.8	19.9	21.4	22.4	23.2

若 H 对 x 的回归方程是抛物型,试求其方程中的未知参数.

本章故事

一、勒贝格的故事

勒贝格是法国数学家,1875 年 6 月 28 日生于博韦,1941 年 7 月 26 日卒于巴黎.

勒贝格在博韦读完中学后,于 1894 年进入巴黎高等师范学校攻读数学,并成为博雷尔的门生,1897 年获该校硕士学位. 结业后曾在南希一所中学任教. 1902 年在巴黎大学议决博士论文答辩,取得哲学博士学位. 1902—1906 年任雷恩大学讲师. 从 1906 年起先后在普瓦蒂埃大学、巴黎大学、法兰西学院任教,1919 年提升为教授,1922 年当选为巴黎科学院院士,1924 年成为伦敦数学会荣誉会员,1934 年当选为英国皇家学会会员, 之后成为苏联科学院的通讯院士. 勒贝格是 20 世纪法国最有影响的泛函学家之一,也是实变函数论的重要奠基人.

勒贝格的成名之作是他的论文《积分,长度,面积》(1902 年)和两本专著《论三角级数》(1903 年)及《积分与原函数的研究》(1904 年). 在《积分,长度,面积》中,他第一次分析了关于可测和积分的思想. 他的研究使 19 世纪在这个领域的研究大为变更,特别是在博雷尔可测的基础上创建了"勒贝格可测",并以此为基础对积分的看法做了最有意义的推广,即把被积函数 $f(x)$ 积分的区间分成多个勒贝格可测集,然后同样作积分和,那么原来分别对子区间的积分和如果不收敛,则如今分别为可测集的积分就有可能收敛. 于是按黎曼意义不可积的函数,在勒贝格意义下却变得可积. 他在《积分与原函数的研究》中还证明有界函数黎曼可积的重要条件是不连续点组成一个零可测集,因此从另外一个角度给出了黎曼可积的重要条件. 要想从一个不太抽象的角度,用几句话就能概括勒贝格可测和勒贝格积分的看法及其在近代数学中的巨大作用,是极为困难的. 可以这样说,熟知的黎曼积分有如下缺点,限定了积分看法在自然科学中的应用:第一,黎曼积分中的被积函数只能是在实直线 R 的闭区间上(或 Rn 的闭连通地域上)的实值函数,但现实上有用的函数 f,其定义域可以是 R 或 Rn 的某些适当的子集;第二,黎曼可积的函数类甚为狭窄,基本上是"分段连续函数"组成的函数类;第三,许多收敛的黎曼函数序列,其极限函数却不是黎曼可积的,纵然是黎曼可积的,但积分与求极限的历程也不是恣意可交换的. 这些缺点不光在泛函中导致困难,而且在无穷级数的逐项积分这种简略题目上也导致了困难. 正是勒贝格在 20 世纪初开创的这些研究为扫除这些停滞提供了理论工具. 凭据勒贝格意义下的积分,可积函数类大大地扩张了;积分区域可以是比闭连通域庞大得多(R 或 Rn)的子集;收敛性的困难大大降低了. 勒贝格曾对他的积分思想作过一个生动滑稽的描述. 如果我从口袋中随意地摸出来种种差异面值的钞票,逐一地还给债主直到全部还清,这即是黎曼积分;我还有另外一种做法,即把钱全部拿出来并把类似面值的钞票放在一起,然后再一起付给应还的数目,这即是我的积分.

勒贝格积分的理论是对积分学的重大突破. 用他的积分理论来研究三角级数,很容易地得到了许多重要定理,改进了到当时为止的函数可展为三角级数的充分条件. 紧接着导数的看法也得到了推广,微积分中的牛顿—莱布尼茨公式也得到了相应的新结论,一门微积分的新学科——实变函数论在他手中诞生了.

勒贝格的理论,不光是对积分学的革命,而且也是傅里叶级数理论和位势理论生长的转动点. 勒贝格还提出了因次理论,证明了确按贝尔(Baire)领域种种函数的存在,在拓扑学中引入了紧性的界说和紧集的勒贝格数. 他的笼罩定理是对拓扑学的一大贡献.

美国数学史家克兰(Kline)说:"勒贝格的研究是本世纪的一个巨大贡献,确实赢得了公认,但和通常一样,也并不是没有遭到否定的阻力." 数学家埃尔米特曾说:"我怀着恐慌的心情对不行导函数的令人痛惜的祸殃感想讨厌." 当勒贝格写了一篇讨论不行微曲面《关于可应用于平面的非直纹面短说》论文,埃尔米特就努力制止他发表. 勒贝格从 1902 年发表第一篇论文《积分,长度,面积》起,有近十年的时间没有在巴黎得到职务,直到 1910 年,才被同意进入巴黎大学任教. 勒贝格在他的《事情先容》中叹息地写道:"搪塞许多数学家来说,我成了没有导数的函数的人,虽然我在任何时间也未曾完全让我自己去研究或思考这种函数. 由于埃尔米特表现出来的惧怕和讨厌,所以任何时间,只要当我试图加入一个数学讨论会时,总会有些人说'这不会使你感兴趣的,我们在讨论有导数的函数'. 大概一位几何学家就会用他的语言说'我们在讨论有切平面的曲面'." 但到了 20 世纪 30 年代,勒贝格积分论已广为人知,而且在概率论、谱理论、泛函等方面得到了普遍的应用.

勒贝格具有基于直观的深刻洞察力. 他开创了泛函学的新时期,对 20 世纪数学孕育产生了极为深远的影响. 他的论文收集在《勒贝格全集》(5 卷)中. 在数学中以他的姓氏命名的有勒贝格函数、勒贝格可测、勒贝格积分、勒贝格积分和、勒贝格空间、勒贝格面积、勒贝格准则、勒贝格数、勒贝格点、勒贝格集、勒贝格链、勒贝格谱、勒贝格维数、勒贝格剖析、勒贝格分类、勒贝格不等式等,而以他的姓氏命名的定理有多种.

二、内曼的故事

内曼 1917—1921 年在乌克兰哈尔科夫理工学院任讲师. 1921 年到波兰深造,曾师从于谢尔品斯基等数学家. 1923 年在华沙大学获博士学位,后辗转于伦敦、巴黎、华沙、斯德哥尔摩等地的大学任教. 1938 年成为美国伯克利加利福尼大学数学教授. 他是美国、法国、波兰、瑞典等国家的多个科学团体的成员.

内曼是假设检验的统计理论的创始人之一. 他与 K. 皮尔逊的儿子 E. S. 皮尔逊合著有《统计假设试验理论》,发展了假设检验的数学理论,其要旨是把假设检验问题作为一个最优化问题来处理. 他们把所有可能的总体分布族看作一个集合,其中考虑了一个与解消假设相对应的备择假设,引进了检验功效函数的概念,以此作为判断检验程序好坏的标准. 这种思想使统计推断理论变得非常明确. 内曼还从数学上定义可信区间,提出了置信区间的概念,建立置信区间估计理论. 内曼还对抽样引进某些随机操

作,以保证所得结果的客观性和可靠性,在统计理论中有以他的姓氏命名的内曼置信区间法、内曼－皮尔森引理、内曼结构等. 内曼将统计理论应用于遗传学、医学诊断、天文学、气象学、农业统计学等方面,取得了丰硕的成果. 他获得过国际科学奖,并在加利福尼亚大学创建了一个研究机构,后来发展成为世界著名的数理统计中心.

三、C. R. 劳的故事

C. R. 劳,美国科学院院士,英国皇家统计学会会员,当今仍健在的国际上伟大的统计学家之一,他于 1920 年 9 月 10 日出生于印度的一个贵族家庭,1940 年获印度安德拉大学数学学士学位,1943 年在印度统计研究所取得统计学硕士学位,随后赴英国剑桥大学师从现代统计学的奠基人 R. A. 费歇尔(Fisher)教授,并于 1948 年获得剑桥大学博士学位.

在青年时期就取得了许多成就,如著名的科拉姆－劳信息不等式(Cramer-Rao)是他 1943 年完成并于 1945 年正式发表的. 迄今,C. R. 劳教授已著书 14 部,发表学术论文 350 余篇,共获得包括英国、印度、俄罗斯、希腊、美国、秘鲁、芬兰、菲律宾、瑞士、波兰、斯洛维亚、德国、西班牙以及加拿大等 16 个国家的大学以及研究机构的荣誉博士学位 27 个,先后被选为美国科学院、英国皇家学会等 31 个国际著名的科学和统计学研究机构的院士、理事或荣誉院士,是第三世界科学院的奠基人之一.

C. R. 劳教授已经获得包括美国统计协会、英国皇家统计学会以及印度科学院的 10 余项重大统计学大奖. 2002 年,C. R. 劳教授又获得美国总统科学大奖,以表彰他在统计学理论的建立,多元统计分析方法及其应用方面所做的开拓性贡献,其丰富了物理学、生物学、数学、经济学和工程科学的发展.

C. R. 劳教授对统计学发展的杰出贡献主要表现在估计理论、渐进推断、多元分析、概率分布的设定、组合分析等诸多方面. 为改进并推进费歇尔的一项工作,C. R. 劳教授 1945 年在他的一篇文章中提出了二阶效的概念,其奠定了 27 年后将微分几何学引入统计学中的这一重要分支的基础.

C. R. 劳教授仍担任美国宾州州立大学统计系多元分析研究中心主任、Eberly 统计学首席教授,从事研究生的教学与指导. 同时 C. R. 劳教授也仍积极活跃于国际统计学的学术交流,尽可能参加世界各地举行的学术研讨活动.

参考答案

习题一

1. 略.

2. (1) $\{2,3,4,5,6,7,8,9,10,11,12\}$；　　　(2) $\{x \mid 1000 \leqslant x < \infty\}$；
   (3) $\{H, TH, TTH, TTTH, TTTTH\}$；　　　(4) $\{0,1,2,3,4\}$.

3. (1) $A \cup B \cup C$；(2) $(A \cap \bar{B} \cap \bar{C}) \cup (\bar{A} \cap B \cap \bar{C}) \cup (\bar{A} \cap \bar{B} \cap C)$；
   (3) $(A \cap B \cap \bar{C}) \cup (\bar{A} \cap B \cap C) \cup (A \cap \bar{B} \cap C)$；
   (4) $\bar{B}\bar{C} \cup \bar{A}\bar{C} \cup \bar{A}\bar{B}$；(5) $A \cap B \cap C$；(6) $\bar{A} \cap \bar{B} \cap \bar{C}$.

4. 略.

5. $P(\bar{A}) = 1 - P(A) = 0.5, P(A \cup B) = P(A) + P(B) - P(A \cap B) = 0.5 + 0.3 - 0 = 0.8$,
   $P(A \cap \bar{B}) = P(A \cap (S - B)) = P(A - (A - B)) = P(A) = 0.5$,
   $P(\bar{A} \cap \bar{B}) = 1 - P(A \cup B) = 1 - 0.8 = 0.2, P(\bar{A} \cup \bar{B}) = P(\overline{A \cap B}) = 1 - P(A \cap B) = 1$.

6. $0.2, 0.2, 0.7$.

7. (1) $\dfrac{1}{3}$；　　　(2) $\dfrac{13}{16}$.

8. (1) $\dfrac{r!}{n^r}$；　　　(2) $\dfrac{P_n^r}{n^r}$；　　　(3) $\dfrac{C_r^k (n-1)^{r-k}}{n^r}$.

9. $1 - \left(1 - \dfrac{t}{T}\right)^2$.

10. (1) $\dfrac{1}{4}$；　　　(2) $\dfrac{5}{8}$.

11. 提示：出现 9 的所有情形 $\begin{cases} 1,2,6;\quad 1,3,5;\quad 2,3,4 & 6+6+6 \\ 1,4,4;\quad 2,2,5 & 3+3 \\ 3,3,3 & 1 \end{cases}$

出现 10 的所有情形 $\begin{cases} 1,3,6;\quad 1,4,5;\quad 2,3,5 & 6+6+6 \\ 2,2,6;\quad 2,4,4;\quad 3,3,4 & 3+3+3 \end{cases}$

问题的关键在于每种情况出现的机会并不一定相等. 以 A、B 分别表示"点数之和是 9 点"、"点数之和是 10 点"，则 $P(A) = \dfrac{25}{216} = 0.1157, P(B) = \dfrac{27}{216} = 0.125$.

12. $P(11) = \dfrac{2}{36}, P(12) = \dfrac{1}{36}$，故他的判断是错误的.

13. $\dfrac{3}{4}$. 　　　14. (1) $\dfrac{25}{91}$；　　　(2) $\dfrac{6}{91}$.

15. $\dfrac{1}{101}$.   16. $\dfrac{13}{24}$.   17. 0.031.

18. 0.6.   19. $\dfrac{1}{9}$.   20. 0.8.   21. $\dfrac{13}{58}$.

22. (1) $\dfrac{1}{4}$;   (2) $\dfrac{4}{15}$.

23. 提示：记 A、B、C 分别表示"向下一面的颜色是红色、黄色、蓝色"，由 $P(A)=P(B)=P(C)=1/2$，$P(AB)=P(BC)=P(AC)=P(ABC)=1/4$，可知事件 A 与 B、B 与 C、C 与 A 相互独立，但 $P(ABC)\neq P(A)P(B)P(C)$.

24. 提示：记事件 A 表示"这 4 只鞋子中至少有两只配成一双". 从 5 双不同的鞋子中任取 4 只的取法有 $C_{10}^4=\dfrac{10\times9\times8\times7}{4\times3\times2\times1}=210$，即样本空间元素个数为 210，事件 $\bar{A}$ 表示"这 4 只鞋子中没有两只可配成一双"，它包含的取法有 $C_5^4 C_2^1 C_2^1 C_2^1 C_2^1=5\times2\times2\times2\times2=80$，于是 $P(A)=1-P(\bar{A})=\dfrac{13}{21}$.

25. $\dfrac{1}{3}$.   26. $\dfrac{3}{5}$.

27. (1) 0.785;   (2) 0.372.

28. $\dfrac{\alpha p_1}{\alpha p_1+\dfrac{1-\alpha}{2}(p_2+p_3)}$.

习题二

1. 略.

2. $c=\dfrac{41}{54}$.

3. $c=\dfrac{1}{e^{\lambda}-1}$.

4. (1)

X	0	1	2	3
p_k	$\dfrac{28}{57}$	$\dfrac{8}{19}$	$\dfrac{8}{95}$	$\dfrac{1}{285}$

(2) $\dfrac{284}{285}, \dfrac{48}{95}, \dfrac{5}{57}$.

5. 略.   6. 略.   7. 略.   8. 略.

9. (1) 0.1631;   (2) 0.3529.

10. (1) 0.1912;   (2) 0.5578.

11. $\dfrac{11}{243}$.   12. 0.8208.

13. (1)0.429 6;　　　(2)0.632 5;　　　(3)9;　　　(4)11.

14. (1)0.932 9;　　　(2)0.527 6.

15. 略.　　16. 略.　　17. 略.

18. (1)$a = \dfrac{4}{3}$;　　　(2)$\dfrac{1}{3}$;　　　(3)$f(x) = \begin{cases} \dfrac{4}{3}\sin 2x, & 0 < x < \pi/3 \\ 0, & \text{其他} \end{cases}$

19. 略.　　　20. 略.

21. $k = 2, F(x) = \begin{cases} 0, & x \leqslant 0 \\ x^2, & 0 < x < 1. \\ 1, & x \geqslant 1 \end{cases}$

22. $k = \sqrt[3]{2}, F(x) = \begin{cases} 0, & x \leqslant 1 \\ \dfrac{x^3 + 1}{3}, & 1 < x < \sqrt[3]{2}. \\ 1, & x \geqslant \sqrt[3]{2} \end{cases}$

23. (1)$F(x) = \begin{cases} 0, & x < 0 \\ x^2/2, & 0 \leqslant x < 1 \\ -\dfrac{x^2}{2} + 2x - 1, & 1 \leqslant x < 2 \\ 1, & x \geqslant 2 \end{cases}$;　　　(2)$\dfrac{3}{4}$;　　　(3)略.

24. (1)$a = \dfrac{1}{2}$;　　　(2)$\dfrac{1}{2} - \dfrac{1}{2e}$;　　　(3)$F(x) = \begin{cases} \dfrac{e^x}{2}, & x \leqslant 0 \\ 1 - \dfrac{e^{-x}}{2}, & x > 0 \end{cases}$.

25. (1)$\dfrac{8}{27}$;　　　(2)

Y	0	1	2	3
p_k	$\dfrac{8}{27}$	$\dfrac{4}{9}$	$\dfrac{2}{9}$	$\dfrac{1}{27}$

26. $\dfrac{20}{27}$.　　　27. $\dfrac{3}{7}$.

28. $Y \sim B(5, e^{-2})$, 0.516 8.

29. (1)0.818 5, 0.066 8, 0.477 2;　　　(2)10;　　　(3)6.35.

30. 5.95.　　　31. 1.212.　　　32. 0.939 2.

33. 188.64 cm.　　　34. 0.6.

35. (1)$\dfrac{1}{\sqrt[4]{2}}$;　　　(2)$\sqrt[4]{0.95}$.

36. 略.　　　37. 略.

38. $f_Y(y) = \dfrac{2}{\pi(4 + y^2)}$.

39. $f_Y(y) = \begin{cases} \dfrac{1}{2\sqrt{y}}[f_X(\sqrt{y}) + f_X(-\sqrt{y})], & y > 0 \\ 0, & y \leqslant 0 \end{cases}$.

40. $f_Y(y) = \begin{cases} \dfrac{1}{y}, & 1 < y < e \\ 0, & \text{其他} \end{cases}$; $f_Z(z) = \begin{cases} e^{-z}, & z > 0 \\ 0, & z \leqslant 0 \end{cases}$.

41. $f_Y(y) = \begin{cases} \dfrac{1}{\theta} y^{-1-\frac{1}{\theta}}, & y > 1 \\ 0, & y \leqslant 1 \end{cases}$.

42. $f_Y(y) = \begin{cases} \dfrac{1}{\sqrt{2\pi}}[e^{-\frac{(y-1)^2}{2}} + e^{-\frac{(y+1)^2}{2}}], & y > 0 \\ 0, & y \leqslant 0 \end{cases}$; $f_Z(z) = \begin{cases} \dfrac{1}{\sqrt{2\pi z}} e^{-\frac{z}{2}}, & z > 0 \\ 0, & z \leqslant 0 \end{cases}$.

43. $f_Y(y) = \begin{cases} 1, & 0 < y < 1 \\ 0, & \text{其他} \end{cases}$; $f_Z(z) = \begin{cases} \dfrac{1}{\sqrt{2\pi z}} e^{-\frac{z}{2}}, & z > 0 \\ 0, & z \leqslant 0 \end{cases}$.

44. -0.17.   45. $1.23, 1.193$.   46. 1.

47. $a = \dfrac{3}{2}, b = \dfrac{1}{4}$.   48. $a = 3, b = 2$.   49. 18.4.

50. $1, \dfrac{1}{2}\ln 3$.   51. 43.87.   52. 18.

53. $n = 8, p = 0.2$.   54. 2.0011.   55. $1/6$.

56. $E(X) = \mu, D(X) = 2\lambda^2$.

57. $E(X) = \dfrac{21}{2}, D(X) = \dfrac{35}{4}$.

58. $(1) c = 2k^2$; $(2) E(X) = \dfrac{\sqrt{\pi}}{2k}$; $(3) D(X) = \dfrac{4-\pi}{4k^2}$.

习题三

1.

F \ D	1	2	3	4
0	$\dfrac{1}{10}$	0	0	0
1	0	$\dfrac{4}{10}$	$\dfrac{2}{10}$	$\dfrac{1}{10}$
2	0	0	0	$\dfrac{2}{10}$

2.

X \ Y	1	3
0	0	$\dfrac{1}{8}$
1	$\dfrac{3}{8}$	0
2	$\dfrac{3}{8}$	0
3	0	$\dfrac{1}{8}$

3.

X \ Y	0	1	2
0	0	0	$\dfrac{1}{35}$
1	0	$\dfrac{6}{35}$	$\dfrac{6}{35}$
2	$\dfrac{3}{35}$	$\dfrac{12}{35}$	$\dfrac{3}{35}$
3	$\dfrac{2}{35}$	$\dfrac{2}{35}$	0

4. $\dfrac{2}{3}$，$\dfrac{3}{4}$.

5. （1）

X \ Y	0	1
0	$\dfrac{25}{36}$	$\dfrac{5}{36}$
1	$\dfrac{5}{36}$	$\dfrac{1}{36}$

（2）

X \ Y	0	1
0	$\dfrac{15}{22}$	$\dfrac{5}{33}$
1	$\dfrac{5}{33}$	$\dfrac{1}{66}$

6.（1）$k = 12$；　　（2）$F(x,y) = \begin{cases} (1-\mathrm{e}^{-3x})(1-\mathrm{e}^{-4y}), & x>0, y>0 \\ 0, & \text{其他} \end{cases}$；

（3）$(1-\mathrm{e}^{-3})(1-\mathrm{e}^{-8})$.

7. $\dfrac{1}{4}$.

8. 边缘分布律：

D	1	2	3	4
p_k	$\dfrac{1}{10}$	$\dfrac{4}{10}$	$\dfrac{2}{10}$	$\dfrac{3}{10}$

F	0	1	2
p_k	$\dfrac{1}{10}$	$\dfrac{7}{10}$	$\dfrac{2}{10}$

9. 边缘分布律：

X	0	1	2	3
p_k	$\dfrac{1}{8}$	$\dfrac{3}{8}$	$\dfrac{3}{8}$	$\dfrac{1}{8}$

Y	1	3
p_k	$\dfrac{3}{4}$	$\dfrac{1}{4}$

10. 边缘分布律：

X	0	1	2	3
p_k	$\dfrac{1}{35}$	$\dfrac{12}{35}$	$\dfrac{18}{35}$	$\dfrac{4}{35}$

Y	0	1	2
p_k	$\dfrac{1}{10}$	$\dfrac{7}{10}$	$\dfrac{2}{10}$

11. $f_X(x) = \begin{cases} 3x^2, & 0<x<1 \\ 0, & \text{其他} \end{cases}$；$f_Y(y) = \begin{cases} \dfrac{3}{2}(1-y^2)x^2, & 0<y<1 \\ 0, & \text{其他} \end{cases}$.

12. $f_X(x) = \begin{cases} 3e^{-3x}, & x > 0 \\ 0, & 其他 \end{cases}$ $f_Y(y) = \begin{cases} 4e^{-4y}, & y > 0, \\ 0, & 其他 \end{cases}$.

13. C.   14. $\alpha + \beta = \dfrac{1}{3}, \alpha = \dfrac{2}{9}, \beta = \dfrac{1}{9}$.   15. $\dfrac{1}{48}$.   16. 不独立.   17. $\dfrac{4}{9}$.

18. (1) $f_{Y|X}(y|x) = \begin{cases} \dfrac{1}{x}, & 0 < y < x \\ 0, & 其他 \end{cases}$; (2) $P\{X \leqslant 1 | Y \leqslant 1\} = \dfrac{e-2}{e-1}$.

19. (1) $f_X(x) = \begin{cases} x, & 0 \leqslant x < 1 \\ 2-x, & 1 \leqslant x \leqslant 2 \\ 0, & 其他 \end{cases}$; (2) $f_{X|Y}(x|y) = \begin{cases} \dfrac{1}{2-y}, & y < x < 2-y, 0 \leqslant y < 1 \\ 0, & 其他 \end{cases}$.

20. $A = \dfrac{1}{\pi}, f_{Y|X}(y|x) = \dfrac{1}{\sqrt{\pi}} e^{-(y-x)^2}$.

21. (1) $a = \dfrac{6}{11}, b = \dfrac{36}{49}$.

(2) X 与 Y 的联合分布律

Y \ X	-3	-2	-1
1	$\dfrac{24}{539}$	$\dfrac{54}{539}$	$\dfrac{216}{539}$
2	$\dfrac{12}{539}$	$\dfrac{27}{539}$	$\dfrac{108}{539}$
3	$\dfrac{8}{539}$	$\dfrac{18}{539}$	$\dfrac{72}{539}$

(3) 求 $X - Y$ 的概率分布

$X - Y$	-2	-1	0	1	2
p_k	$\dfrac{24}{539}$	$\dfrac{66}{539}$	$\dfrac{251}{539}$	$\dfrac{126}{539}$	$\dfrac{72}{539}$

22.

Z	-1	0	1
P	$\dfrac{1}{3}$	$\dfrac{1}{3}$	$\dfrac{1}{3}$

23. $f_Z(z) = \begin{cases} \dfrac{1}{3}, & -1 \leqslant z < 2 \\ 0, & 其他 \end{cases}$.

24. $f_S(s) = \begin{cases} \dfrac{1}{2}(\ln 2 - \ln s), & 若 0 < s < 2 \\ 0, & 若 s \leqslant 0 \text{ 或 } s \geqslant 2 \end{cases}$

25. (1) $f_Z(z) = \begin{cases} (\alpha + \beta) e^{-(\alpha + \beta)z}, & z > 0 \\ 0, & z \leqslant 0 \end{cases}$;

(2) $f_Z(z) = \begin{cases} \alpha e^{-\alpha z} + \beta e^{-\beta z} - (\alpha + \beta) e^{-(\alpha + \beta)z}, & z > 0 \\ 0, & z \leqslant 0 \end{cases}$.

$$26. \ f_R(z) = \begin{cases} \dfrac{1}{15\ 000}(600z - 60z^2 + z^3), & 0 < z \leqslant 10 \\[2mm] \dfrac{1}{15\ 000}(20-z)^3, & 10 < z < 20 \\[2mm] 0, & \text{其他} \end{cases}$$

27. $p_1 + p_2 + p_3$.

28. $E(X) = \dfrac{3}{2}, E(Y) = \dfrac{3}{2}, E(XY) = \dfrac{9}{4}$.

29. $E(X) = \dfrac{7}{12}, E(Y) = \dfrac{7}{12}, D(X) = \dfrac{11}{144}, D(Y) = \dfrac{11}{144}, E(XY) = \dfrac{1}{3}$.

30. 略.

31. $E(X) = \dfrac{14}{12}, E(Y) = \dfrac{14}{12}, \text{Cov}(X,Y) = -\dfrac{1}{36}, \rho_{XY} = -\dfrac{1}{11}$.

32. 6.

33. $E(X) = \dfrac{2}{3}, \text{Cov}(X,Y) = -\dfrac{4}{45}$.

34. $(1)\ f_Y(y) = \begin{cases} \dfrac{3}{8\sqrt{y}}, & 0 < y < 1 \\[2mm] \dfrac{1}{8\sqrt{y}}, & 0 < y < 1 \\[2mm] 0, & \text{其他} \end{cases}$; $(2)\ \text{Cov}(X,Y) = \dfrac{2}{3}$; $(3)\ F\left(-\dfrac{1}{2}, 4\right) = \dfrac{1}{4}$.

35. $E(Z) = 0, D(Z) = \dfrac{2}{9}$.

36. $\text{Cov}(X,Y) = -\dfrac{1}{147}, \rho_{XY} = \dfrac{\sqrt{15}}{69}$.

习题四

1. 0. 16. 　2. $\dfrac{8}{9}$. 　3. 略. 　4. $\dfrac{1}{12}$.

5. 略. 　6. $\dfrac{1}{2}$. 　7. 15 625.

8. 0. 000 8. 　9. 0. 045. 　10. 0. 5.

11. (1)0. 180 2; 　(2)443.

12. 104. 　13. 98.

14. (1)0. 5; 　(2)0. 115 1.

习题五

1. 总体为从原始到明清,个体为每个朝代,容量为 25 423.

2. 略. 　3. 略.

4. $min = 60, Q_1 = 79, M = 96, Q_3 = 100, max = 120,$ 图略.

5. $X = 3.375, S^2 = 4.485.$

6. $\dfrac{1}{3}$.   7. $Y \sim F(n, 1)$.

8. $(1) P\{X_1 = x_1, X_2 = x_2, \cdots, X_n = x_n\} = p^{\sum\limits_{i=1}^{n} x_i} (1-p)^{\sum\limits_{i=1}^{n} x_i}$;

$(2) C_n^k p^k (1-p)^{n-k}, k = 0, 1, 2, \cdots, n$;

$(3) E(\bar{X}) = p, D(\bar{X}) = \dfrac{p(1-p)}{n}, E(S^2) = p(1-p).$

9. $x = t_{\frac{1-\alpha}{2}}.$

10. $(1) Y \sim N\left(\dfrac{2}{3}, 20\right)$; $(2) P\{-0.5 \leqslant \bar{X} \leqslant 0.25\} = 0.532\ 8.$

11. $(1) 4, 3.2$; $(2) 0.895.$

12. $E(Y) = 2(n-1)\sigma^2.$ 13. 1.

习题六

1. 1 143.75, 96.056 2.   2. 2.68.   3. $\hat{\theta} = \dfrac{2}{\bar{x}}.$

4. $(1) \hat{\theta} = 3\bar{x}$; $(2) \hat{\theta} = 1/\bar{x}$; $(3) \hat{\theta} = \left(\dfrac{\bar{x}}{1-\bar{x}}\right)^2.$

5. $(1) \hat{\theta} = \left(\dfrac{1}{n}\sum\limits_{i=1}^{n} \ln x_i\right)^{-2}$; $(2) \hat{\theta} = \left(\dfrac{1}{n}\sum\limits_{i=1}^{n} \ln x_i - \ln c\right)^{-1}$; $(3) \hat{\theta} = x_{(1)}.$

6. $\hat{p} = 0.499.$ 7. $\hat{\mu} = 3.089\ 0, \hat{\sigma}^2 = 0.5081.$

8. 矩估计量 $\hat{\alpha} = \dfrac{1}{1-\bar{X}} - 2$, 最大似然估计量 $\hat{\alpha} = -\dfrac{n}{\sum\limits_{i=1}^{n} \ln X_i} - 1.$

9. (1) 略; $(2) \hat{\theta} = \dfrac{x_{(n)}}{2}$, 不是.

10. $C = \dfrac{1}{2(n-1)}.$

11. 证明略, $\hat{\mu}_3.$

12. 略.   13. 略.   14. $\hat{\sigma}_1^2.$ 15. 略.

16. $[1.916\ 8, 2.583\ 2].$

17. $[30.858, 31.242]; [0.028\ 5, 0.229\ 4].$

18. $(1) e^{\mu + \frac{1}{2}}$; $(2) [-0.98, 0.98].$

19. $(1) [0.148\ 7, 0.421\ 5]$; $(2) [56.073\ 9, 56.566\ 1].$

20. 219.

21. $[-6.186, 17.69].$

22. $[3.073, 4.927].$

23. (1) $[0.062\,0,1.007\,5]$;　　(2) $[-0.227\,1,0.317\,1]$.

习题七

1. $0.095;0.026\,4;0.013\,2$.

2. $0.554\,8;0.002\,1$.

3. 均接受原假设.

4. 有效果.

5. 合格.

6. 有显著变化.

7. 拒绝原假设 H_0,认为这批导线的标准差显著性偏大.

8. 工作不正常.

9. $\alpha=0.01$ 时,显著性提高; $\alpha=0.05$ 时,没有显著性提高.

10. 接受 H_0.

11. 拒绝 H_0,接受 H_1.

12. 方差无显著性差异,均值有显著性差异,故有显著性差异.

13. 不能拒绝 H_0,即不能认为镍合金铸件的硬度有提高.

14. 拒绝 H_0,即认为两种方法有显著差异.

15. 可以认为这枚骰子是均匀的.

16. 认为该地新生男婴的体重服从正态分布.

习题八

1. 在显著性水平 0.05 下不拒绝 H_0,即认为各种纺织机的每 95 码长的重量没有显著的差异.

2. 在显著性水平 0.05 下拒绝 H_0,即认为各种纺织机的每 95 码长的重量有显著的差异.

3. 置信区间分别为 $(-0.503\,7,-0.040\,3)$,$(-0.433\,7,0.029\,7)$,$(-0.415\,7,0.047\,7)$,$(-0.161\,7,0.301\,7)$ 和 $(-0.213\,7,0.249\,7)$.

4. 有显著影响,有显著影响,交互作用的效应不显著.

5. 在显著性水平 $\alpha=0.05$ 下,操作工之间的差异显著,机器之间的差异不显著,操作工与机器的交互作用显著.

6. 在显著性水平 $\alpha=0.05$ 下,反应温度对产品的转化率没有显著影响,反应时间对产品的转化率有显著影响.

7. $\hat{y}=21.005\,8+19.528\,5\ln x$.

8. h 对 x 回归方程是 $\hat{h}=-1.331\,4+3.461\,7x-0.108\,7x^2$.

附　表

附表一　几种常用的概率分布表

分布	参数	概率分布	数学期望	方差
(0-1)分布 (Bernoulli 分布)	$0<p<1$	$P\{X=k\}=p^k(1-p)^{1-k},k=0,1$	p	$p(1-p)$
二项分布	$n\geqslant1,0<p<1$	$P\{X=k\}=C_n^kp^k(1-p)^{n-k},k=0,1,2,\cdots,n$	np	$np(1-p)$
负二项分布 (Pascal 分布)	$r\geqslant1$ $0<p<1$	$P\{X=k\}=C_{k-1}^{r-1}p^r(1-p)^{k-r},k=r,r+1,\cdots$	$\dfrac{r}{p}$	$\dfrac{r(1-p)}{p^2}$
几何分布	$0<p<1$	$P\{X=k\}=p(1-p)^{1-k},k=1,2,\cdots$	$\dfrac{1}{p}$	$\dfrac{1-p}{p^2}$
超几何分布	N,M,n $(M\leqslant N)$ $(n\leqslant N)$	$P\{X=k\}=\dfrac{C_M^kC_{N-M}^{n-k}}{C_N^k}=$ k 为整数,$\max\{0,n-N+M\}\leqslant k\leqslant\min\{n,M\}$	$\dfrac{nM}{N}$	$\dfrac{nM}{N}\left(1-\dfrac{M}{N}\right)\left(\dfrac{N-n}{N-1}\right)$
Poisson 分布	$\lambda>0$	$P\{X=k\}=\dfrac{\lambda^k}{k!}e^{-\lambda},k=0,1,2,\cdots$	λ	λ
均匀分布	$a<b$	$f(x)=\begin{cases}\dfrac{1}{b-a},&a<x<b\\0,&\text{其他}\end{cases}$	$\dfrac{a+b}{2}$	$\dfrac{(b-a)^2}{12}$
正态分布	μ $\sigma>0$	$f(x)=\dfrac{1}{\sqrt{2\pi}\sigma}e^{-\frac{(x-\mu)^2}{2\sigma^2}}$ $-\infty<x<+\infty$	μ	σ^2

分布	参数	概率分布	数学期望	方差
Γ分布	$\alpha>0$ $\beta>0$	$f(x)=\begin{cases}\dfrac{1}{\beta^\alpha\Gamma(\alpha)}x^{\alpha-1}\mathrm{e}^{-\frac{x}{\beta}}, & x>0\\ 0, & \text{其他}\end{cases}$	$\alpha\beta$	$\alpha\beta^2$
指数分布	$\theta>0$	$f(x)=\begin{cases}\dfrac{1}{\theta}\mathrm{e}^{-\frac{x}{\theta}}, & x>0\\ 0, & \text{其他}\end{cases}$	θ	θ^2
χ^2分布	$n\geqslant1$	$f(x)=\begin{cases}\dfrac{1}{2^{n/2}\Gamma(n/2)}x^{\frac{n}{2}-1}\mathrm{e}^{-\frac{x}{2}}, & x>0\\ 0, & \text{其他}\end{cases}$	n	$2n$
Weibull分布	$\eta>0$ $\beta>0$	$f(x)=\begin{cases}\dfrac{\beta}{\eta}\left(\dfrac{x}{\eta}\right)^{\beta-1}\mathrm{e}^{-\left(\frac{x}{\eta}\right)^\beta}, & x>0\\ 0, & \text{其他}\end{cases}$	$\eta\Gamma\cdot\left(\dfrac{1}{\beta}+1\right)$	$\eta^2\left\{\Gamma\left(\dfrac{2}{\beta}+1\right)-\left[\Gamma\left(\dfrac{1}{\beta}+1\right)\right]^2\right\}$
Rayleigh分布	$\sigma>0$	$f(x)=\begin{cases}\dfrac{x}{\sigma^2}\mathrm{e}^{-\frac{x^2}{2\sigma^2}}, & x>0\\ 0, & \text{其他}\end{cases}$	$\sqrt{\dfrac{\pi}{2}}\,\sigma$	$\dfrac{4-\pi}{2}\sigma^2$
β分布	$\alpha>0$ $\beta>0$	$f(x)=\begin{cases}\dfrac{1}{\beta^\alpha\Gamma(\alpha)}x^{\alpha-1}\mathrm{e}^{-\frac{x}{\beta}}, & x>0\\ 0, & \text{其他}\end{cases}$	$\dfrac{\alpha}{\alpha+\beta}$	$\dfrac{\alpha\beta}{(\alpha+\beta)^2(\alpha+\beta+1)}$
对数正态分布	μ $\sigma>0$	$f(x)=\begin{cases}\dfrac{1}{\sqrt{2\pi}\sigma x}\mathrm{e}^{-\frac{(\ln x-\mu)^2}{2\sigma^2}}, & x>0\\ 0, & \text{其他}\end{cases}$	$\mathrm{e}^{\mu+\frac{\sigma^2}{2}}$	$\mathrm{e}^{2\mu+\sigma^2}(\mathrm{e}^{\sigma^2}-1)$

续表

分布	参数	概率分布	数学期望	方差
Cauchy分布	a $\lambda>0$	$f(x)=\dfrac{1}{\pi}\dfrac{\lambda}{\lambda^2+(x-a)^2}$	不存在	不存在
t分布	$n\geqslant 1$	$f(x)=\dfrac{\Gamma\left(\frac{n+1}{2}\right)}{\sqrt{n\pi}\,\Gamma\left(\frac{n}{2}\right)}\left(1+\dfrac{x^2}{n}\right)^{-\frac{n+1}{2}}$	$0,n>1$	$\dfrac{n}{n-2},n>2$
F分布	n_1,n_2	$f(x)=\begin{cases}\dfrac{\Gamma\left(\frac{n_1+n_2}{2}\right)}{\Gamma\left(\frac{n_1}{2}\right)\Gamma\left(\frac{n_2}{2}\right)}n_1^{\frac{n_1}{2}}n_2^{\frac{n_2}{2}}\dfrac{x^{\frac{n_1}{2}-1}}{(n_1x+n_2)^{\frac{n_1+n_2}{2}}},&x>0\\[2mm]0,&\text{其他}\end{cases}$	$\dfrac{n_2}{n_2-2},$ $n_2>2$	$\dfrac{2n_2^2(n_1+n_2-2)}{n_1(n_2-2)^2(n_2-4)},$ $n_2>4$

附表二 标准正态分布函数值表

$$\Phi(x) = \int_{-\infty}^{x} \frac{1}{\sqrt{2\pi}} e^{-t^2/2} dt$$

x	0.00	0.01	0.02	0.03	0.04	0.05	0.06	0.07	0.08	0.09
0.0	0.500 0	0.504 0	0.508 0	0.512 0	0.516 0	0.519 9	0.523 9	0.527 9	0.531 9	0.535 9
0.1	0.539 8	0.543 8	0.547 8	0.551 7	0.555 7	0.559 6	0.563 6	0.567 5	0.571 4	0.575 3
0.2	0.579 3	0.583 2	0.587 1	0.591 0	0.594 8	0.598 7	0.602 6	0.606 4	0.610 3	0.614 1
0.3	0.617 9	0.621 7	0.625 5	0.629 3	0.633 1	0.636 8	0.640 6	0.644 3	0.648 0	0.651 7
0.4	0.655 4	0.659 1	0.662 8	0.666 4	0.670 0	0.673 6	0.677 2	0.680 8	0.684 4	0.687 9
0.5	0.691 5	0.695 0	0.698 5	0.701 9	0.705 4	0.708 8	0.712 3	0.715 7	0.719 0	0.722 4
0.6	0.725 7	0.729 1	0.732 4	0.735 7	0.738 9	0.742 2	0.745 4	0.748 6	0.751 7	0.754 9
0.7	0.758 0	0.761 1	0.764 2	0.767 3	0.770 4	0.773 4	0.776 4	0.779 4	0.782 3	0.785 2
0.8	0.788 1	0.791 0	0.793 9	0.796 7	0.799 5	0.802 3	0.805 1	0.807 8	0.810 6	0.813 3
0.9	0.815 9	0.818 6	0.821 2	0.823 8	0.826 4	0.828 9	0.831 5	0.834 0	0.836 5	0.838 9
1.0	0.841 3	0.843 8	0.846 1	0.848 5	0.850 8	0.853 1	0.855 4	0.857 7	0.859 9	0.862 1
1.1	0.864 3	0.866 5	0.868 6	0.870 8	0.872 9	0.874 9	0.877 0	0.879 0	0.881 0	0.883 0
1.2	0.884 9	0.886 9	0.888 8	0.890 7	0.892 5	0.894 4	0.896 2	0.898 0	0.899 7	0.901 5
1.3	0.903 2	0.904 9	0.906 6	0.908 2	0.909 9	0.911 5	0.913 1	0.9147	0.916 2	0.917 7
1.4	0.919 2	0.920 7	0.922 2	0.923 6	0.925 1	0.926 5	0.927 9	0.929 2	0.930 6	0.931 9
1.5	0.933 2	0.934 5	0.935 7	0.937 0	0.938 2	0.939 4	0.940 6	0.941 8	0.942 9	0.944 1
1.6	0.945 2	0.946 3	0.947 4	0.948 4	0.949 5	0.950 5	0.951 5	0.952 5	0.953 5	0.954 5
1.7	0.955 4	0.956 4	0.957 3	0.958 2	0.959 1	0.959 9	0.960 8	0.961 6	0.962 5	0.963 3
1.8	0.964 1	0.964 9	0.965 6	0.966 4	0.967 1	0.967 8	0.968 6	0.969 3	0.969 9	0.970 6
1.9	0.971 3	0.971 9	0.972 6	0.973 2	0.973 8	0.974 4	0.975 0	0.975 6	0.976 1	0.976 7
2.0	0.977 2	0.977 8	0.978 3	0.978 8	0.979 3	0.979 8	0.980 3	0.980 8	0.981 2	0.981 7
2.1	0.982 1	0.982 6	0.983 0	0.983 4	0.983 8	0.984 2	0.984 6	0.985 0	0.985 4	0.985 7
2.2	0.986 1	0.986 4	0.986 8	0.987 1	0.987 5	0.987 8	0.988 1	0.988 4	0.988 7	0.989 0
2.3	0.989 3	0.989 6	0.989 8	0.990 1	0.990 4	0.990 6	0.990 9	0.991 1	0.991 3	0.991 6
2.4	0.991 8	0.992 0	0.992 2	0.992 5	0.992 7	0.992 9	0.993 1	0.993 2	0.993 4	0.993 6
2.5	0.993 8	0.994 0	0.994 1	0.994 3	0.994 5	0.994 6	0.994 8	0.994 9	0.995 1	0.995 2
2.6	0.995 3	0.995 5	0.995 6	0.995 7	0.995 9	0.996 0	0.996 1	0.996 2	0.996 3	0.996 4
2.7	0.996 5	0.996 6	0.996 7	0.996 8	0.996 9	0.997 0	0.997 1	0.997 2	0.997 3	0.997 4
2.8	0.997 4	0.997 5	0.997 6	0.997 7	0.997 7	0.997 8	0.997 9	0.997 9	0.998 0	0.998 1
2.9	0.998 1	0.998 2	0.998 2	0.998 3	0.998 4	0.998 4	0.998 5	0.998 5	0.998 6	0.998 6
3.0	0.998 7	0.998 7	0.998 7	0.998 8	0.998 8	0.998 9	0.998 9	0.998 9	0.999 0	0.999 0
3.1	0.999 0	0.999 1	0.999 1	0.999 1	0.999 2	0.999 2	0.999 2	0.999 2	0.999 3	0.999 3
3.2	0.999 3	0.999 3	0.999 4	0.999 4	0.999 4	0.999 4	0.999 4	0.999 5	0.999 5	0.999 5
3.3	0.999 5	0.999 5	0.999 5	0.999 6	0.999 6	0.999 6	0.999 6	0.999 6	0.999 6	0.999 7
3.4	0.999 7	0.999 7	0.999 7	0.999 7	0.999 7	0.999 7	0.999 7	0.999 7	0.999 7	0.999 8

附表三　泊松分布表

$$P\{X \leqslant x\} = \sum_{k=0}^{x} \frac{\lambda^k}{k!} e^{-\lambda}$$

x	λ						
	0.1	0.2	0.3	0.4	0.5	0.6	0.7
0	0. 904 837	0. 818 731	0. 740 818	0. 670 320	0. 606 531	0. 548 812	0. 496 585
1	0. 995 321	0. 982 477	0. 963 064	0. 938 448	0. 909 796	0. 878 099	0. 844 195
2	0. 999 845	0. 998 852	0. 996 401	0. 992 074	0. 985 612	0. 976 885	0. 965 858
3	0. 999 996	0. 999 943	0. 999 734	0. 999 224	0. 998 248	0. 996 642	0. 994 247
4	1. 000 000	0. 999 998	0. 999 984	0. 999 939	0. 999 828	0. 999 606	0. 999 214
5		1. 000 000	0. 999 999	0. 999 996	0. 999 986	0. 999 961	0. 999 910
6			1. 000 000	1. 000 000	0. 999 999	0. 999 997	0. 999 991
7					1. 000 000	1. 000 000	0. 999 999
8							1. 000 000

x	λ						
	0.8	0.9	1.0	1.5	2.0	2.5	3.0
0	0. 449 329	0. 406 570	0. 367 879	0. 223 130	0. 135 335	0. 082 085	0. 049 787
1	0. 808 792	0. 772 482	0. 735 759	0. 557 825	0. 406 006	0. 287 297	0. 199 148
2	0. 952 577	0. 937 143	0. 919 699	0. 808 847	0. 676 676	0. 543 813	0. 423 190
3	0. 990 920	0. 986 541	0. 981 012	0. 934 358	0. 857 123	0. 757 576	0. 647 232
4	0. 998 589	0. 997 656	0. 996 340	0. 981 424	0. 947 347	0. 891 178	0. 815 263
5	0. 999 816	0. 999 657	0. 999 406	0. 995 544	0. 983 436	0. 957 979	0. 916 082
6	0. 999 979	0. 999 957	0. 999 917	0. 999 074	0. 995 466	0. 985 813	0. 966 491
7	0. 999 998	0. 999 995	0. 999 990	0. 999 830	0. 998 903	0. 995 753	0. 988 095
8	1. 000 000	1. 000 000	0. 999 999	0. 999 972	0. 999 763	0. 998 860	0. 996 197
9			1. 000 000	0. 999 996	0. 999 954	0. 999 723	0. 998 898
10				0. 999 999	0. 999 992	0. 999 938	0. 999 708
11				1. 000 000	0. 999 999	0. 999 987	0. 999 929
12					1. 000 000	0. 999 998	0. 999 984
13						1. 000 000	0. 999 997
14							0. 999 999
15							1. 000 000

x	λ						
	3.5	4.0	4.5	5.0	5.5	6.0	6.5
0	0. 030 197	0. 018 316	0. 011 109	0. 006 738	0. 004 087	0. 002 479	0. 001 503
1	0. 135 888	0. 091 578	0. 061 099	0. 040 428	0. 026 564	0. 017 351	0. 011 276
2	0. 320 847	0. 238 103	0. 173 578	0. 124 652	0. 088 376	0. 061 969	0. 043 036
3	0. 536 633	0. 433 470	0. 342 296	0. 265 026	0. 201 699	0. 151 204	0. 111 850
4	0. 725 445	0. 628 837	0. 532 104	0. 440 493	0. 357 518	0. 285 057	0. 223 672
5	0. 857 614	0. 785 130	0. 702 930	0. 615 961	0. 528 919	0. 445 680	0. 369 041
6	0. 934 712	0. 889 326	0. 831 051	0. 762 183	0. 686 036	0. 606 303	0. 526 524

x	λ						
	3.5	4.0	4.5	5.0	5.5	6.0	6.5
7	0.973 261	0.948 866	0.913 414	0.866 628	0.809 485	0.743 980	0.672 758
8	0.990 126	0.978 637	0.959 743	0.931 906	0.894 357	0.847 237	0.791 573
9	0.996 685	0.991 868	0.982 907	0.968 172	0.946 223	0.916 076	0.877 384
10	0.998 981	0.997 160	0.993 331	0.986 305	0.974 749	0.957 379	0.933 161
11	0.999 711	0.999 085	0.997 596	0.994 547	0.989 012	0.979 908	0.966 120
12	0.999 924	0.999 726	0.999 195	0.997 981	0.995 549	0.991 173	0.983 973
13	0.999 981	0.999 924	0.999 748	0.999 302	0.998 315	0.996 372	0.992 900
14	0.999 996	0.999 980	0.999 926	0.999 774	0.999 401	0.998 600	0.997 044
15	0.999 999	0.999 995	0.999 980	0.999 931	0.999 800	0.999 491	0.998 840
16	1.000 000	0.999 999	0.999 995	0.999 980	0.999 937	0.999 825	0.999 570
17		1.000 000	0.999 999	0.999 995	0.999 981	0.999 943	0.999 849
18			1.000 000	0.999 999	0.999 995	0.999 982	0.999 949
19				1.000 000	0.999 999	0.999 995	0.999 984
20					1.000 000	0.999 999	0.999 995
21						1.000 000	0.999 999
22							1.000 000

x	λ						
	7.0	7.5	8.0	8.5	9.0	9.5	10.0
0	0.000 912	0.000 553	0.000 335	0.000 203	0.000 123	0.000 075	0.000 045
1	0.007 295	0.004 701	0.003 019	0.001 933	0.001 234	0.000 786	0.000 499
2	0.029 636	0.020 257	0.013 754	0.009 283	0.006 232	0.004 164	0.002 769
3	0.081 765	0.059 145	0.042 380	0.030 109	0.021 226	0.014 860	0.010 336
4	0.172 992	0.132 062	0.099 632	0.074 364	0.054 964	0.040 263	0.029 253
5	0.300 708	0.241 436	0.191 236	0.149 597	0.115 691	0.088 528	0.067 086
6	0.449 711	0.378 155	0.313 374	0.256 178	0.206 781	0.164 949	0.130 141
7	0.598 714	0.524 639	0.452 961	0.385 597	0.323 897	0.268 663	0.220 221
8	0.729 091	0.661 967	0.592 547	0.523 105	0.455 653	0.391 823	0.332 820
9	0.830 496	0.776 408	0.716 624	0.652 974	0.587 408	0.521 826	0.457 930
10	0.901 479	0.862 238	0.815 886	0.763 362	0.705 988	0.645 328	0.583 040
11	0.946 650	0.920 759	0.888 076	0.848 662	0.803 008	0.751 990	0.696 776
12	0.973 000	0.957 334	0.936 203	0.909 083	0.875 773	0.836 430	0.791 556
13	0.987 189	0.978 435	0.965 819	0.948 589	0.926 149	0.898 136	0.864 464
14	0.994 283	0.989 740	0.982 743	0.972 575	0.958 534	0.940 008	0.916 542
15	0.997 593	0.995 392	0.991 769	0.986 167	0.977 964	0.966 527	0.951 260
16	0.999 042	0.998 041	0.996 282	0.993 387	0.988 894	0.982 273	0.972 958
17	0.999 638	0.999 210	0.998 406	0.996 998	0.994 680	0.991 072	0.985 722
18	0.999 870	0.999 697	0.999 350	0.998 703	0.997 574	0.995 716	0.992 813
19	0.999 956	0.999 889	0.999 747	0.999 465	0.998 944	0.998 038	0.996 546
20	0.999 986	0.999 961	0.999 906	0.999 789	0.999 561	0.999 141	0.998 412
21	0.999 995	0.999 987	0.999 967	0.999 921	0.999 825	0.999 639	0.999 300
22	0.999 999	0.999 996	0.999 989	0.999 971	0.999 933	0.999 855	0.999 704
23	1.000 000	0.999 999	0.999 996	0.999 990	0.999 975	0.999 944	0.999 880
24		1.000 000	0.999 999	0.999 997	0.999 991	0.999 979	0.999 953
25			1.000 000	0.999 999	0.999 997	0.999 993	0.999 982

x	λ						
	7.0	7.5	8.0	8.5	9.0	9.5	10.0
26				1.000 000	0.999 999	0.999 997	0.999 994
27					1.000 000	0.999 999	0.999 998
28						1.000 000	0.999 999

x	λ						
	10.5	11.0	11.5	12.0	12.5	13.0	13.5
0	0.000 028	0.000 017	0.000 010	0.000 006	0.000 004	0.000 002	0.000 001
1	0.000 317	0.000 200	0.000 127	0.000 080	0.000 050	0.000 032	0.000 020
2	0.001 835	0.001 211	0.000 796	0.000 522	0.000 341	0.000 223	0.000 145
3	0.007 147	0.004 916	0.003 364	0.002 292	0.001 555	0.001 050	0.000 707
4	0.021 094	0.015 105	0.010 747	0.007 600	0.005 346	0.003 740	0.002 604
5	0.050 380	0.037 520	0.027 726	0.020 341	0.014 823	0.010 734	0.007 727
6	0.101 633	0.078 614	0.060 270	0.045 822	0.034 567	0.025 887	0.019 254
7	0.178 511	0.143 192	0.113 735	0.089 504	0.069 825	0.054 028	0.041 483
8	0.279 413	0.231 985	0.190 590	0.155 028	0.124 916	0.099 758	0.078 995
9	0.397 133	0.340 511	0.288 795	0.242 392	0.201 431	0.165 812	0.135 264
10	0.520 738	0.459 889	0.401 730	0.347 229	0.297 075	0.251 682	0.211 226
11	0.638 725	0.579 267	0.519 798	0.461 597	0.405 761	0.353 165	0.304 453
12	0.741 964	0.688 697	0.632 947	0.575 965	0.518 975	0.463 105	0.409 333
13	0.825 349	0.781 291	0.733 040	0.681 536	0.627 835	0.573 045	0.518 247
14	0.887 888	0.854 044	0.815 260	0.772 025	0.725 032	0.675 132	0.623 271
15	0.931 665	0.907 396	0.878 295	0.844 416	0.806 029	0.763 607	0.717 793
16	0.960 394	0.944 076	0.923 601	0.898 709	0.869 308	0.835 493	0.797 545
17	0.978 138	0.967 809	0.954 250	0.937 034	0.915 837	0.890 465	0.860 878
18	0.988 489	0.982 313	0.973 831	0.962 584	0.948 148	0.930 167	0.908 378
19	0.994 209	0.990 711	0.985 682	0.978 720	0.969 406	0.957 331	0.942 128
20	0.997 212	0.995 329	0.992 497	0.988 402	0.982 692	0.974 988	0.964 909
21	0.998 714	0.997 748	0.996 229	0.993 935	0.990 600	0.985 919	0.979 554
22	0.999 430	0.998 958	0.998 179	0.996 953	0.995 094	0.992 378	0.988 541
23	0.999 758	0.999 536	0.999 155	0.998 527	0.997 536	0.996 028	0.993 816
24	0.999 901	0.999 801	0.999 622	0.999 314	0.998 808	0.998 006	0.996 783
25	0.999 961	0.999 918	0.999 837	0.999 692	0.999 444	0.999 034	0.998 385
26	0.999 985	0.999 967	0.999 932	0.999 867	0.999 749	0.999 548	0.999 217
27	0.999 995	0.999 987	0.999 973	0.999 944	0.999 891	0.999 796	0.999 633
28	0.999 998	0.999 995	0.999 989	0.999 977	0.999 954	0.999 911	0.999 833
29	0.999 999	0.999 998	0.999 996	0.999 991	0.999 981	0.999 962	0.999 927
30	1.000 000	0.999 999	0.999 999	0.999 997	0.999 993	0.999 984	0.999 969
31		1.000 000	0.999 999	0.999 999	0.999 997	0.999 994	0.999 987
32			1.000 000	1.000 000	0.999 999	0.999 998	0.999 995
33					1.000 000	0.999 999	0.999 998
34						1.000 000	0.999 999
35							1.000 000

x	λ						
	14.0	14.5	15.0	15.5	16.0	16.5	17.0
0	0.000 001	0.000 001	0.000 000	0.000 000	0.000 000	0.000 000	0.000 000
1	0.000 012	0.000 008	0.000 005	0.000 003	0.000 002	0.000 001	0.000 001
2	0.000 094	0.000 061	0.000 039	0.000 025	0.000 016	0.000 010	0.000 007
3	0.000 474	0.000 317	0.000 211	0.000 141	0.000 093	0.000 062	0.000 041
4	0.001 805	0.001 246	0.000 857	0.000 587	0.000 400	0.000 272	0.000 185
5	0.005 532	0.003 940	0.002 792	0.001 970	0.001 384	0.000 968	0.000 675
6	0.014 228	0.010 450	0.007 632	0.005 544	0.004 006	0.002 881	0.002 062
7	0.031 620	0.023 936	0.018 002	0.013 456	0.010 000	0.007 390	0.005 433
8	0.062 055	0.048 379	0.037 446	0.028 787	0.021 987	0.016 690	0.012 596
9	0.109 399	0.087 759	0.069 854	0.055 190	0.043 298	0.033 741	0.026 125
10	0.175 681	0.144 861	0.118 464	0.096 116	0.077 396	0.061 874	0.049 124
11	0.260 040	0.220 131	0.184 752	0.153 783	0.126 993	0.104 073	0.084 669
12	0.358 458	0.311 082	0.267 611	0.228 269	0.193 122	0.162 098	0.135 024
13	0.464 448	0.412 528	0.363 218	0.317 081	0.274 511	0.235 744	0.200 873
14	0.570 437	0.517 597	0.465 654	0.415 407	0.367 527	0.322 542	0.280 833
15	0.669 360	0.619 163	0.568 090	0.517 011	0.466 745	0.418 020	0.371 454
16	0.755 918	0.711 208	0.664 123	0.615 440	0.565 962	0.516 481	0.467 738
17	0.827 201	0.789 716	0.748 859	0.705 184	0.659 344	0.612 046	0.564 023
18	0.882 643	0.852 960	0.819 472	0.782 464	0.742 349	0.699 647	0.654 958
19	0.923 495	0.901 224	0.875 219	0.845 508	0.812 249	0.775 722	0.736 322
20	0.952 092	0.936 216	0.917 029	0.894 367	0.868 168	0.838 484	0.805 481
21	0.971 156	0.960 377	0.946 894	0.930 430	0.910 773	0.887 797	0.861 466
22	0.983 288	0.976 301	0.967 256	0.955 837	0.941 759	0.924 781	0.904 728
23	0.990 672	0.986 340	0.980 535	0.972 960	0.963 314	0.951 314	0.936 704
24	0.994 980	0.992 406	0.988 835	0.984 018	0.977 685	0.969 555	0.959 354
25	0.997 392	0.995 923	0.993 815	0.990 874	0.986 881	0.981 594	0.974 755
26	0.998 691	0.997 885	0.996 688	0.994 962	0.992 541	0.989 234	0.984 826
27	0.999 365	0.998 939	0.998 284	0.997 308	0.995 895	0.993 903	0.991 166
28	0.999 702	0.999 485	0.999 139	0.998 607	0.997 811	0.996 654	0.995 016
29	0.999 864	0.999 757	0.999 582	0.999 301	0.998 869	0.998 220	0.997 273
30	0.999 940	0.999 889	0.999 803	0.999 660	0.999 433	0.999 081	0.998 552
31	0.999 974	0.999 951	0.999 910	0.999 839	0.999 724	0.999 539	0.999 253
32	0.999 989	0.999 979	0.999 960	0.999 926	0.999 869	0.999 775	0.999 625
33	0.999 996	0.999 991	0.999 983	0.999 967	0.999 940	0.999 894	0.999 817
34	0.999 998	0.999 996	0.999 993	0.999 986	0.999 973	0.999 951	0.999 913
35	0.999 999	0.999 999	0.999 997	0.999 994	0.999 988	0.999 978	0.999 960
36	1.000 000	0.999 999	0.999 999	0.999 998	0.999 995	0.999 990	0.999 982
37		1.000 000	1.000 000	0.999 999	0.999 998	0.999 996	0.999 992
38				1.000 000	0.999 999	0.999 998	0.999 997
39					1.000 000	0.999 999	0.999 999
40						1.000 000	0.999 999
41							1.000 000

x	λ						
	17.5	18.0	18.5	19.0	19.5	20.0	20.5
1	0.000 000	0.000 000	0.000 000	0.000 000	0.000 000		
2	0.000 004	0.000 003	0.000 002	0.000 001	0.000 001	0.000 000	0.000 000
3	0.000 027	0.000 018	0.000 012	0.000 008	0.000 005	0.000 003	0.000 002
4	0.000 125	0.000 084	0.000 057	0.000 038	0.000 025	0.000 017	0.000 011
5	0.000 468	0.000 324	0.000 223	0.000 154	0.000 105	0.000 072	0.000 049
6	0.001 470	0.001 043	0.000 738	0.000 520	0.000 365	0.000 255	0.000 178
7	0.003 974	0.002 893	0.002 097	0.001 513	0.001 088	0.000 779	0.000 555
8	0.009 452	0.007 056	0.005 241	0.003 873	0.002 850	0.002 087	0.001 522
9	0.020 104	0.015 381	0.011 702	0.008 856	0.006 667	0.004 995	0.003 725
10	0.038 745	0.030 366	0.023 656	0.018 322	0.014 112	0.010 812	0.008 241
11	0.068 401	0.054 887	0.043 760	0.034 673	0.027 309	0.021 387	0.016 657
12	0.111 649	0.091 669	0.074 754	0.060 561	0.048 755	0.039 012	0.031 034
13	0.169 867	0.142 598	0.118 861	0.098 399	0.080 923	0.066 128	0.053 706
14	0.242 640	0.208 077	0.177 144	0.149 750	0.125 729	0.104 864	0.086 904
15	0.327 542	0.286 653	0.249 028	0.214 794	0.183 976	0.156 513	0.132 274
16	0.420 404	0.375 050	0.332 143	0.292 034	0.254 965	0.221 074	0.190 404
17	0.515 997	0.468 648	0.422 592	0.378 361	0.336 394	0.297 028	0.260 503
18	0.608 934	0.562 245	0.515 553	0.469 484	0.424 608	0.381 422	0.340 338
19	0.694 534	0.650 916	0.606 068	0.560 607	0.515 144	0.470 257	0.426 475
20	0.769 434	0.730 720	0.689 794	0.647 174	0.603 417	0.559 093	0.514 766
21	0.831 851	0.799 124	0.763 553	0.725 497	0.685 384	0.643 698	0.600 955
22	0.881 501	0.855 090	0.825 578	0.793 139	0.758 037	0.720 611	0.681 267
23	0.919 278	0.898 890	0.875 467	0.849 017	0.819 634	0.787 493	0.752 850
24	0.946 824	0.931 740	0.913 923	0.893 254	0.869 681	0.843 227	0.813 993
25	0.966 106	0.955 392	0.942 381	0.926 874	0.908 718	0.887 815	0.864 131
26	0.979 084	0.971 766	0.962 630	0.951 443	0.937 996	0.922 113	0.903 662
27	0.987 496	0.982 682	0.976 504	0.968 732	0.959 141	0.947 519	0.933 677
28	0.992 753	0.989 700	0.985 671	0.980 464	0.973 867	0.965 666	0.955 652
29	0.995 926	0.994 056	0.991 519	0.988 150	0.983 769	0.978 182	0.971 186
30	0.997 776	0.996 669	0.995 125	0.993 018	0.990 206	0.986 525	0.981 801
31	0.998 821	0.998 187	0.997 277	0.996 002	0.994 254	0.991 908	0.988 821
32	0.999 393	0.999 040	0.998 521	0.997 773	0.996 721	0.995 273	0.993 318
33	0.999 695	0.999 506	0.999 218	0.998 793	0.998 179	0.997 312	0.996 111
34	0.999 851	0.999 752	0.999 598	0.999 363	0.999 015	0.998 511	0.997 796
35	0.999 929	0.999 879	0.999 798	0.999 673	0.999 481	0.999 196	0.998 782
36	0.999 967	0.999 942	0.999 902	0.999 836	0.999 733	0.999 577	0.999 344
37	0.999 985	0.999 973	0.999 953	0.999 920	0.999 866	0.999 783	0.999 655
38	0.999 994	0.999 988	0.999 978	0.999 962	0.999 935	0.999 891	0.999 823
39	0.999 997	0.999 995	0.999 990	0.999 982	0.999 969	0.999 947	0.999 911
40	0.999 999	0.999 998	0.999 996	0.999 992	0.999 985	0.999 975	0.999 957
41	1.000 000	0.999 999	0.999 998	0.999 996	0.999 993	0.999 988	0.999 979
42		1.000 000	0.999 999	0.999 998	0.999 997	0.999 995	0.999 990
43			1.000 000	0.999 999	0.999 999	0.999 998	0.999 996
44				1.000 000	0.999 999	0.999 999	0.999 998
45					1.000 000	1.000 000	0.999 999
46							1.000 000

附表四　t 分布上侧分位数表

$$P\{t(n) > t_\alpha(n)\} = \alpha$$

n \ α	0.20	0.15	0.10	0.05	0.025	0.01	0.005
1	1.376 4	1.962 6	3.077 7	6.313 8	12.706 2	31.820 5	63.656 7
2	1.060 7	1.386 2	1.885 6	2.920 0	4.302 7	6.964 6	9.924 8
3	0.978 5	1.249 8	1.637 7	2.353 4	3.182 4	4.540 7	5.840 9
4	0.941 0	1.189 6	1.533 2	2.131 8	2.776 4	3.746 9	4.604 1
5	0.919 5	1.155 8	1.475 9	2.015 0	2.570 6	3.364 9	4.032 1
6	0.905 7	1.134 2	1.439 8	1.943 2	2.446 9	3.142 7	3.707 4
7	0.896 0	1.119 2	1.414 9	1.894 6	2.364 6	2.998 0	3.499 5
8	0.888 9	1.108 1	1.396 8	1.859 5	2.306 0	2.896 5	3.355 4
9	0.883 4	1.099 7	1.383 0	1.833 1	2.262 2	2.821 4	3.249 8
10	0.879 1	1.093 1	1.372 2	1.812 5	2.228 1	2.763 8	3.169 3
11	0.875 5	1.087 7	1.363 4	1.795 9	2.201 0	2.718 1	3.105 8
12	0.872 6	1.083 2	1.356 2	1.782 3	2.178 8	2.681 0	3.054 5
13	0.870 2	1.079 5	1.350 2	1.770 9	2.160 4	2.650 3	3.012 3
14	0.868 1	1.076 3	1.345 0	1.761 3	2.144 8	2.624 5	2.976 8
15	0.866 2	1.073 5	1.340 6	1.753 1	2.131 4	2.602 5	2.946 7
16	0.864 7	1.071 1	1.336 8	1.745 9	2.119 9	2.583 5	2.920 8
17	0.863 3	1.069 0	1.333 4	1.739 6	2.109 8	2.566 9	2.898 2
18	0.862 0	1.067 2	1.330 4	1.734 1	2.100 9	2.552 4	2.878 4
19	0.861 0	1.065 5	1.327 7	1.729 1	2.093 0	2.539 5	2.860 9
20	0.860 0	1.064 0	1.325 3	1.724 7	2.086 0	2.528 0	2.845 3
21	0.859 1	1.062 7	1.323 2	1.720 7	2.079 6	2.517 6	2.831 4
22	0.858 3	1.061 4	1.321 2	1.717 1	2.073 9	2.508 3	2.818 8
23	0.857 5	1.060 3	1.319 5	1.713 9	2.068 7	2.499 9	2.807 3
24	0.856 9	1.059 3	1.317 8	1.710 9	2.063 9	2.492 2	2.796 9
25	0.856 2	1.058 4	1.316 3	1.708 1	2.059 5	2.485 1	2.787 4
26	0.855 7	1.057 5	1.315 0	1.705 6	2.055 5	2.478 6	2.778 7
27	0.855 1	1.056 7	1.313 7	1.703 3	2.051 8	2.472 7	2.770 7
28	0.854 6	1.056 0	1.312 5	1.701 1	2.048 4	2.467 1	2.763 3
29	0.854 2	1.055 3	1.311 4	1.699 1	2.045 2	2.462 0	2.756 4
30	0.853 8	1.054 7	1.310 4	1.697 3	2.042 3	2.457 3	2.750 0
31	0.853 4	1.054 1	1.309 5	1.695 5	2.039 5	2.452 8	2.744 0
32	0.853 0	1.053 5	1.308 6	1.693 9	2.036 9	2.448 7	2.738 5
33	0.852 6	1.053 0	1.307 7	1.692 4	2.034 5	2.444 8	2.733 3
34	0.852 3	1.052 5	1.307 0	1.690 9	2.032 2	2.441 1	2.728 4
35	0.852 0	1.052 0	1.306 2	1.689 6	2.030 1	2.437 7	2.723 8
36	0.851 7	1.051 6	1.305 5	1.688 3	2.028 1	2.434 5	2.719 5
37	0.851 4	1.051 2	1.304 9	1.687 1	2.026 2	2.431 4	2.715 4
38	0.851 2	1.050 8	1.304 2	1.686 0	2.024 4	2.428 6	2.711 6
39	0.850 9	1.050 4	1.303 6	1.684 9	2.022 7	2.425 8	2.707 9
40	0.850 7	1.050 0	1.303 1	1.683 9	2.021 1	2.423 3	2.704 5

附表五 χ^2 分布上侧分位数表

$$P\{\chi^2(n) > \chi_\alpha^2(n)\} = \alpha$$

n \ α	0.995	0.99	0.975	0.95	0.90	0.10	0.05	0.025	0.01	0.005
1	0.000	0.000	0.001	0.004	0.016	2.706	3.841	5.024	6.635	7.879
2	0.010	0.020	0.051	0.103	0.211	4.605	5.991	7.378	9.210	10.597
3	0.072	0.115	0.216	0.352	0.584	6.251	7.815	9.348	11.345	12.838
4	0.207	0.297	0.484	0.711	1.064	7.779	9.488	11.143	13.277	14.860
5	0.412	0.554	0.831	1.145	1.610	9.236	11.070	12.833	15.086	16.750
6	0.676	0.872	1.237	1.635	2.204	10.645	12.592	14.449	16.812	18.548
7	0.989	1.239	1.690	2.167	2.833	12.017	14.067	16.013	18.475	20.278
8	1.344	1.646	2.180	2.733	3.490	13.362	15.507	17.535	20.090	21.955
9	1.735	2.088	2.700	3.325	4.168	14.684	16.919	19.023	21.666	23.589
10	2.156	2.558	3.247	3.940	4.865	15.987	18.307	20.483	23.209	25.188
11	2.603	3.053	3.816	4.575	5.578	17.275	19.675	21.920	24.725	26.757
12	3.074	3.571	4.404	5.226	6.304	18.549	21.026	23.337	26.217	28.300
13	3.565	4.107	5.009	5.892	7.042	19.812	22.362	24.736	27.688	29.819
14	4.075	4.660	5.629	6.571	7.790	21.064	23.685	26.119	29.141	31.319
15	4.601	5.229	6.262	7.261	8.547	22.307	24.996	27.488	30.578	32.801
16	5.142	5.812	6.908	7.962	9.312	23.542	26.296	28.845	32.000	34.267
17	5.697	6.408	7.564	8.672	10.085	24.769	27.587	30.191	33.409	35.718
18	6.265	7.015	8.231	9.390	10.865	25.989	28.869	31.526	34.805	37.156
19	6.844	7.633	8.907	10.117	11.651	27.204	30.144	32.852	36.191	38.582
20	7.434	8.260	9.591	10.851	12.443	28.412	31.410	34.170	37.566	39.997
21	8.034	8.897	10.283	11.591	13.240	29.615	32.671	35.479	38.932	41.401
22	8.643	9.542	10.982	12.338	14.041	30.813	33.924	36.781	40.289	42.796
23	9.260	10.196	11.689	13.091	14.848	32.007	35.172	38.076	41.638	44.181
24	9.886	10.856	12.401	13.848	15.659	33.196	36.415	39.364	42.980	45.559
25	10.520	11.524	13.120	14.611	16.473	34.382	37.652	40.646	44.314	46.928
26	11.160	12.198	13.844	15.379	17.292	35.563	38.885	41.923	45.642	48.290
27	11.808	12.879	14.573	16.151	18.114	36.741	40.113	43.195	46.963	49.645
28	12.461	13.565	15.308	16.928	18.939	37.916	41.337	44.461	48.278	50.993
29	13.121	14.256	16.047	17.708	19.768	39.087	42.557	45.722	49.588	52.336
30	13.787	14.953	16.791	18.493	20.599	40.256	43.773	46.979	50.892	53.672
31	14.458	15.655	17.539	19.281	21.434	41.422	44.985	48.232	52.191	55.003
32	15.134	16.362	18.291	20.072	22.271	42.585	46.194	49.480	53.486	56.328
33	15.815	17.074	19.047	20.867	23.110	43.745	47.400	50.725	54.776	57.648
34	16.501	17.789	19.806	21.664	23.952	44.903	48.602	51.966	56.061	58.964
35	17.192	18.509	20.569	22.465	24.797	46.059	49.802	53.203	57.342	60.275
36	17.887	19.233	21.336	23.269	25.643	47.212	50.998	54.437	58.619	61.581
37	18.586	19.960	22.106	24.075	26.492	48.363	52.192	55.668	59.893	62.883
38	19.289	20.691	22.878	24.884	27.343	49.513	53.384	56.896	61.162	64.181
39	19.996	21.426	23.654	25.695	28.196	50.660	54.572	58.120	62.428	65.476
40	20.707	22.164	24.433	26.509	29.051	51.805	55.758	59.342	63.691	66.766

当 $n > 40$ 时, $\chi_\alpha^2(n) \approx \frac{1}{2}(z_\alpha + \sqrt{2n-1})^2$.

附表六　F分布上侧分位数表

$$P\{F(n_1,n_2) > F_\alpha(n_1,n_2)\} = \alpha \quad (\alpha = 0.10)$$

n_2\n_1	1	2	3	4	5	6	7	8	9	10	12	15	20	24	30	40	60	120	1 000
1	39.86	49.50	53.59	55.83	57.24	58.20	58.91	59.44	59.86	60.19	60.71	61.22	61.74	62.05	62.26	62.53	62.79	63.06	63.30
2	8.53	9.00	9.16	9.24	9.29	9.33	9.35	9.37	9.38	9.39	9.41	9.42	9.44	9.45	9.46	9.47	9.47	9.48	9.49
3	5.54	5.46	5.39	5.34	5.31	5.28	5.27	5.25	5.24	5.23	5.22	5.20	5.18	5.17	5.17	5.16	5.15	5.14	5.13
4	4.54	4.32	4.19	4.11	4.05	4.01	3.98	3.95	3.94	3.92	3.90	3.87	3.84	3.83	3.82	3.80	3.79	3.78	3.76
5	4.06	3.78	3.62	3.52	3.45	3.40	3.37	3.34	3.32	3.30	3.27	3.24	3.21	3.19	3.17	3.16	3.14	3.12	3.11
6	3.78	3.46	3.29	3.18	3.11	3.05	3.01	2.98	2.96	2.94	2.90	2.87	2.84	2.81	2.80	2.78	2.76	2.74	2.72
7	3.59	3.26	3.07	2.96	2.88	2.83	2.78	2.75	2.72	2.70	2.67	2.63	2.59	2.57	2.56	2.54	2.51	2.49	2.47
8	3.46	3.11	2.92	2.81	2.73	2.67	2.62	2.59	2.56	2.54	2.50	2.46	2.42	2.40	2.38	2.36	2.34	2.32	2.30
9	3.36	3.01	2.81	2.69	2.61	2.55	2.51	2.47	2.44	2.42	2.38	2.34	2.30	2.27	2.25	2.23	2.21	2.18	2.16
10	3.29	2.92	2.73	2.61	2.52	2.46	2.41	2.38	2.35	2.32	2.28	2.24	2.20	2.17	2.16	2.13	2.11	2.08	2.06
11	3.23	2.86	2.66	2.54	2.45	2.39	2.34	2.30	2.27	2.25	2.21	2.17	2.12	2.10	2.08	2.05	2.03	2.00	1.98
12	3.18	2.81	2.61	2.48	2.39	2.33	2.28	2.24	2.21	2.19	2.15	2.10	2.06	2.03	2.01	1.99	1.96	1.93	1.91
13	3.14	2.76	2.56	2.43	2.35	2.28	2.23	2.20	2.16	2.14	2.10	2.05	2.01	1.98	1.96	1.93	1.90	1.88	1.85
14	3.10	2.73	2.52	2.39	2.31	2.24	2.19	2.15	2.12	2.10	2.05	2.01	1.96	1.93	1.91	1.89	1.86	1.83	1.80
15	3.07	2.70	2.49	2.36	2.27	2.21	2.16	2.12	2.09	2.06	2.02	1.97	1.92	1.89	1.87	1.85	1.82	1.79	1.76
16	3.05	2.67	2.46	2.33	2.24	2.18	2.13	2.09	2.06	2.03	1.99	1.94	1.89	1.86	1.84	1.81	1.78	1.75	1.72
17	3.03	2.64	2.44	2.31	2.22	2.15	2.10	2.06	2.03	2.00	1.96	1.91	1.86	1.83	1.81	1.78	1.75	1.72	1.69
18	3.01	2.62	2.42	2.29	2.20	2.13	2.08	2.04	2.00	1.98	1.93	1.89	1.84	1.80	1.78	1.75	1.72	1.69	1.66
19	2.99	2.61	2.40	2.27	2.18	2.11	2.06	2.02	1.98	1.96	1.91	1.86	1.81	1.78	1.76	1.73	1.70	1.67	1.64
20	2.97	2.59	2.38	2.25	2.16	2.09	2.04	2.00	1.96	1.94	1.89	1.84	1.79	1.76	1.74	1.71	1.68	1.64	1.61
21	2.96	2.57	2.36	2.23	2.14	2.08	2.02	1.98	1.95	1.92	1.87	1.83	1.78	1.74	1.72	1.69	1.66	1.62	1.59
22	2.95	2.56	2.35	2.22	2.13	2.06	2.01	1.97	1.93	1.90	1.86	1.81	1.76	1.73	1.70	1.67	1.64	1.60	1.57
23	2.94	2.55	2.34	2.21	2.11	2.05	1.99	1.95	1.92	1.89	1.84	1.80	1.74	1.71	1.69	1.66	1.62	1.59	1.55
24	2.93	2.54	2.33	2.19	2.10	2.04	1.98	1.94	1.91	1.88	1.83	1.78	1.73	1.70	1.67	1.64	1.61	1.57	1.54
25	2.92	2.53	2.32	2.18	2.09	2.02	1.97	1.93	1.89	1.87	1.82	1.77	1.72	1.68	1.66	1.63	1.59	1.56	1.52
26	2.91	2.52	2.31	2.17	2.08	2.01	1.96	1.92	1.88	1.86	1.81	1.76	1.71	1.67	1.65	1.61	1.58	1.54	1.51
27	2.90	2.51	2.30	2.17	2.07	2.00	1.95	1.91	1.87	1.85	1.80	1.75	1.70	1.66	1.64	1.60	1.57	1.53	1.50
28	2.89	2.50	2.29	2.16	2.06	2.00	1.94	1.90	1.87	1.84	1.79	1.74	1.69	1.65	1.63	1.59	1.56	1.52	1.48
29	2.89	2.50	2.28	2.15	2.06	1.99	1.93	1.89	1.86	1.83	1.78	1.73	1.68	1.64	1.62	1.58	1.55	1.51	1.47
30	2.88	2.49	2.28	2.14	2.05	1.98	1.93	1.88	1.85	1.82	1.77	1.72	1.67	1.63	1.61	1.57	1.54	1.50	1.46
40	2.84	2.44	2.23	2.09	2.00	1.93	1.87	1.83	1.79	1.76	1.71	1.66	1.61	1.57	1.54	1.51	1.47	1.42	1.38
60	2.79	2.39	2.18	2.04	1.95	1.87	1.82	1.77	1.74	1.71	1.66	1.60	1.54	1.50	1.48	1.44	1.40	1.35	1.30
120	2.75	2.35	2.13	1.99	1.90	1.82	1.77	1.72	1.68	1.65	1.60	1.55	1.48	1.44	1.41	1.37	1.32	1.26	1.20
1 000	2.71	2.31	2.09	1.95	1.85	1.78	1.72	1.68	1.64	1.61	1.55	1.49	1.43	1.38	1.35	1.30	1.25	1.18	1.08

$(\alpha = 0.05)$

n_2＼n_1	1	2	3	4	5	6	7	8	9	10	12	15	20	24	30	40	60	120	1 000
1	161.45	199.50	215.71	224.58	230.16	233.99	236.77	238.88	240.54	241.88	243.91	245.95	248.01	249.26	250.10	251.14	252.20	253.25	254.19
2	18.51	19.00	19.16	19.25	19.30	19.33	19.35	19.37	19.38	19.40	19.41	19.43	19.45	19.46	19.46	19.47	19.48	19.49	19.49
3	10.13	9.55	9.28	9.12	9.01	8.94	8.89	8.85	8.81	8.79	8.74	8.70	8.66	8.63	8.62	8.59	8.57	8.55	8.53
4	7.71	6.94	6.59	6.39	6.26	6.16	6.09	6.04	6.00	5.96	5.91	5.86	5.80	5.77	5.75	5.72	5.69	5.66	5.63
5	6.61	5.79	5.41	5.19	5.05	4.95	4.88	4.82	4.77	4.74	4.68	4.62	4.56	4.52	4.50	4.46	4.43	4.40	4.37
6	5.99	5.14	4.76	4.53	4.39	4.28	4.21	4.15	4.10	4.06	4.00	3.94	3.87	3.83	3.81	3.77	3.74	3.70	3.67
7	5.59	4.74	4.35	4.12	3.97	3.87	3.79	3.73	3.68	3.64	3.57	3.51	3.44	3.40	3.38	3.34	3.30	3.27	3.23
8	5.32	4.46	4.07	3.84	3.69	3.58	3.50	3.44	3.39	3.35	3.28	3.22	3.15	3.11	3.08	3.04	3.01	2.97	2.93
9	5.12	4.26	3.86	3.63	3.48	3.37	3.29	3.23	3.18	3.14	3.07	3.01	2.94	2.89	2.86	2.83	2.79	2.75	2.71
10	4.96	4.10	3.71	3.48	3.33	3.22	3.14	3.07	3.02	2.98	2.91	2.85	2.77	2.73	2.70	2.66	2.62	2.58	2.54
11	4.84	3.98	3.59	3.36	3.20	3.09	3.01	2.95	2.90	2.85	2.79	2.72	2.65	2.60	2.57	2.53	2.49	2.45	2.41
12	4.75	3.89	3.49	3.26	3.11	3.00	2.91	2.85	2.80	2.75	2.69	2.62	2.54	2.50	2.47	2.43	2.38	2.34	2.30
13	4.67	3.81	3.41	3.18	3.03	2.92	2.83	2.77	2.71	2.67	2.60	2.53	2.46	2.41	2.38	2.34	2.30	2.25	2.21
14	4.60	3.74	3.34	3.11	2.96	2.85	2.76	2.70	2.65	2.60	2.53	2.46	2.39	2.34	2.31	2.27	2.22	2.18	2.14
15	4.54	3.68	3.29	3.06	2.90	2.79	2.71	2.64	2.59	2.54	2.48	2.40	2.33	2.28	2.25	2.20	2.16	2.11	2.07
16	4.49	3.63	3.24	3.01	2.85	2.74	2.66	2.59	2.54	2.49	2.42	2.35	2.28	2.23	2.19	2.15	2.11	2.06	2.02
17	4.45	3.59	3.20	2.96	2.81	2.70	2.61	2.55	2.49	2.45	2.38	2.31	2.23	2.18	2.15	2.10	2.06	2.01	1.97
18	4.41	3.55	3.16	2.93	2.77	2.66	2.58	2.51	2.46	2.41	2.34	2.27	2.19	2.14	2.11	2.06	2.02	1.97	1.92
19	4.38	3.52	3.13	2.90	2.74	2.63	2.54	2.48	2.42	2.38	2.31	2.23	2.16	2.11	2.07	2.03	1.98	1.93	1.88
20	4.35	3.49	3.10	2.87	2.71	2.60	2.51	2.45	2.39	2.35	2.28	2.20	2.12	2.07	2.04	1.99	1.95	1.90	1.85
21	4.32	3.47	3.07	2.84	2.68	2.57	2.49	2.42	2.37	2.32	2.25	2.18	2.10	2.05	2.01	1.96	1.92	1.87	1.82
22	4.30	3.44	3.05	2.82	2.66	2.55	2.46	2.40	2.34	2.30	2.23	2.15	2.07	2.02	1.98	1.94	1.89	1.84	1.79
23	4.28	3.42	3.03	2.80	2.64	2.53	2.44	2.37	2.32	2.27	2.20	2.13	2.05	2.00	1.96	1.91	1.86	1.81	1.76
24	4.26	3.40	3.01	2.78	2.62	2.51	2.42	2.36	2.30	2.25	2.18	2.11	2.03	1.97	1.94	1.89	1.84	1.79	1.74
25	4.24	3.39	2.99	2.76	2.60	2.49	2.40	2.34	2.28	2.24	2.16	2.09	2.01	1.96	1.92	1.87	1.82	1.77	1.72
26	4.23	3.37	2.98	2.74	2.59	2.47	2.39	2.32	2.27	2.22	2.15	2.07	1.99	1.94	1.90	1.85	1.80	1.75	1.70
27	4.21	3.35	2.96	2.73	2.57	2.46	2.37	2.31	2.25	2.20	2.13	2.06	1.97	1.92	1.88	1.84	1.79	1.73	1.68
28	4.20	3.34	2.95	2.71	2.56	2.45	2.36	2.29	2.24	2.19	2.12	2.04	1.96	1.91	1.87	1.82	1.77	1.71	1.66
29	4.18	3.33	2.93	2.70	2.55	2.43	2.35	2.28	2.22	2.18	2.10	2.03	1.94	1.89	1.85	1.81	1.75	1.70	1.65
30	4.17	3.32	2.92	2.69	2.53	2.42	2.33	2.27	2.21	2.16	2.09	2.01	1.93	1.88	1.84	1.79	1.74	1.68	1.63
40	4.08	3.23	2.84	2.61	2.45	2.34	2.25	2.18	2.12	2.08	2.00	1.92	1.84	1.78	1.74	1.69	1.64	1.58	1.52
60	4.00	3.15	2.76	2.53	2.37	2.25	2.17	2.10	2.04	1.99	1.92	1.84	1.75	1.69	1.65	1.59	1.53	1.47	1.40
120	3.92	3.07	2.68	2.45	2.29	2.18	2.09	2.02	1.96	1.91	1.83	1.75	1.66	1.60	1.55	1.50	1.43	1.35	1.27
1 000	3.85	3.00	2.61	2.38	2.22	2.11	2.02	1.95	1.89	1.84	1.76	1.68	1.58	1.52	1.47	1.41	1.33	1.24	1.11

（$\alpha = 0.025$）

n_2 \ n_1	1	2	3	4	5	6	7	8	9	10	12	15	20	24	30	40	60	120	1 000
1	647.79	799.50	864.16	899.58	921.85	937.11	948.22	956.66	963.28	968.63	976.71	984.87	993.10	998.08	1 001.41	1 005.60	1 009.80	1 014.02	1 017.75
2	38.51	39.00	39.17	39.25	39.30	39.33	39.36	39.37	39.39	39.40	39.41	39.43	39.45	39.46	39.46	39.47	39.48	39.49	39.50
3	17.44	16.04	15.44	15.10	14.88	14.73	14.62	14.54	14.47	14.42	14.34	14.25	14.17	14.12	14.08	14.04	13.99	13.95	13.91
4	12.22	10.65	9.98	9.60	9.36	9.20	9.07	8.98	8.90	8.84	8.75	8.66	8.56	8.50	8.46	8.41	8.36	8.31	8.26
5	10.01	8.43	7.76	7.39	7.15	6.98	6.85	6.76	6.68	6.62	6.52	6.43	6.33	6.27	6.23	6.18	6.12	6.07	6.02
6	8.81	7.26	6.60	6.23	5.99	5.82	5.70	5.60	5.52	5.46	5.37	5.27	5.17	5.11	5.07	5.01	4.96	4.90	4.86
7	8.07	6.54	5.89	5.52	5.29	5.12	4.99	4.90	4.82	4.76	4.67	4.57	4.47	4.40	4.36	4.31	4.25	4.20	4.15
8	7.57	6.06	5.42	5.05	4.82	4.65	4.53	4.43	4.36	4.30	4.20	4.10	4.00	3.94	3.89	3.84	3.78	3.73	3.68
9	7.21	5.71	5.08	4.72	4.48	4.32	4.20	4.10	4.03	3.96	3.87	3.77	3.67	3.60	3.56	3.51	3.45	3.39	3.34
10	6.94	5.46	4.83	4.47	4.24	4.07	3.95	3.85	3.78	3.72	3.62	3.52	3.42	3.35	3.31	3.26	3.20	3.14	3.09
11	6.72	5.26	4.63	4.28	4.04	3.88	3.76	3.66	3.59	3.53	3.43	3.33	3.23	3.16	3.12	3.06	3.00	2.94	2.89
12	6.55	5.10	4.47	4.12	3.89	3.73	3.61	3.51	3.44	3.37	3.28	3.18	3.07	3.01	2.96	2.91	2.85	2.79	2.73
13	6.41	4.97	4.35	4.00	3.77	3.60	3.48	3.39	3.31	3.25	3.15	3.05	2.95	2.88	2.84	2.78	2.72	2.66	2.60
14	6.30	4.86	4.24	3.89	3.66	3.50	3.38	3.29	3.21	3.15	3.05	2.95	2.84	2.78	2.73	2.67	2.61	2.55	2.50
15	6.20	4.77	4.15	3.80	3.58	3.41	3.29	3.20	3.12	3.06	2.96	2.86	2.76	2.69	2.64	2.59	2.52	2.46	2.40
16	6.12	4.69	4.08	3.73	3.50	3.34	3.22	3.12	3.05	2.99	2.89	2.79	2.68	2.61	2.57	2.51	2.45	2.38	2.32
17	6.04	4.62	4.01	3.66	3.44	3.28	3.16	3.06	2.98	2.92	2.82	2.72	2.62	2.55	2.50	2.44	2.38	2.32	2.26
18	5.98	4.56	3.95	3.61	3.38	3.22	3.10	3.01	2.93	2.87	2.77	2.67	2.56	2.49	2.44	2.38	2.32	2.26	2.20
19	5.92	4.51	3.90	3.56	3.33	3.17	3.05	2.96	2.88	2.82	2.72	2.62	2.51	2.44	2.39	2.33	2.27	2.20	2.14
20	5.87	4.46	3.86	3.51	3.29	3.13	3.01	2.91	2.84	2.77	2.68	2.57	2.46	2.40	2.35	2.29	2.22	2.16	2.09
21	5.83	4.42	3.82	3.48	3.25	3.09	2.97	2.87	2.80	2.73	2.64	2.53	2.42	2.36	2.31	2.25	2.18	2.11	2.05
22	5.79	4.38	3.78	3.44	3.22	3.05	2.93	2.84	2.76	2.70	2.60	2.50	2.39	2.32	2.27	2.21	2.14	2.08	2.01
23	5.75	4.35	3.75	3.41	3.18	3.02	2.90	2.81	2.73	2.67	2.57	2.47	2.36	2.29	2.24	2.18	2.11	2.04	1.98
24	5.72	4.32	3.72	3.38	3.15	2.99	2.87	2.78	2.70	2.64	2.54	2.44	2.33	2.26	2.21	2.15	2.08	2.01	1.94
25	5.69	4.29	3.69	3.35	3.13	2.97	2.85	2.75	2.68	2.61	2.51	2.41	2.30	2.23	2.18	2.12	2.05	1.98	1.91
26	5.66	4.27	3.67	3.33	3.10	2.94	2.82	2.73	2.65	2.59	2.49	2.39	2.28	2.21	2.16	2.09	2.03	1.95	1.89
27	5.63	4.24	3.65	3.31	3.08	2.92	2.80	2.71	2.63	2.57	2.47	2.36	2.25	2.18	2.13	2.07	2.00	1.93	1.86
28	5.61	4.22	3.63	3.29	3.06	2.90	2.78	2.69	2.61	2.55	2.45	2.34	2.23	2.16	2.11	2.05	1.98	1.91	1.84
29	5.59	4.20	3.61	3.27	3.04	2.88	2.76	2.67	2.59	2.53	2.43	2.32	2.21	2.14	2.09	2.03	1.96	1.89	1.82
30	5.57	4.18	3.59	3.25	3.03	2.87	2.75	2.65	2.57	2.51	2.41	2.31	2.20	2.12	2.07	2.01	1.94	1.87	1.80
40	5.42	4.05	3.46	3.13	2.90	2.74	2.62	2.53	2.45	2.39	2.29	2.18	2.07	1.99	1.94	1.88	1.80	1.72	1.65
60	5.29	3.93	3.34	3.01	2.79	2.63	2.51	2.41	2.33	2.27	2.17	2.06	1.94	1.87	1.82	1.74	1.67	1.58	1.49
120	5.15	3.80	3.23	2.89	2.67	2.52	2.39	2.30	2.22	2.16	2.05	1.94	1.82	1.75	1.69	1.61	1.53	1.43	1.33
1 000	5.04	3.70	3.13	2.80	2.58	2.42	2.30	2.20	2.13	2.06	1.96	1.85	1.72	1.64	1.58	1.50	1.41	1.29	1.13

$(\alpha = 0.01)$

n_2\n_1	1	2	3	4	5	6	7	8	9	10	12	15	20	24	30	40	60	120	1 000
1	4 052.18	4 999.50	5 403.35	5 624.58	5 763.65	5 858.99	5 928.36	5 981.07	6 022.47	6 055.85	6 106.32	6 157.28	6 208.73	6 239.83	6 260.65	6 286.78	6 313.03	6 339.39	6 362.68
2	98.50	99.00	99.17	99.25	99.30	99.33	99.36	99.37	99.39	99.40	99.42	99.43	99.45	99.46	99.47	99.47	99.48	99.49	99.50
3	34.12	30.82	29.46	28.71	28.24	27.91	27.67	27.49	27.35	27.23	27.05	26.87	26.69	26.58	26.50	26.41	26.32	26.22	26.14
4	21.20	18.00	16.69	15.98	15.52	15.21	14.98	14.80	14.66	14.55	14.37	14.20	14.02	13.91	13.84	13.75	13.65	13.56	13.47
5	16.26	13.27	12.06	11.39	10.97	10.67	10.46	10.29	10.16	10.05	9.89	9.72	9.55	9.45	9.38	9.29	9.20	9.11	9.03
6	13.75	10.92	9.78	9.15	8.75	8.47	8.26	8.10	7.98	7.87	7.72	7.56	7.40	7.30	7.23	7.14	7.06	6.97	6.89
7	12.25	9.55	8.45	7.85	7.46	7.19	6.99	6.84	6.72	6.62	6.47	6.31	6.16	6.06	5.99	5.91	5.82	5.74	5.66
8	11.26	8.65	7.59	7.01	6.63	6.37	6.18	6.03	5.91	5.81	5.67	5.52	5.36	5.26	5.20	5.12	5.03	4.95	4.87
9	10.56	8.02	6.99	6.42	6.06	5.80	5.61	5.47	5.35	5.26	5.11	4.96	4.81	4.71	4.65	4.57	4.48	4.40	4.32
10	10.04	7.56	6.55	5.99	5.64	5.39	5.20	5.06	4.94	4.85	4.71	4.56	4.41	4.31	4.25	4.17	4.08	4.00	3.92
11	9.65	7.21	6.22	5.67	5.32	5.07	4.89	4.74	4.63	4.54	4.40	4.25	4.10	4.01	3.94	3.86	3.78	3.69	3.61
12	9.33	6.93	5.95	5.41	5.06	4.82	4.64	4.50	4.39	4.30	4.16	4.01	3.86	3.76	3.70	3.62	3.54	3.45	3.37
13	9.07	6.70	5.74	5.21	4.86	4.62	4.44	4.30	4.19	4.10	3.96	3.82	3.66	3.57	3.51	3.43	3.34	3.25	3.18
14	8.86	6.51	5.56	5.04	4.69	4.46	4.28	4.14	4.03	3.94	3.80	3.66	3.51	3.41	3.35	3.27	3.18	3.09	3.02
15	8.68	6.36	5.42	4.89	4.56	4.32	4.14	4.00	3.89	3.80	3.67	3.52	3.37	3.28	3.21	3.13	3.05	2.96	2.88
16	8.53	6.23	5.29	4.77	4.44	4.20	4.03	3.89	3.78	3.69	3.55	3.41	3.26	3.16	3.10	3.02	2.93	2.84	2.76
17	8.40	6.11	5.18	4.67	4.34	4.10	3.93	3.79	3.68	3.59	3.46	3.31	3.16	3.07	3.00	2.92	2.83	2.75	2.66
18	8.29	6.01	5.09	4.58	4.25	4.01	3.84	3.71	3.60	3.51	3.37	3.23	3.08	2.98	2.92	2.84	2.75	2.66	2.58
19	8.18	5.93	5.01	4.50	4.17	3.94	3.77	3.63	3.52	3.43	3.30	3.15	3.00	2.91	2.84	2.76	2.67	2.58	2.50
20	8.10	5.85	4.94	4.43	4.10	3.87	3.70	3.56	3.46	3.37	3.23	3.09	2.94	2.84	2.78	2.69	2.61	2.52	2.43
21	8.02	5.78	4.87	4.37	4.04	3.81	3.64	3.51	3.40	3.31	3.17	3.03	2.88	2.79	2.72	2.64	2.55	2.46	2.37
22	7.95	5.72	4.82	4.31	3.99	3.76	3.59	3.45	3.35	3.26	3.12	2.98	2.83	2.73	2.67	2.58	2.50	2.40	2.32
23	7.88	5.66	4.76	4.26	3.94	3.71	3.54	3.41	3.30	3.21	3.07	2.93	2.78	2.69	2.62	2.54	2.45	2.35	2.27
24	7.82	5.61	4.72	4.22	3.90	3.67	3.50	3.36	3.26	3.17	3.03	2.89	2.74	2.64	2.58	2.49	2.40	2.31	2.22
25	7.77	5.57	4.68	4.18	3.85	3.63	3.46	3.32	3.22	3.13	2.99	2.85	2.70	2.60	2.54	2.45	2.36	2.27	2.18
26	7.72	5.53	4.64	4.14	3.82	3.59	3.42	3.29	3.18	3.09	2.96	2.81	2.66	2.57	2.50	2.42	2.33	2.23	2.14
27	7.68	5.49	4.60	4.11	3.78	3.56	3.39	3.26	3.15	3.06	2.93	2.78	2.63	2.54	2.47	2.38	2.29	2.20	2.11
28	7.64	5.45	4.57	4.07	3.75	3.53	3.36	3.23	3.12	3.03	2.90	2.75	2.60	2.51	2.44	2.35	2.26	2.17	2.08
29	7.60	5.42	4.54	4.04	3.73	3.50	3.33	3.20	3.09	3.00	2.87	2.73	2.57	2.48	2.41	2.33	2.23	2.14	2.05
30	7.56	5.39	4.51	4.02	3.70	3.47	3.30	3.17	3.07	2.98	2.84	2.70	2.55	2.45	2.39	2.30	2.21	2.11	2.02
40	7.31	5.18	4.31	3.83	3.51	3.29	3.12	2.99	2.89	2.80	2.66	2.52	2.37	2.27	2.20	2.11	2.02	1.92	1.82
60	7.08	4.98	4.13	3.65	3.34	3.12	2.95	2.82	2.72	2.63	2.50	2.35	2.20	2.10	2.03	1.94	1.84	1.73	1.62
120	6.85	4.79	3.95	3.48	3.17	2.96	2.79	2.66	2.56	2.47	2.34	2.19	2.03	1.93	1.86	1.76	1.66	1.53	1.40
1 000	6.66	4.63	3.80	3.34	3.04	2.82	2.66	2.53	2.43	2.34	2.20	2.06	1.90	1.79	1.72	1.61	1.50	1.35	1.16

（$\alpha = 0.005$）

n_2 \ n_1	1	2	3	4	5	6	7	8	9	10	12	15	20	24	30	40	60	120	1 000
1	16 211	19 999	21 615	22 500	23 056	23 437	23 715	23 925	24 091	24 224	24 426	24 630	24 836	24 960	25 044	25 148	25 253	25 359	25 452
2	198.50	199.00	199.17	199.25	199.30	199.33	199.36	199.37	199.39	199.40	199.42	199.43	199.45	199.46	199.47	199.47	199.48	199.49	199.50
3	55.55	49.80	47.47	46.19	45.39	44.84	44.43	44.13	43.88	43.69	43.39	43.08	42.78	42.59	42.47	42.31	42.15	41.99	41.85
4	31.33	26.28	24.26	23.15	22.46	21.97	21.62	21.35	21.14	20.97	20.70	20.44	20.17	20.00	19.89	19.75	19.61	19.47	19.34
5	22.78	18.31	16.53	15.56	14.94	14.51	14.20	13.96	13.77	13.62	13.38	13.15	12.90	12.76	12.66	12.53	12.40	12.27	12.16
6	18.63	14.54	12.92	12.03	11.46	11.07	10.79	10.57	10.39	10.25	10.03	9.81	9.59	9.45	9.36	9.24	9.12	9.00	8.89
7	16.24	12.40	10.88	10.05	9.52	9.16	8.89	8.68	8.51	8.38	8.18	7.97	7.75	7.62	7.53	7.42	7.31	7.19	7.09
8	14.69	11.04	9.60	8.81	8.30	7.95	7.69	7.50	7.34	7.21	7.01	6.81	6.61	6.48	6.40	6.29	6.18	6.06	5.96
9	13.61	10.11	8.72	7.96	7.47	7.13	6.88	6.69	6.54	6.42	6.23	6.03	5.83	5.71	5.62	5.52	5.41	5.30	5.20
10	12.83	9.43	8.08	7.34	6.87	6.54	6.30	6.12	5.97	5.85	5.66	5.47	5.27	5.15	5.07	4.97	4.86	4.75	4.65
11	12.23	8.91	7.60	6.88	6.42	6.10	5.86	5.68	5.54	5.42	5.24	5.05	4.86	4.74	4.65	4.55	4.45	4.34	4.24
12	11.75	8.51	7.23	6.52	6.07	5.76	5.52	5.35	5.20	5.09	4.91	4.72	4.53	4.41	4.33	4.23	4.12	4.01	3.92
13	11.37	8.19	6.93	6.23	5.79	5.48	5.25	5.08	4.94	4.82	4.64	4.46	4.27	4.15	4.07	3.97	3.87	3.76	3.66
14	11.06	7.92	6.68	6.00	5.56	5.26	5.03	4.86	4.72	4.60	4.43	4.25	4.06	3.94	3.86	3.76	3.66	3.55	3.45
15	10.80	7.70	6.48	5.80	5.37	5.07	4.85	4.67	4.54	4.42	4.25	4.07	3.88	3.77	3.69	3.58	3.48	3.37	3.27
16	10.58	7.51	6.30	5.64	5.21	4.91	4.69	4.52	4.38	4.27	4.10	3.92	3.73	3.62	3.54	3.44	3.33	3.22	3.13
17	10.38	7.35	6.16	5.50	5.07	4.78	4.56	4.39	4.25	4.14	3.97	3.79	3.61	3.49	3.41	3.31	3.21	3.10	3.00
18	10.22	7.21	6.03	5.37	4.96	4.66	4.44	4.28	4.14	4.03	3.86	3.68	3.50	3.38	3.30	3.20	3.10	2.99	2.89
19	10.07	7.09	5.92	5.27	4.85	4.56	4.34	4.18	4.04	3.93	3.76	3.59	3.40	3.29	3.21	3.11	3.00	2.89	2.79
20	9.94	6.99	5.82	5.17	4.76	4.47	4.26	4.09	3.96	3.85	3.68	3.50	3.32	3.20	3.12	3.02	2.92	2.81	2.70
21	9.83	6.89	5.73	5.09	4.68	4.39	4.18	4.01	3.88	3.77	3.60	3.43	3.24	3.13	3.05	2.95	2.84	2.73	2.63
22	9.73	6.81	5.65	5.02	4.61	4.32	4.11	3.94	3.81	3.70	3.54	3.36	3.18	3.06	2.98	2.88	2.77	2.66	2.56
23	9.63	6.73	5.58	4.95	4.54	4.26	4.05	3.88	3.75	3.64	3.47	3.30	3.12	3.00	2.92	2.82	2.71	2.60	2.50
24	9.55	6.66	5.52	4.89	4.49	4.20	3.99	3.83	3.69	3.59	3.42	3.25	3.06	2.95	2.87	2.77	2.66	2.55	2.44
25	9.48	6.60	5.46	4.84	4.43	4.15	3.94	3.78	3.64	3.54	3.37	3.20	3.01	2.90	2.82	2.72	2.61	2.50	2.39
26	9.41	6.54	5.41	4.79	4.38	4.10	3.89	3.73	3.60	3.49	3.33	3.15	2.97	2.85	2.77	2.67	2.56	2.45	2.34
27	9.34	6.49	5.36	4.74	4.34	4.06	3.85	3.69	3.56	3.45	3.28	3.11	2.93	2.81	2.73	2.63	2.52	2.41	2.30
28	9.28	6.44	5.32	4.70	4.30	4.02	3.81	3.65	3.52	3.41	3.25	3.07	2.89	2.77	2.69	2.59	2.48	2.37	2.26
29	9.23	6.40	5.28	4.66	4.26	3.98	3.77	3.61	3.48	3.38	3.21	3.04	2.86	2.74	2.66	2.56	2.45	2.33	2.23
30	9.18	6.35	5.24	4.62	4.23	3.95	3.74	3.58	3.45	3.34	3.18	3.01	2.82	2.71	2.63	2.52	2.42	2.30	2.19
40	8.83	6.07	4.98	4.37	3.99	3.71	3.51	3.35	3.22	3.12	2.95	2.78	2.60	2.48	2.40	2.30	2.18	2.06	1.95
60	8.49	5.79	4.73	4.14	3.76	3.49	3.29	3.13	3.01	2.90	2.74	2.57	2.39	2.27	2.19	2.08	1.96	1.83	1.71
120	8.18	5.54	4.50	3.92	3.55	3.28	3.09	2.93	2.81	2.71	2.54	2.37	2.19	2.07	1.98	1.87	1.75	1.61	1.45
1 000	7.91	5.33	4.30	3.74	3.37	3.11	2.92	2.77	2.64	2.54	2.38	2.21	2.02	1.90	1.81	1.69	1.56	1.39	1.18

参考文献

[1]张继红,郭世贞.方差分析平方和分解分析方法的一种新形式——数理统计方差分析教学的一种新方法[J].数学的实践与认识,2008,38(2):150-155.

[2]谭道盛,温启愚.χ^2分解定理的一个注记[J].四川大学学报:自然科学版,1995,32(5):500-505.

[3]Kendall M G. The advanced theory of statistics[M]. London:Charles Griffin & Company Limited,1946.

[4]段五朵,饶安妮.概率论与数理统计习题精选[M].南昌:江西高校出版社,1992.

[5]方军武.t分布和F分布的数学期望与方差[J].读写算:教育教学研究,2011(45):189-190.

[6]陈希孺.概率论与数理统计[M].合肥:中国科学技术大学出版社,2009.

[7]何书元.数理统计[M].北京:高等教育出版社,2012.

[8]王式安.数理统计[M].北京:北京理工大学出版社,1995.

[9]盛骤,谢式千,潘承毅.概率论与数理统计[M].4版.北京:高等教育出版社,2008.

[10]复旦大学.概率论[M].北京:人民教育出版社,1979.

[11]汪荣鑫.数理统计[M].西安:西安交通大学出版社,1986.

[12]王福保,等.概率论及数理统计[M].3版.上海:同济大学出版社,1994.

[13]刘国华,等.概率论与数理统计习题全解[M].北京:中国林业出版社,2001.

[14]中山大学数学力学系,《概率论及数理统计》编写小组.概率论及数理统计[M].北京:人民教育出版社,1980.

[15]Ross S.概率论基础教程[M].6版.赵选民,等,译.北京:机械工业出版社,2006.

[16]盛骤,谢式千,潘承毅.概率论与数理统计习题全解指南[M].4版.北京:高等教育出版社,2008.